生乳、巴氏杀菌乳、灭菌乳和复原乳产品标准体系

◎ 郑　楠　李松励　王加启　主编

U0325889

中国农业科学技术出版社

图书在版编目（CIP）数据

生乳、巴氏杀菌乳、灭菌乳和复原乳产品标准体系／郑楠，李松励，王加启主编．—北京：中国农业科学技术出版社，2018.4

ISBN 978-7-5116-3430-6

Ⅰ.①生…　Ⅱ.①郑…②李…③王…　Ⅲ.①乳产品-标准-汇编-中国　Ⅳ.①TS252.5-65

中国版本图书馆 CIP 数据核字（2017）第 320972 号

责任编辑　崔改泵　金　迪
责任校对　李向荣

出 版 者　中国农业科学技术出版社
　　　　　北京市中关村南大街 12 号　邮编：100081
电　　话　（010）82109194（编辑室）　（010）82109702（发行部）
　　　　　（010）82109709（读者服务部）
传　　真　（010）82106650
网　　址　http://www.castp.cn
经 销 者　各地新华书店
印 刷 者　北京科信印刷有限公司
开　　本　787 mm×1 092 mm　1/16
印　　张　23.75
字　　数　574 千字
版　　次　2018 年 4 月第 1 版　2018 年 4 月第 1 次印刷
定　　价　98.00 元

《生乳、巴氏杀菌乳、灭菌乳和复原乳产品标准体系》
编　委　会

主　　编：郑　楠　　李松励　　王加启

副 主 编：郝欣雨　　叶巧燕　　赵慧芬

参编人员：张养东　　赵圣国　　文　芳　　李慧颖　　祝杰妹

　　　　　李　享　　谷　美　　李　鹏　　兰　图　　苏传友

　　　　　王峰恩　　刘慧敏　　孟　璐　　方　芳　　郑君杰

　　　　　高　星　　张雪林　　单吉浩　　夏双梅　　张　进

　　　　　刘亚兵　　董李学　　张立田　　段晓然　　项爱丽

　　　　　杨红东　　阴竹梅　　姚一萍　　王丽芳　　贺显书

　　　　　程春芝　　李　琴　　陶大利　　戴春风　　韩奕奕

　　　　　张树秋　　赵善仓　　邓立刚　　李增梅　　周振新

　　　　　蒋蕙岚　　李　胜　　赵彩会　　唐　煜　　梁　斌

　　　　　刘维华　　高建龙　　王　成　　陈　贺

前　言

2016 年，我单位承担了《食品安全国家标准　生乳》《食品安全国家标准巴氏杀菌乳》《食品安全国家标准　灭菌乳》和《食品安全国家标准　巴氏杀菌乳和 UHT 灭菌乳中复原乳检验方法》等 4 项奶业标准制修订的工作。为此，我们系统梳理了国内与这 4 项标准相关的现行有效标准、历史标准、行业标准、地方标准和团体标准，并在此基础上编著成书，以提供给从事奶业的生产者、经营者、监管人员、广大消费者以及社会各界参考使用。

本书在编写过程中，因时间和水平有限，难免有疏漏和不足之处，恳请广大读者批评指正，我们将在今后的工作中予以完善。书中如有与原标准不一致之处，以标准所述为准。

编者
2018 年 3 月

目　　录

第一章

生　乳

【现行有效】

食品安全国家标准　生乳
National food safety standard
Raw milk

标　准　号：GB 19301—2010
发布日期：2010-03-26　　　　　　　　　实施日期：2010-06-01
发布单位：中华人民共和国卫生部

前　　言

本标准代替 GB 19301—2003《鲜乳卫生标准》及第 1 号修改单。

本标准与 GB 19301—2003 相比，主要变化如下：

——标准名称改为《生乳》；

——增加了"术语和定义"；

——"污染物限量"直接引用 GB 2762 的规定；

——"真菌毒素限量"直接引用 GB 2761 的规定；

——"农药残留限量"直接引用 GB 2763 及国家有关规定和公告；

——修改了"微生物指标"。

本标准所代替标准的历次版本发布情况为：

——GBn 33—1977、GB 19301—2003。

1　范围

本标准适用于生乳，不适用于即食生乳。

2　规范性引用文件

本标准中引用的文件对于本标准的应用是必不可少的。凡是注日期的引用文件，仅所注日期的版本适用于本标准。凡是不注日期的引用文件，其最新版本（包括所有的修改单）适用于本标准。

3　术语和定义

3.1　生乳　raw milk

从符合国家有关要求的健康奶畜乳房中挤出的无任何成分改变的常乳。产犊后七天的初乳、应用抗生素期间和休药期间的乳汁、变质乳不应用作生乳。

4　技术要求

4.1　感官要求

应符合表 1 的规定。

表 1　感官要求

项　目	要　求	检验方法
色泽	呈乳白色或微黄色	取适量试样置于 50 mL 烧杯中，在自然光下观察色泽和组织状态。闻其气味，用温开水漱口，品尝滋味
滋味、气味	具有乳固有的香味，无异味	
组织状态	呈均匀一致液体，无凝块、无沉淀、无正常视力可见异物	

4.2　理化指标

应符合表 2 的规定。

表 2　理化指标

项　目		指　标	检验方法
冰点[a,b]/（℃）		−0.500～−0.560	GB 5413.38
相对密度/（20℃/4℃）	≥	1.027	GB 5413.33
蛋白质/（g/100 g）	≥	2.8	GB 5009.5
脂肪/（g/100 g）	≥	3.1	GB 5413.3
杂质度/（mg/kg）	≤	4.0	GB 5413.30
非脂乳固体/（g/100 g）	≥	8.1	GB 5413.39
酸度/（°T）			
牛乳[b]		12～18	GB 5413.34
羊乳		6～13	

[a] 挤出 3 h 后检测；

[b] 仅适用于荷斯坦奶牛。

4.3　污染物限量

应符合 GB 2762 的规定。

4.4　真菌毒素限量

应符合 GB 2761 的规定。

4.5　微生物限量

应符合表 3 的规定。

表 3　微生物限量

项　目		限量/［CFU/g（mL）］	检验方法
菌落总数	≤	$2×10^6$	GB 4789.2

4.6　农药残留限量和兽药残留限量

4.6.1　农药残留量应符合 GB 2763 及国家有关规定和公告。

4.6.2　兽药残留量应符合国家有关规定和公告。

【历史标准】

鲜乳卫生标准（已废止）
Hygienic standard for raw milk

标　准　号：GB 19301—2003
发布日期：2003-09-24　　　　　　　　　　实施日期：2004-05-01
发布单位：中华人民共和国卫生部、中国国家标准化管理委员会

前　　言

本标准全文强制。

本标准代替 GBn 33—1977《新鲜生牛乳卫生标准》。

本标准与 GBn 33—1977 相比主要修改如下：

——将原标准的适用范围由生牛乳扩大到生牛乳及生羊乳；

——对原标准的结构进行了修改，增加了生产加工过程的卫生要求、贮存及运输；

——增加了蛋白质、非脂乳固体、杂质度、黄曲霉毒素 M_1、兽药残留要求、六六六残留、滴滴涕残留、铅、砷、致病菌指标。

——取消了汞、菌落总数分级。

本标准自实施之日起，GBn 33—1977 同时废止。

本标准由中华人民共和国卫生部提出并归口。

本标准起草单位：武汉市卫生防疫站、黑龙江省卫生防疫站、武汉市牛奶公司。

本标准主要起草人：李志国、宋治宝、范葆荣、杨和平、赵克华、李江平。

原标准于 1977 年发布，本次为第一次修订。

1　范围

本标准规定了鲜乳的指标要求、生产加工过程的卫生要求、贮存、运输和检验方法。

本标准适用于从符合国家有关要求牛（羊）的乳房中挤出的分泌物，无食品添加剂且未从其中提取任何成分。

2　规范性引用文件

下列文件中的条款通过本标准的引用而成为本标准的条款。凡是注日期的引用文件，其随后所有的修改单（不包括勘误的内容）或修订版均不适用于本标准，然而，鼓励根据本标准达成协议的各方研究是否可使用这些文件的最新版本。凡是不注日期的引用文件，其最新版本适用于本标准。

GB/T 4789.18　食品卫生微生物学检验　乳与乳制品检验

GB/T 5009.5　食品中蛋白质的测定

GB/T 5009.11 食品中总砷及无机砷的测定

GB/T 5009.12 食品中铅的测定

GB/T 5009.19 食品中六六六、滴滴涕残留量的测定

GB/T 5009.24 食品中黄曲霉毒素 M_1 与 B_1 的测定

GB/T 5009.46 乳与乳制品卫生标准的分析方法

GB 6914 生鲜牛乳收购标准

GB 12693 乳制品企业良好卫生规范

3 指标要求

3.1 感官指标

感官指标应符合表1的规定。

表1 感官指标

项 目	指 标
色泽	呈乳白色或微黄色
滋味、气味	具有乳固有的香味、无异味
组织状态	呈均匀一致胶态液体，无凝块、无沉淀、无肉眼可见异物

3.2 理化指标

理化指标应符合表2的规定。

表2 理化指标

项 目		指 标
相对密度/（20℃/4℃）	≥	1.028
蛋白质/（g/100 g）	≥	2.95
脂肪/（g/100 g）	≥	3.1
非脂乳固体/（g/100 g）	≥	8.1
酸度/（°T）		
牛乳	≤	18
羊乳	≤	16
杂质度/（mg/kg）	≤	4.0
铅（Pb）/（mg/kg）	≤	0.05
无机砷/（mg/kg）	≤	0.05
黄曲霉毒素 M_1/（μg/kg）	≤	0.5
六六六/（mg/kg）	≤	0.02
滴滴涕/（mg/kg）	≤	0.02

3.3 兽药残留

兽药残留量应当符合国家有关标准规定。

3.4 微生物指标

微生物指标应符合表3的规定。

表3 微生物指标

项　目		指　标
菌落总数/（cfu/g）	≤	5×10^5
致病菌（金黄色葡萄球菌、沙门氏菌、志贺氏菌）		不得检出

4 食品生产加工过程的卫生要求

4.1 挤奶场所：应整洁、干净；挤奶前要对乳房用温水清洗；装乳的器皿应清洗消毒并有防蝇防尘设施。

4.2 鲜乳的收购：应符合 GB 12693 的规定。

5 贮存

生鲜乳应贮存于密闭、洁净、经消毒的容器中。储藏温度为 2~6℃。

6 运输

运输产品时必须使用密闭的、洁净的经消毒的保温奶槽车或奶桶。

7 检验方法

7.1 感官

按 GB/T 5009.46 规定的方法检验。

7.2 理化

7.2.1 相对密度：按 GB 6914 规定的方法测定。

7.2.2 蛋白质：按 GB/T 5009.5 规定的方法测定。

7.2.3 脂肪：按 GB/T 5009.46 规定的方法测定。

7.2.4 非脂乳固体：按 GB/T 5009.46 规定的方法测定。

7.2.5 酸度：按 GB/T 5009.46 规定的方法测定。

7.2.6 杂质度：按 GB/T 5009.46 规定的方法测定。

7.2.7 黄曲霉毒素 M_1：按 GB/T 5009.24 规定的方法测定。

7.2.8 无机砷：按 GB/T 5009.11 规定的方法测定。

7.2.9 铅：按 GB/T 5009.12 规定的方法测定。

7.2.10 六六六、滴滴涕：按 GB/T 5009.19 规定的方法测定。

7.3 微生物检验

GB/T 4789.18 规定的方法检验。

生鲜牛乳收购标准（已废止）

Standards for the qualifications of raw and fresh milk received from farms

标　准　号：GB 6914—86
发布日期：1986-09-17　　　　　　　　实施日期：1987-07-01
发布单位：国家标准局

本标准适用于收购的生鲜牛乳的检验和评级。

1　定义

1.1　收购的生鲜牛乳：收购的生鲜牛乳系指从正常饲养的、无传染病和乳房炎的健康母牛乳房内挤出的常乳。

2　收购的生鲜牛乳的质量要求

2.1　理化指标

理化指标只有合格指标，不再分级，见表1。

表 1

项　目		指　标
脂肪/%	≥	3.10
蛋白质/%	≥	2.95
密度（20℃/4℃）	≥	1.028 0
酸度（以乳酸表示）/%	≤	0.162
杂质度/ppm	≤	4
汞/ppm	≤	0.01
六六六，滴滴涕/ppm	≤	0.1

2.2　感官指标

正常牛乳应为乳白色或微带黄色，不得含有肉眼可见的异物，不得有红色、绿色或其他异色。不能有苦、咸、涩的滋味和饲料、青贮、霉等其他异常气味。

2.3　细菌指标

收购牛乳细菌指标计有下列两个，每个均可采用。采用平皿细菌总数计算法，按表2每毫升内细菌总数分级指标进行评级；采用美蓝还原褪色法按表8美蓝褪色时间分级指标进行评级。两者只许采用一个，不能重复。

表 2

分 级	平皿细菌总数分级指标/（万个/ml）
I	≤50
II	≤100
III	≤200
IV	≤400

表 3

分 级	美蓝褪色时间分级指标
I	≥4 h
II	≥2.5 h
III	≥1.5 h
IV	≥40 min

3 检验方法

3.1 乳的取样法

3.1.1 适用范围：本法记述从大型容器或小型容器中，取得具有代表性样品的生乳及消毒乳取样的方法。

3.1.2 规定：样品的采取必须由公认的、具有一定技术的代理人进行。该代理人必须无传染性疾病。样品应附有负责取样者签名的报告书，该报告书应详细记载取样的场所、奶别、货主、日期、时间、取样者和到场者的姓名及职称，必要时还应包括包装形式、大气温度、湿度、取样器具的灭菌方法、样品防腐剂添加与否及有关的特殊情况。

3.1.3 各样品必须贴上标签并密封之，必要时还要写明样品的重量。样品采取后必须在24 h 内，迅速送往试验室进行检验。检验细菌的样品采样后应立即于 4℃下冷藏，并于 18 h 内送到试验室进行检验；如无冷藏设备，必须于采样后 2 h 内进行检验。

3.1.4 化学分析用样品采样所用器具及样品容器都必须清洁干燥。细菌检验用的取样器具必须清洁灭菌，灭菌方法应根据不同材质容器，采用不同灭菌法。

3.1.4.1 在 170℃高温热气中保持 2 h（能在无菌条件下放置更好）。

3.1.4.2 在 120℃蒸气（高压锅）中保持 15～20 min（能在无菌条件下放置更好）。

3.1.4.3 在 100℃开水中浸泡 1 min（器具立即使用）。

3.1.4.4 在 70%酒精中浸泡，使用之前再用火焰烧去酒精。

取样容器以玻璃材料、不锈钢和某些塑料制品为好，须配有合适的橡胶塞、塑料塞或螺旋塞盖紧。使用橡胶塞时，须用不吸附的无臭物质（例如某种塑料）套好盖在容器上，也可用合适的塑料袋。

3.1.5 小型容器取样，应该用密封完整的容器的内容物作为样品。化学分析的鲜乳样品，可加适量对分析没有影响的防腐剂，并在标签和报告中注明。细菌和感官检验用的样品不得使用防腐剂，但必须保存在 0～5℃冷藏容器中，运输途中也不可超过 10℃，并须防止日光直射。

3.1.6　大容器取样前，应上、下持续搅拌25次以上，直至充分混匀，然后直接用长柄匙取样。

3.1.7　检验前，无论是理化质量检验或卫生质量检验，所有生奶及消毒奶样品由冷藏处取出后均须升温至40℃，剧烈颠覆上下摇荡，使内部脂肪完全融化并混合均匀后，再降温至20℃，用吸管取样进行检验。

3.2　乳中脂肪含量的测定

3.2.1　方法及处理

按照罗兹—格特里（Rose—Gettlieh）的乳脂肪测定法，将定量乳汁溶于含氨的酒精溶液中，用乙醚及石油醚将脂肪抽出，再蒸发去溶剂，称量残留物质测定其中乳脂的重量。

3.2.2　试剂和溶液

3.2.2.1　氨水（GB 631—77）。

3.2.2.2　95%乙醇（GB 679—80）。

3.2.2.3　乙醚（HG 3—1002—76）和石油醚（HG 3—1003—76）1∶1混合溶液。

3.2.3　仪器和设备

3.2.3.1　化学天平：感量0.1 mg。

3.2.3.2　抽出管：具有磨口玻璃塞、软木塞或对所使用的溶剂没有腐蚀污染的塞子。使用软木塞时将良质的软木塞用乙醚继而用石油醚进行处理，再将其放在60℃或60℃以上的热水中至少浸泡20 min以上，用水冷却，这样再使用时便饱和了。

3.2.3.3　烧瓶：250 ml或150 ml。

3.2.3.4　干燥箱：能调节到102℃±2℃使用。

3.2.3.5　电加热板：配有安全装置。

3.2.4　操作方法

3.2.4.1　样品制备：参照3.1.7进行样品处理，但摇荡时不可过分强烈以至乳起泡和出现黄油脂肪搅乳。

3.2.4.2　空白试验：在测定样品脂肪含量时，用同型的抽出管，同量的试剂，以10 ml蒸馏水进行空白试验。该空白试验值超过0.5 mg时，检查所用试剂，不纯的要换。

3.2.4.3　将烧瓶置于干燥箱中加热0.5~1 h（在后面除去溶剂时用的浮石也一并放入），当烧瓶冷却至天平室温度时称重。

3.2.4.4　立即将10~11 g充分混合了的样品置入抽出管中，在天平上直接称重或称其重量差。然后加入25%的氨溶液1.5 ml或相应数量的已知更浓的氨溶液充分混合。在不加塞的容器里加入乙醇10 ml，将其液体缓慢地、充分地混合，再加入乙醚25 ml，将容器塞紧，用力摇荡1~2 min，冷却。必要时可在流水中冷却。

小心取下塞子，加入石油醚25 ml，摇荡0.5~15 min。将容器静置约30 min，至上层变得透明并与水层清晰地分离。取下塞子，用混合溶剂数毫升冲洗塞子及容器口部的内壁，所有冲洗液均注入容器中。仔细地用移液管或虹吸管尽可能多地将上层清液移入烧瓶中。

注：在不使用虹吸管移液操作时，为了便于倾倒，必须加入少量的水使两层间的界面上升。

用混合溶剂数毫升冲洗容器口部的内外壁或虹吸管前端的下部分。冲洗容器外壁的冲洗液流入烧瓶中，冲洗口部内壁及虹吸管的冲洗液则流入抽出瓶中。

3.2.4.5　用 15 ml 乙醚和 15 ml 石油醚重复上述操作，进行第二次抽出。重复上述操作进行第三次抽出，唯略去最后的冲洗过程。

3.2.4.6　要注意尽可能地将溶剂（包含乙醇）蒸发或蒸馏去。在烧瓶容量小的时候，须用上述方法将抽出的各种溶剂先除去一部分。如果溶剂的气味已经消失，将烧瓶侧放在干燥箱中加热 1 h，然后冷却至室温，称重，重复烘烤，直至恒重。

如果抽出物中有不溶或有怀疑争议时，重复加入石油醚并缓慢加温摇动，将烧瓶中的脂肪完全抽出。此时，在倾倒前要使不溶物质沉淀，烧瓶口的外壁冲洗三次。

如前所述，将烧瓶横放在干燥箱中加热 1 h 后，冷却至天平室温度，称重，脂肪的重量，用 3.2.4.6 的重量与此次最后重量之差表示之。

3.2.5　计算

样品的脂肪含量按式（1）计算。

$$F(\%) = \frac{a}{W} \times 100 \qquad\qquad\cdots\cdots\cdots\cdots\cdots（1）$$

式中：F——样品的脂肪含量，%；

　　　a——脂肪重量，g；

　　　W——样品重量，g。

两次平行测定结果之差，对于 100 g 牛乳不超过 0.03 g。

3.3　乳汁中蛋白质含量的测定

3.3.1　方法原理

用半微量凯氏定氮法，测定乳汁中氮的含量，从而计算出该乳汁中蛋白质的含量（%）。

3.3.2　试剂和溶液

3.3.2.1　盐酸（GB 622—77）：0.05N 标准溶液。

3.3.2.2　氢氧化钠（GB 629—81）：饱和溶液。

3.3.2.3　硼酸（GB 628—78）：2%溶液。

3.3.2.4　混合催化剂：无水硫酸钾或硫酸钠、硫酸铜、硒按 100∶10∶2 的重量比配制而成。

3.3.2.5　混合指示液：以 0.2%甲基红与 0.1%次甲基蓝相等体积混合配成。

3.3.3　仪器和设备

3.3.3.1　电炉：1~2 组附有支撑架的可调电炉。

3.3.3.2　凯氏烧瓶：250 ml。

3.3.3.3　半微量凯氏定氮仪。

3.3.3.4　容量瓶：100 ml。

3.3.4 操作

3.3.4.1 在干净的凯氏烧瓶里，加入约 2 g 催化剂，然后用 10 ml 移液管吸取经 40℃升温并冷却至 20℃左右的混合均匀的牛乳样品 10 ml，称重后直接注入凯氏烧瓶底部，再沿瓶壁徐徐加入 15~20 ml 浓硫酸，并轻轻摇荡，使样品全部被硫酸脱水炭化。

3.3.4.2 将加好试剂的凯氏烧瓶放入通风橱内的可调电炉上，先小火加热，至冒出白烟后加大火力，直至瓶内溶液变成透明淡蓝色后，再继续加热约 20~30 min 即可。

3.3.4.3 将已冷却的溶液移入 100 ml 容量瓶内，并用蒸馏水重复冲洗凯氏烧瓶 5~6 次，全部冲洗液倒入容量瓶中，最后在液温 20℃时定容至 100 ml 刻度线处。

3.3.4.4 蒸馏：吸取容量瓶内样品 10 ml 放入半微量凯氏定氮仪的反应室内，加入约 4 ml 饱和氢氧化钠，放开蒸汽管夹，在通入的热蒸汽作用下，样品与饱和氢氧化钠反应，放出 NH_3，经冷却管冷却后流入盛有 2%的硼酸溶液接受杯中，成为 $NH_4HB_4O_7$，使原来淡紫红色的硼酸溶液（内加有适量的混合指示剂）变为淡苹果绿色，直至硼酸接受杯中溶液增加至约 30 ml 时取下接受杯，同时用蒸馏水少许将冷却管末端（浸入接受杯部分）残余液滴冲洗入接受杯内。

3.3.4.5 滴定：将接受杯内液体用 0.05N 盐酸标准溶液滴定，至出现淡紫红色时为止，读出所消耗的盐酸毫升数。

3.3.5 结果与计算

$$CP(\%) = \frac{N \times V \times 0.014 \times 6.38}{W \times \frac{10}{100}} \times 100 \qquad \cdots\cdots\cdots\cdots\cdots\cdots (2)$$

式中：CP——蛋白质含量，%；

　　　N——盐酸当量浓度；

　　　V——滴定消耗的盐酸标准溶液的体积，ml；

　0.014——1.0 ml 的一个当量盐酸溶液相当于 0.014 g 氮；

　6.38——为将牛乳中氮的含量转算为蛋白质量的转换值；

　　　W——牛乳样品重，g。

3.4 乳汁密度的测定

3.4.1 仪器设备

温度计：0~100℃；

牛奶密度计（乳稠计）：20℃/4℃；

量筒：250 ml、直径大小应使在沉入乳稠计时，乳稠计的周边和量筒内壁间的距离不小于 0.5 cm。

3.4.2 操作

将牛乳样品升温至 40℃，上下颠倒摇荡，混合均匀后，降温至 20℃（10~25℃）左右，小心地注入高度大于密度计长度，容积约 250 ml 的玻璃量筒中，加到量筒容积的 3/4 时为止。注入牛乳时应防止牛乳生成泡沫。放入乳稠计时，应手持乳稠计上部，小心地把它沉入量筒内的乳汁中，让它自由浮动，要使它不与量筒壁接触。等乳稠计静止 2~3 min 后，双眼对准筒内乳液表面的高度。由于牛乳表面与乳稠计接触处形成新月形，此新月形表面的顶点处乳稠计标尺的高度，即密度的数值。

3.4.3 结果的表示

所用的乳稠计要以 20℃时的数值表示。因此，如果乳样具有另一温度，则须对温度的差异加以校正。温度比 20℃每高出 1℃时，要在得出的乳稠计度数上加 0.2°，或在密度数值上加上 0.000 2；而温度比 20℃每低 1℃时，要从得出的乳稠计度数上减 0.2°，或在密度数值上减去 0.000 2。如遇到旧式密度计，标尺是在 15℃/15℃时刻成的，须在 15℃的同一温度下测定和读数。此密度数值，比在 20℃时用 20℃/4℃刻度的密度计测定牛乳所得的数值高 0.002 或较后一种密度计读数高 2°。

3.5 乳汁酸度的测定

3.5.1 试剂和溶液

3.5.1.1　95%乙醇（GB 679—80）：0.5%中性酚酞溶液。

3.5.1.2　氢氧化钠（GB 629—81）（无碳酸盐）：1/9N 溶液。

3.5.1.3　冰乙酸（GB 676—78）。

3.5.1.4　乙酸玫瑰苯胺浓溶液：称取 0.12 g 乙酸玫瑰苯胺，逐渐加入 95%乙醇（内有 0.5 ml 冰乙酸）50 ml，再加入 95%乙醇稀释成 100 ml。

3.5.1.5　乙酸玫瑰苯胺稀溶液：吸取上述溶液 1 ml，用 1∶1 蒸馏水稀释过的 95%乙醇溶液稀释至 500 ml。上述两种溶液应于阴暗处保存在棕色小口瓶中，用橡皮塞塞紧待用。

3.5.1.6　酚酞（HGB 3039—59）：0.5%中性溶液的配制，取 1 g 酚酞溶于 110 ml 95%乙醇中，加入 80 ml 蒸馏水，再用约 0.1N 氢氧化钠溶液一滴一滴的加入，直至溶液呈淡红色为止，再加入蒸馏水稀释至 200 ml 即可。

3.5.2 仪器和设备

3.5.2.1　酸式滴定管、碱式滴定管：各 10 ml。

3.5.2.2　容量瓶：100 ml、500 ml。

3.5.3 操作

用吸管取两份 10 ml 牛乳，分别放入两个 50 ml 三角瓶中，其中一瓶加入 1 ml 稀释的乙酸玫瑰苯胺溶液作为颜色对照；在另一瓶中加入 1 ml 酚酞溶液，再由滴管中迅速加入 1/9N 氢氧化钠溶液 1 ml，然后继续逐滴加入，不停摇动，直至呈现的颜色与对照瓶内淡品红色相同时为止。全部滴定时间应当为 20 s 左右。滴定工作最好能在白昼进行。如在夜晚进行须用荧光灯照明，如不用玫瑰苯胺颜色作对照，滴定终点可决定于奶样呈现淡品红色后，维持 5 s 不褪色即可。

3.5.4 结果的表示

每 100 ml 牛乳内含有乳酸克数＝滴定 10 ml 牛乳时消耗 1/9N 氢氧化钠溶液的毫升数÷10（乳酸克分子量设为 90）。

也可用每 100 ml 乳样内乳酸克数＝奶样酸度°T×0.009（0.009 为乳酸换算系数，即 1 ml 0.1N 氢氧化钠相当于 0.009 g 乳酸）。

注：牛乳"°T"滴定法：取 10 ml 待测的牛乳加 20 ml 蒸馏水，再加入 0.5%中性酚酞溶液 1.5 ml，用 0.1N 氢氧化钠标准溶液滴定，直至溶液呈淡品红色在 30 s 内不消失为止，消耗 0.1 N 氢氧化钠标准溶液的毫升数乘以 10，即得酸度°T。两次平行试验结果差

值不得大于 0.5°T。

还可以用酒精试验快速测定收购生乳的鲜度。酒精试验方法是在试管内用 1~2 ml 中性酒精与牛乳等量混合，摇荡后不出现絮片的乳样即符合下列酸度标准，出现絮片的牛乳为酒精试验阳性乳，表示其酸度高。试验时温度以 20℃ 为标准。

酒精浓度	不出现絮片的酸度
68°	20°T 以下
70°	19°T 以下
72°	18°T 以下

3.6 乳汁杂质度的测定

3.6.1 方法原理

取定量的牛乳样通过一定大小口径的棉质过滤板过滤，用特制的含有不同杂质沉淀量的各标准比色板与此过滤板的杂质沉淀颜色相比可以测出该乳样内杂质的浓度。

3.6.2 仪器和设备

3.6.2.1 棉质过滤板：直径 32 mm。

3.6.2.2 抽气泵：368 W。

3.6.2.3 标准比色板：直径为 28.6 mm。

3.6.3 操作

取奶样 500 ml，加热至 60℃，于棉质过滤板上过滤，为了加快过滤速度，可用真空泵抽滤，用水冲洗粘附在过滤板上的牛乳。将过滤板置于烘箱中烘干后，再与标准比色板比较，即可得出过滤板上的杂质量。

3.6.4 结果的表示

根据前述选出的与棉质过滤板颜色最近似的标准比色板所代表的每 500 ml 牛乳中含有的杂质毫克数，即可读出乳样每 500 ml 中含有的杂质毫克数。如以此数乘 2，即可得出乳样内以 ppm 为单位的杂质浓度，或每公升含有杂质的毫克数。

3.7 乳汁中汞的测定

乳汁中汞的测定按 GB 5009.1~5009.70—85《食品卫生检验方法 理化部分》中 GB 5009.17—85 进行。

3.8 乳汁中六六六、滴滴涕残留量的测定

乳汁中六六六、滴滴涕残留量按照 GB 5009.1~5009.70—85 中 GB 5009.19—85 进行。

3.9 乳汁中细菌总数的测定

乳汁中细菌总数的测定按照 GB 4789.1~4789.28—84《食品卫生检验方法 微生物学部分》中 GB 4789.2—84 进行。

3.10 牛乳美蓝还原褪色试验

3.10.1 定义

本方法中所指牛乳卫生质量包括细菌的浓度和代谢强度以及体细胞代谢消耗一定量的氧所需要的时间。

3.10.2　方法原理

　　利用微生物及体细胞浓度愈大，代谢愈旺盛，单位时间内消耗氧愈多，美蓝还原褪色时间相应变短；反之，美蓝褪色时间则相应变长。在一定容量的牛乳内加入定量的美蓝，上覆少量消毒的液体石蜡以隔绝外界氧，在38℃水浴中静置观察美蓝褪色时间的长短。

3.10.3　试剂

　　美蓝溶液的配制：称取分析纯美蓝4.9 ml，在100 ml定容瓶内加部分蒸馏水使之全部溶解后定容至100 ml，塞上瓶盖，于冰箱中贮存备用，使用期限为14日。

　　液体石蜡（分析纯），使用前须蒸煮30 min消毒。

3.10.4　仪器设备

　　分析天平：感量0.1 mg；

　　定温浴槽（内高不低于21 cm）；

　　试管：18×1.8 cm；

　　金属试管架；

　　吸管：1和20 ml。

　　玻璃器皿使用前均须进行灭菌，吸管上端须放有脱脂棉以防操作时唾液进入样品。

3.10.5　操作方法

　　用消毒吸管吸取每个待测乳样20 ml，分别放入顺序排列在试管架上、编有代号的试管中，再在每个试管内加入1 ml美蓝标准溶液，然后用一小张干净硫酸纸盖住管口，再用拇指压紧，分别颠倒摇荡混匀后，顺序放在试管架上。在每个试管上部加入少许消毒液体石蜡封闭，然后将试管连同管架放入38℃恒温浴槽中，应使槽中水面不低于试管内乳样高度。记录开始时间，经常注意观察每支试管的颜色变化。当某一试管的颜色由蓝变白（底部或表层余有少许蓝色者也应算其褪色完毕）即算褪色完毕，记录其褪色时间。

3.10.6　结果的表示

　　用小时和分钟作为时间单位，表示每个样品的美蓝还原褪色时间。

附加说明：

本标准由中华人民共和国农牧渔业部和卫生部提出。

本标准由中国农业科学院畜牧研究所负责起草。

本标准主要起草人王鹏。

自本标准实施之日起，GB 5408—85《消毒牛乳》中附录A（补充件）"生鲜牛乳的一般技术要求"作废。

新鲜生牛乳卫生标准（已废止）

标　准　号：GBn 33—77
试行日期：1978-05-01
发布单位：国家标准计量局

新鲜生牛乳系指从正常饲养的乳牛挤取的乳汁。

1　感官指标

呈乳白色或稍带微黄色的均匀胶态流体，无沉淀，无凝块，无杂质，具有新鲜牛乳固有的香味，无异味。

2　理化指标（见表1）

表1

项　目		指　标
比重		1.028～1.032
脂肪（%）	不得低于	3.0
酸度（°T）		
供消毒牛乳及加工淡炼乳用	不得超过	18
供加工其他乳制品用	不得超过	20
汞		按 GBn 52—77 规定
六六六		按 GBn 53—77 规定
滴滴涕		按 GBn 53—77 规定

3　细菌指标（见表2）

表2

项　目		指　标
细菌总数（每毫升中菌数）		
供消毒牛乳及加工淡炼乳用	不得超过	5×10^5
供加工其他乳制品用	不得超过	10^8

【行业标准】

生乳贮运技术规范

Technical specification of storage and transportation of raw milk

标　准　号：NY/T 2362—2013

发布日期：2013-05-20　　　　　　　　　实施日期：2013-08-01

发布单位：中华人民共和国农业部

前　言

本标准按照 GB/T 1.1—2009 给出的规则起草。

本标准由农业部畜牧业司提出。

本标准由全国畜牧业标准化技术委员会（SAC/TC 274）归口。

本标准起草单位：浙江省农业科学院、中国农业大学。

本标准主要起草人：陈黎洪、蒋永清、唐宏刚、肖朝耿、任发政、郑丽敏、张治国、朱加虹、王小骊、黄新。

1　范围

本标准规定了生乳贮存和运输的术语和定义、贮运工具、贮运工具的清洗消毒、生乳贮存和生乳运输。

本标准适用于生鲜乳收购站、牧场、奶牛养殖合作社和生乳运输部门。

2　规范性引用文件

下列文件对于本文件的应用是必不可少的。凡是注日期的引用文件，仅注日期的版本适用于本文件。凡是不注日期的引用文件，其最新版本（包括所有的修改单）适用于本文件。

GB 9684　食品安全国家标准　不锈钢制品

GB/T 10942　散装乳冷藏罐

GB/T 13879　贮奶罐

GB 19301　食品安全国家标准　生乳

生鲜乳生产收购管理办法　农业部令 2008 年第 15 号

生鲜乳生产技术规程（试行）　农办牧 [2008] 68 号

3　术语和定义

GB 19301 和 GB/T 10942 界定的以及下列术语和定义适用于本文件。

3.1　生乳贮存　raw milk storage

生乳在贮乳器具或奶槽车中的存放。

3.2 生乳运输 raw milk transportation

将生乳运到乳品加工企业的过程。

4 贮运工具

4.1 奶桶

4.1.1 应采用符合食品卫生要求的材料制成，不锈钢奶桶应符合 GB 9684 的要求。

4.1.2 要求有足够的刚性，经久耐用。

4.1.3 内壁光滑，转角做成圆弧形，便于清洗。

4.1.4 桶盖与桶体结合紧密。

4.2 运输车辆

4.2.1 由汽车、乳运输罐、站立平台、人孔、自动气阀等构成，乳阀室应根据实际情况决定是否安装、使用。

4.2.2 乳阀室内应安装有排乳管阀门及接口、清洗管阀门及接口，并配备温度显示装置。

4.2.3 乳运输罐顶部两侧应设置带扶手的站立平台和用于清洗的人孔。

4.2.4 设置自动气阀用于在进乳和排乳及清洗过程中的排气、进气，避免罐内形成高压或真空而损坏乳运输罐。同时，在运输途中保持乳运输罐的密闭。

4.2.5 乳运输罐由食品级不锈钢材料制成，奶槽车应配备控温系统。

4.2.6 宜采用自动化现场清洗系统（CIP）进行清洗。

4.3 贮奶罐

4.3.1 罐体为双层不锈钢结构，内壁与外壁之间为保温层。

4.3.2 贮奶罐宜安装有搅拌器、视孔、人孔、灯孔、生乳进出口、奶仓呼吸阀、溢流管、乳温监测装置、液位监测装置和工作扶梯、罐顶平台等，大中型罐内配有旋转喷头及 CIP 清洗系统。

4.3.3 贮奶罐材质、技术性能、主要零部件技术要求按照 GB/T 13879 的规定执行。

5 贮运工具的清洗消毒

生乳贮运工具的清洗、消毒按照《生鲜乳生产技术规程（试行）》的规定执行。

6 生乳贮存

6.1 按照《生鲜乳生产收购管理办法》的要求收购的生乳，应存放于符合 GB/T 10942 要求的直冷式或带有制冷系统的贮奶罐。

6.2 生乳应贮存在由食品级不锈钢材料制成的密闭的容器中，贮存温度应在 2 h 内降至 0~4℃，并对生乳贮存容器编号、生乳贮存数量、贮存温度、温度检查日期和时间、检查人和核查人姓名等进行记录。

6.3 贮奶间只能用于冷却和贮存生乳。不应堆放任何化学物品和杂物，应设有防止虫害和鼠害的措施。

7 生乳运输

7.1 生乳运输应采用密闭的、洁净的、经消毒的奶槽车或保温奶桶，运输过程温度控制在 0~6℃。

7.2　运输设施应及时清洗消毒，无奶垢、无不良气味。

7.3　运输车辆应取得当地行政主管部门核发的生乳准运证明，且只能用于运送生乳或饮用水，不得运输其他物品。运输车辆应携带生乳交接单。

7.4　生乳挤出后，应在 48 h 内运抵乳品加工企业。

7.5　运输记录应当标明生乳生产主体名称、装载量、装运地、运输车辆牌照、承运人姓名及联系方式、装运时间、装运及卸载时的生乳温度等内容。

无公害食品　生鲜牛乳（已废止）

标　准　号：NY 5045—2008
发布日期：2008-05-16　　　　　　　　　　实施日期：2008-07-01
发布单位：中华人民共和国农业部

前　言

本标准为强制性标准。

本标准代替 NY 5045—2001《无公害食品　生鲜牛乳》。

本标准与 NY 5045—2001《无公害食品　生鲜牛乳》相比主要修改如下：

——按照 GB/T 1.1—2000 对标准文本格式进行修改；

——增加了 3.1、3.2 的要求（见 3.1、3.2）；

——增加了 3.3 的要求（见 2001 版 4.6；本版的 3.3）；

——增加了"冰点、酒精试验"指标（见 3.6）；

——修改了"酸度"指标（见 2001 版 4.3；本版的 3.6）；

——修改了"砷"指标为"无机砷≤0.05 mg/kg"（见 2001 版 4.4；本版的 3.7）；

——删除了"六六六、滴滴涕、马拉硫磷、倍硫磷、甲胺磷"指标（见 2001 版 4.4；本版的 3.7）；

——修改了"黄曲霉毒素 M_1"指标（见 2001 版 4.4；本版的 3.7）；

——增加了"磺胺类、氨苄青霉素、四环素、土霉素、金霉素"指标（见 2001 版 4.4；本版的 3.7）；

——增加了"体细胞"指标（见本版的 3.8）；

——删除了"交收检验"（见 2001 版 6.4；本版的第 5 章）；

——增加了第 6 章标志（见本版的第 6 章）。

——增加了规范性附录 A 和规范性附录 B。

本标准附录 A、附录 B 均为规范性附录。

本标准由中华人民共和国农业部市场与经济信息司提出并归口。

本标准主要起草单位：农业部农产品质量安全中心、农业部食品质量监督检验测试中心（上海）。

本标准主要起草人：孟瑾、韩奕奕、丁保华、廖超子、郑冠树、陈思、邹明晖、吴榕。

本标准于 2001 年首次发布，本次为第一次修订。

1　范围

本标准规定了无公害食品生鲜牛乳的要求、试验方法、检验规则、标志、盛装、贮存和运输。

本标准适用于无公害食品生鲜牛乳的质量安全评定。

2 规范性引用文件

下列文件中的条款通过本标准的引用而成为本标准的条款。凡是注日期的引用文件，其随后所有的修改单（不包括勘误的内容）或修订版均不适用于本标准，然而，鼓励根据本标准达成协议的各方研究是否可使用这些文件的最新版本。凡是不注日期的引用文件，其最新版本适用于本标准。

GB 191 包装储运图示标志

GB/T 4789.2 食品卫生微生物学检验 菌落总数测定

GB/T 4789.18 食品卫生微生物学检验 乳与乳制品检验

GB/T 4789.27 食品卫生微生物学检验 鲜乳中抗生素残留量检验

GB/T 5009.11 食品中总砷及无机砷的测定

GB/T 5009.12 食品中铅的测定方法

GB/T 5009.17 食品中总汞及有机汞的测定

GB/T 5009.123 食品中铬的测定

GB/T 5409—1985 牛乳检验方法

GB/T 5413.1 婴幼儿配方食品和乳粉 蛋白质的测定

GB/T 5413.30 乳与乳粉 杂质度的测定

GB/T 5413.32 乳粉 硝酸盐、亚硝酸盐的测定

GB/T 6682 分析实验室用水规格和试验方法

GB/T 18980 乳和乳粉中黄曲霉毒素 M_1 的测定 免疫亲和层析净化高效液相色谱法和荧光光度法

NY/T 800 生鲜牛乳中体细胞测定方法

NY/T 829 牛奶中氨苄青霉素残留检测方法 高效液相色谱法

NY 5030 无公害食品 畜禽饲养兽药使用准则

NY 5032 无公害食品 畜禽饲料和饲料添加剂使用准则

NY 5047 无公害食品 奶牛饲养兽医防疫准则

NY/T 5049 无公害食品 奶牛饲养管理准则

NY 5140—2005 无公害食品 液态乳

NY/T 5344.6 无公害食品 产品抽样规范第 6 部分：畜禽产品

农业部 781 号公告—12—2006 牛乳中磺胺类药物残留量的测定 液相色谱—串联质谱法

3 要求

3.1 奶牛饲养管理应符合 NY 5030、NY 5032、NY/T 5047 和 NY/T 5049 的要求。

3.2 产犊后 7 d 内的初乳、使用抗生素期间和休药期内的乳汁及变质乳，均不应用作无公害食品生鲜牛乳出售。

3.3 无公害食品生鲜牛乳中不得有任何添加物。

3.4 感官

应符合表1规定。

表1 感官

项 目	指 标
色泽	呈乳白色或稍带微黄色
组织状态	呈均匀的胶态流体，无沉淀，无凝块，无肉眼可见杂质和其他异物
滋味与气味	具有新鲜牛乳固有的香味，无其他异味

3.5 理化指标

应符合表2规定。

表2 理化指标

项 目	指 标
相对密度（ρ_4^{20}）	1.028~1.032
冰点，℃	−0.550~−0.510
脂肪/（g/100 g）	≥3.2
蛋白质/（g/100 g）	≥3.0
非脂乳固体/（g/100 g）	≥8.3
酸度/°T	12.0~18.0
酒精试验（72°）	阴性
杂质度/（mg/kg）	≤4

3.6 安全指标

应符合表3规定。

表3 安全指标

项 目	指 标
总汞/（mg/kg）	≤0.01
无机砷/（mg/kg）	≤0.05
铅/（mg/kg）	≤0.05
铬/（mg/kg）	≤0.3
硝酸盐（以 $NaNO_3$ 计）/（mg/kg）	≤8.0
亚硝酸盐（以 $NaNO_2$ 计）/（mg/kg）	≤0.2
黄曲霉毒素 M_1/（μg/kg）	≤0.5
磺胺类/（μg/kg）	≤100
四环素/（μg/kg）	≤100
土霉素/（μg/kg）	≤100

（续表）

项　目	指　标
金霉素/（μg/kg）	≤100
氨苄青霉素/（μg/kg）	≤10
青霉素、卡那霉素、链霉素、庆大霉素	阴性

注：其他兽药、农药最高残留限量和有毒有害物质限量应符合国家相关规定。

3.7 生物学指标

应符合表4规定。

表4 生物学指标

项　目	指　标
菌落总数/（cfu/mL）	≤500 000
体细胞/（个/mL）	≤600 000

4 试验方法

4.1 感官指标

4.1.1 色泽和组织状态

取适量试样于50 mL烧杯中，在自然光下观察色泽和组织状态。

4.1.2 滋味和气味

取适量试样于150 mL三角瓶中，闻气味，加热至70~80℃，冷却至25℃时，用温开水漱口后，再品尝样品的滋味。生鲜牛乳不可吞食并漱净。

4.2 理化指标

4.2.1 密度

按GB/T 5409的规定执行。

4.2.2 冰点

按GB/T 5409—1985附录B的规定执行。

4.2.3 脂肪

按GB/T 5409的规定执行。

4.2.4 蛋白质

按GB/T 5413.1的规定执行。

4.2.5 非脂乳固体

按GB/T 5409的规定检验。

4.2.6 酸度

按GB/T 5409的规定执行。

4.2.7 酒精试验

按GB/T 5409的规定执行。

4.2.8　杂质度

按 GB/T 5413.30 的规定执行。

4.3　安全检验

4.3.1　总汞

按 GB/T 5009.17 的规定执行。

4.3.2　无机砷

按 GB/T 5009.11 的规定执行。

4.3.3　铅

按 GB/T 5009.12 的规定执行。

4.3.4　铬

按 GB/T 5009.123 的规定执行。

4.3.5　硝酸盐、亚硝酸盐

按 GB/T 5413.32 的规定执行。

4.3.6　黄曲霉毒素 M_1

使用国际通用的双流向竞争性酶联免疫吸附分析法（附录 A）快速筛选，阳性样品按 GB/T 18980 规定执行。

4.3.7　磺胺类

按农业部 781 号公告—12—2006 的规定执行。

4.3.8　四环素、土霉素、金霉素

按 NY 5140—2005 中附录 A 的规定执行。

4.3.9　氨苄青霉素

按 NY/T 829 的规定执行。

4.3.10　青霉素、链霉素、庆大霉素、卡那霉素

按 GB/T 4789.27 规定执行或使用国际通用的双流向竞争性酶联免疫吸附分析法（附录 B）快速筛选。

4.4　生物学检验

4.4.1　菌落总数

按 GB/T 4789.18 及 GB/T 4789.2 的规定执行或使用国际通用的菌落总数快速测定仪。

4.4.2　体细胞

按 NY/T 800 的规定执行。

5　检验规则

5.1　组批规则

以装载在同一贮存或运输器具中的产品为一组批。

5.2　抽样方法

按 NY/T 5344.6 的规定执行。

5.3　型式检验

型式检验是对产品进行全面考核，即检验技术要求中全部项目。在下列情况之一时应进行型式检验：

　　a）申请无公害农产品认证和进行无公害农产品年度抽查检验；

　　b）新建牧场首次投产运行时；

　　c）正式生产后，牛乳发生质量问题时；

　　d）乳牛饲料的组成发生变更或用量调整时；

　　e）牧场长期停产后，恢复生产时；

　　f）国家质量监督机构和有关主管部门提出进行例行检验的要求时。

5.4　判定规则

全部检验项目均符合本标准时，判为合格品；否则，判为不合格品。

6　标志

按无公害农产品标志的有关规定执行。

7　盛装、贮存和运输

7.1　应采用表面光滑、无毒无害的有制冷作用的容器盛装。

7.2　应采取机械化挤奶、管道输送，用奶槽车运往加工厂，挤出的生鲜牛乳应在 2 h 内冷却至 4℃左右，贮存期间的温度不得超过 6℃。

7.3　生鲜牛乳运输应在密闭保温的容器内，避免雨淋、日晒，不应同有毒、有害、有异味等可对其发生不良影响的物品混装运输。生鲜牛乳应在挤出后 24 h 内运送到加工企业或生鲜牛乳收购站。

7.4　所有的贮运生乳的容器应在每次使用后及时清洗和消毒。

附　录　A
（规范性附录）
生鲜牛乳中黄曲霉毒素 M_1 的测定
（双流向竞争性酶联免疫吸附分析法）

A.1　方法提要

采用双流向竞争性酶联免疫吸附分析法对样品中的黄曲霉毒素 M_1 残留进行测定。

A.2　试剂和材料

除方法另有规定外，试剂均为分析纯，实验室用水符合 GB/T 6682 中二级水的规定。

A.2.1　双流向酶联免疫试剂盒，0~7℃保存（室温下可保存 1 d）。

A.2.2　与黄曲霉毒素 M_1 反应的酶联免疫试剂颗粒，0~7℃保存（室温下可保存 1 d）。

A.3　仪器与设备

A.3.1　样品试管（带有密封盖）。

A.3.2　移液器（450 μL±50 μL）或相同的移液管。

A.3.3　酶联免疫检测加热器。

A.3.4　酶联免疫检测读数器。

A.4　检测前的准备

检测应在 18~29℃下进行。检测前，从冰箱中取出带有铝箔包装的双流向酶联免疫检测试剂盒（A.2.1）待用，（检测时不需恢复至室温），并检查试剂盒（A.2.1）是否完好。将加热器（A.3.3）预热到 45℃±5℃，并至少保持 15 min。将试样振摇混匀。检查酶联免疫试剂颗粒（A.2.2）是否受潮，且处于样品试管（A.3.1）的底部（如不是，轻轻拍打试管使试剂颗粒重新回到底部）。

A.5　操作方法

先将酶联免疫检测试剂盒（A.2.1）置于加热器中。将试样振摇混匀。使用移液器（管）（A.3.2），移取试样 450 μL 至带酶联免疫试剂颗粒（A.2.2）样品试管（A.3.2）中。振摇样品试管（A.3.1），使酶联免疫试剂颗粒（A.2.2）溶解。将样品试管（A.3.1）在预先加热至 45℃±5℃ 的加热器内保温，时间准确控制在 5~6 min（最少 5 min，最多 6 min）。将样品试管的全部内容物均倒入已置于加热器（A.3.3）中的酶联免疫试剂盒的样品池中，样品将流经"结果显示窗口"向绿色的"激活环"流去。当激活环的绿色开始消失变为白色时，立即将激活环按键用力按下至底部。将试剂盒继续放置在加热器（A.3.3）中保持 4 min 使呈色反应完成。将试剂盒从加热器（A.3.3）中取出水平放置，立即执行检测结果判定程序。

A.6 检测结果的判定

A.6.1 目测判读结果

检测结果为阴性：试样点的颜色深于质控点，或两者颜色相当。

检测结果为阳性：试样点的颜色浅于质控点。

A.6.2 用酶联免疫检测读数器（A.3.4）判读结果，立即将试剂盒水平插入酶联免疫检测读数器（A.3.4）照触摸式屏幕的提示操作。

检测结果为阴性：显示 Negative；

检测结果为阳性：显示 Positive。

A.7 精密度

本方法中黄曲霉毒素 M_1 的检测限为 0.5 $\mu g/kg$。

附 录 B
（规范性附录）
生鲜牛乳中抗生素残留的测定
（双流向竞争性酶联免疫吸附分析法）

B.1 方法提要

采用双流向竞争性酶联免疫吸附分析法对生鲜牛乳中的抗生素（β-内酰胺类、四环素类、庆大霉素）残留进行测定。

B.2 设备和材料

除方法另有规定外，试剂均为分析纯，实验室用水符合 GB/T 6682 中二级水的规定。

B.2.1 双流向酶联免疫试剂盒，0~7℃保存（室温下可保存 1 d）。

B.2.2 与抗生素反应的酶联免疫试剂颗粒，0~7℃保存（室温下可保存 1 d）。

B.3 仪器设备

B.3.1 酶联免疫检测加热器。

B.3.2 酶联免疫检测读数器。

B.3.3 样品试管（带有密封盖）。

B.3.4 移液器（450 μL±50 μL）或相同的移液管。

B.4 检测前的准备

检测应在 18~29℃下进行。检测前，从冰箱中取出带有铝箔包装的双流向酶联免疫检测试剂盒（B.2.1）待用，（检测时不需恢复至室温），并检查试剂盒是否完好。将加热器（B.3.1）预热到 45℃±5℃，并至少保持 15 min。将试样振摇混匀。检查酶联免疫试剂颗粒（B.2.2）是否受潮，且处于样品试管（B.3.3）的底部（如不是，轻轻拍打试管使试剂颗粒重新回到底部）。

B.5 操作方法

B.5.1 将酶联免疫检测试剂盒（B.2.1）置于酶联免疫检测加热器（B.3.1）中。将试样振摇混匀。使用移液器（管）（B.3.4），移取试样 450 μL 至带酶联免疫试剂颗粒（B.2.2）样品试管（B 3.3）中。振摇样品试管（B.3.3），使酶联免疫试剂颗粒（B.2.2）溶解。将样品试管（B.3.3）在预先加热至 45℃±5℃ 的酶联免疫检测加热器（B.3.1）内保温：β-内酰胺类 5 min，四环素类及庆大霉素 2 min。

B.5.2 将样品试管的全部内容物均倒入已置于加热器中的酶联免疫试剂盒（B.2.1）的

样品池中，样品将流经"结果显示窗口"向"激活环"流去。

B.5.3 当试剂盒上的激活环的颜色（β-内酰胺类试剂盒蓝色，四环素类试剂盒粉红色，庆大霉素试剂盒橙色）开始消失变为白色时，立即将激活环按键用力按下至底部。

B.5.4 将试剂盒继续放置在加热器（B.3.1）中保持：β-内酰胺类试剂盒 4 min，四环素类和庆大霉素试剂盒 7 min，使呈色反应完成。

B.5.5 将试剂盒从加热器（B.3.1）中取出水平放置，立即执行检测结果判定程序。

B.6 检测结果的判定

B.6.1 目测判读结果

检测结果为阴性：试样点的颜色深于质控点，或两者颜色相当。

检测结果为阳性：试样点的颜色浅于质控点。

B.6.2 用酶联免疫检测读数器（B.3.2）判读结果，立即将试剂盒水平插入读数器（B.3.2），按照触摸式屏幕的提示操作。

检测结果为阴性：显示 Negative。

检测结果为阳性：显示 Positive。

B.7 精密度

本方法的检测限：β-内酰胺类为 3 μg/kg，四环素类为 20 μg/kg，庆大霉素为 30 μg/kg。

无公害食品 生鲜牛乳（已废止）

标 准 号：NY 5045—2001

发布日期：2001-09-03 实施日期：2001-10-01

发布单位：中华人民共和国农业部

前 言

本标准中的"4.4 卫生要求""4.5 微生物要求""4.6 掺假项目"为强制性条文；其余条文是推荐性条文。

本标准由中华人民共和国农业部提出。

本标准起草单位：农业部食品质量监督检验测试中心（上海）。

本标准主要起草人：郭本恒、钱莉、张春林、郑隽。

1 范围

本标准规定了无公害食品生鲜牛乳的术语、技术要求、试验方法、检验规则、贮存、运输。

本标准适用于饲养环境无污染，使用无公害饲料饲养的健康母牛产出的天然乳汁。

2 规范性引用文件

下列文件中的条款通过本标准的引用而成为本标准的条款。凡是注日期的引用文件，其随后所有的修改单（不包括勘误的内容）或修订版均不适用于本标准，然而，鼓励根据本标准达成协议的各方研究是否可使用这些文件的最新版本。凡是不注日期的引用文件，其最新版本适用于本标准。

GB 4789.2 食品卫生微生物学检验 菌落总数测定

GB 4789.18 食品卫生微生物学检验 乳与乳制品检验

GB/T 5009.11 食品中总砷的测定方法

GB/T 5009.12 食品中铅的测定方法

GB/T 5009.17 食品中总汞的测定方法

GB/T 5009.19 食品中六六六、滴滴涕残留量的测定方法

GB/T 5009.20 食品中有机磷农药残留量的测定方法

GB/T 5009.24 食品中黄曲霉毒素 M_1 和 B_1 的测定方法

GB/T 5009.36 粮食卫生标准的分析方法

GB/T 5409—1985 牛乳检验方法

GB/T 5413.1 婴幼儿配方食品和乳粉 蛋白质的测定

GB/T 5413.30 乳与乳粉 杂质度的测定

GB/T 5413.32 乳粉 硝酸盐、亚硝酸盐的测定

GB/T 14876　食品中甲胺磷和乙酰甲胺磷农药残留量的测定方法

GB/T 14962　食品中铬的测定方法

NY/T 5049　奶牛饲养管理准则

3　基本要求

生产无公害生鲜牛乳的奶牛饲养管理方式应符合 NY/T 5049 要求。

4　技术要求

4.1　生鲜牛乳产地环境要求

应符合无公害食品产地的环境标准。

4.2　感官要求

应符合表 1 规定。

表 1　感官要求

项　目	指　标
色泽	呈乳白色或稍带微黄色
组织状态	呈均匀的胶态流体，无沉淀，无凝块，无肉眼可见杂质和其他异物
滋味与气味	具有新鲜牛乳固有的香味，无其他异味

4.3　理化要求

应符合表 2 规定。

表 2　理化要求

项　目		指　标
相对密度 ρ_4^{20}		1.028~1.032
脂肪/%	≥	3.2
蛋白质/%	≥	3.0
非脂乳固体/%	≥	8.3
酸度/°T	≤	18.0
杂质度/（mg/kg）	≤	4

4.4　卫生要求

应符合表 3 规定。

表 3　卫生要求

项　目		指　标
汞（以 Hg 计）/（mg/kg）	≤	0.01
砷（以 As 计）/（mg/kg）	≤	0.2

（续表）

项　目		指　标
铅（以 Pb 计）/（mg/kg）	≤	0.05
铬（以 Cr^{6+}计）/（mg/kg）	≤	0.3
硝酸盐（以 $NaNO_3$计）/（mg/kg）	≤	8.0
亚硝酸盐（以 $NaNO_2$计）/（mg/kg）	≤	0.2
六六六/（mg/kg）	≤	0.05
滴滴涕/（mg/kg）	≤	0.02
黄曲霉毒素 M_1/（μg/kg）	≤	0.2
抗生素		不得检出
马拉硫磷/（mg/kg）	≤	0.1
倍硫磷/（mg/kg）	≤	0.01
甲胺磷/（mg/kg）	≤	0.2

4.5　微生物要求

应符合表 4 规定。

表 4　微生物要求

项　目		指　标
菌落总数/（cfu/mL）	≤	500 000

4.6　掺假项目

不得在生鲜牛乳中掺入碱性物质、淀粉、食盐、蔗糖等非乳物质。

5　检验方法

5.1　感官检验

5.1.1　色泽和组织状态：取适量试样于 50 mL 烧杯中，在自然光下观察色泽和组织状态。

5.1.2　滋味和气味：取适量试样于 50 mL 烧杯中，先闻气味，然后用温开水漱口，再品尝样品的滋味。

5.2　理化检验

5.2.1　密度：按 GB/T 5409 检验。

5.2.2　脂肪：按 GB/T 5409 检验。

5.2.3　蛋白质：按 GB/T 5413.1 检验。

5.2.4　非脂乳固体：按 GB/T 5409 检验。

5.2.5　酸度：按 GB/T 5409 检验。

5.2.6　杂质度：按 GB/T 5413.30 检验。

5.3　卫生检验

5.3.1　汞：按 GB/T 5009.17 检验。

5.3.2　砷：按 GB/T 5009.11 检验。

5.3.3 铅：按 GB/T 5009.12 检验。

5.3.4 铬：按 GB/T 14962 检验。

5.3.5 硝酸盐、亚硝酸盐：按 GB/T 5413.32 检验。

5.3.6 六六六、滴滴涕：按 GB/T 5009.19 检验。

5.3.7 黄曲霉毒素 M_1：按 GB/T 5009.24 检验。

5.3.8 抗生素：按 GB/T 5409 检验。

5.3.9 马拉硫磷：按 GB/T 5009.36 检验。

5.3.10 倍硫磷：按 GB/T 5009.20 检验。

5.3.11 甲胺磷：按 GB/T 14876 检验。

5.4 微生物检验

菌落总数：按 GB 4789.2 和 GB 4789.18 检验。

5.5 掺假检验

5.5.1 碱性物质：按 GB/T 5409—1985 中 2.8 检验。

5.5.2 淀粉：按 GB/T 5409—1985 中 2.11 检验。

5.5.3 食盐：按 GB/T 5409—1985 中 2.6.1.2 检验。

5.5.4 蔗糖：按 GB/T 5409—1985 中 2.10 检验。

6 检验规则

6.1 组批规则

以同一天，装载在同一贮存或运输器具中的产品为一组批。

6.2 抽样方法

在贮存容器内搅拌均匀后、或在运输器具内搅拌均匀后从顶部、中部、底部等量随机抽取，或在运输器具出料时连续等量抽取，混合成 4 L 样品供交收检验，或 8 L 样品供型式检验。

6.3 型式检验

型式检验是对产品进行全面考核，即检验技术要求中全部项目。在下列情况之一时应进行型式检验：

a）新建牧场首次投产运行时；

b）正式生产后，牛乳发生质量问题时；

c）乳牛饲料的组成发生变更或用量调整时；

d）牧场长期停产后，恢复生产时；

e）交收检验与上次例行检验有较大差异时；

f）国家质量监督机构提出进行例行检验的要求时。

6.4 交收检验

交收检验的项目包括感官、理化要求、微生物要求、掺假的全部项目，为交收双方的结算依据。

6.5 判定规则

6.5.1 在型式检验中卫生要求有一项指标检验不合格，则该牧场应进行整改，经整改复查合格，则判为合格产品，否则判为不合格产品。

6.5.2 在交收检验项目中，有一项掺假项目指标被检出，则该批产品判为不合格产品。

7 盛装、贮存和运输

7.1 生鲜牛乳的盛装应采用表面光滑的不锈钢制成的桶和贮奶罐或由食品级塑料制成的存乳容器。

7.2 应采取机械化挤奶、管道输送，用奶槽车运往加工厂，从挤奶产出至用于加工前不超过 24 h，乳温应保持 6℃以下。

7.3 生鲜牛乳的运输应使用奶槽车。

7.4 所有的存乳和储存容器使用后应及时清洗和消毒。

【地方标准】

食品安全地方标准 生水牛乳

标 准 号：DBS 45/011—2014
发布日期：2014-12-30 实施日期：2015-02-01
发布单位：广西壮族自治区卫生和计划生育委员会

前 言

本标准按 GB/T 1.1—2009 的格式编写。

本标准由广西壮族自治区卫生和计划生育委员会提出。

本标准代替 DB45/T38—2002《水牛奶》。

本标准与 DB45/T38—2002 相比，主要变化如下：

——修改了标准名称；

——删除了"引言"；

——修改了蛋白质、脂肪、非脂乳固体指标；

——相对密度和酸度指标改为范围值；

——增加了冰点指标；

——"污染物限量"直接引用 GB 2762 的规定；

——"真菌毒素限量"直接引用 GB 2761 的规定；

——"农药最大残留限量"直接引用 GB 2763 及国家有关规定；

——"兽药残留限量"符合国家有关规定。

——增加了对挤乳的要求。

本标准起草单位：广西壮族自治区水牛研究所。

本标准起草人：曾庆坤、杨炳壮、李玲、林波、黄丽。

1 范围

本标准规定了生水牛乳的术语和定义、要求、检验方法、挤乳、运输和贮存。

本标准适用于生水牛乳，不适用于即食生水牛乳。

2 规范性引用文件

下列文件对于本文件的应用是必不可少的。凡是注日期的引用文件，仅所注日期的版本适用于本文件。凡是不注日期的引用文件，其最新版本（包括所有的修改单）适用于本文件。

GB 2762 食品安全国家标准 食品中污染物限量

GB 2763 食品安全国家标准 食品中农药最大残留限量

GB 4789.1 食品安全国家标准 食品微生物学检验 总则

GB 4789.2　食品安全国家标准　食品微生物学检验　菌落总数测定

GB 5009.5　食品安全国家标准　食品中蛋白质的测定

GB 5413.3　食品安全国家标准　婴幼儿配方食品和乳品中脂肪的测定

GB 5413.30　食品安全国家标准　乳和乳制品杂质度的测定

GB 5413.33　食品安全国家标准　生乳相对密度的测定

GB 5413.34　食品安全国家标准　乳和乳制品酸度的测定

GB 5413.38　食品安全国家标准　生乳冰点的测定

GB 5413.39　食品安全国家标准　乳和乳制品中非脂乳固体的测定

3　术语和定义

3.1　生水牛乳

从符合国家有关要求的健康水牛乳房中挤出的无人为改变成分的常乳。产犊后七天的初乳、应用抗生素期间和休药期间的乳汁、以及变质乳不应用作生水牛乳。

4　要求

4.1　感官要求

应符合表 1 的规定。

表 1　感官要求

项　目	要　求
色泽	呈乳白色
滋味、气味	具有水牛乳固有的滋味、气味，无异味
组织状态	呈均匀一致液体，无凝块，无沉淀，正常视力下无可见的异物

4.2　理化指标

应符合表 2 的规定。

表 2　理化指标

项　目		指　标
蛋白质/（g/100 g）	≥	3.8
脂肪/（g/100 g）	≥	5.5
非脂乳固体/（g/100 g）	≥	9.2
冰点[a]/（℃）		−0.500～−0.570
相对密度/（20℃/4℃）	≥	1.024
杂质度/（mg/kg）	≤	4.0
酸度/（°T）		10～18

[a] 挤出 3 h 后检测

4.3　污染物限量

应符合 GB 2762 的规定。

4.4 真菌毒素限量

应符合 GB 2761 的规定。

4.5 农药最大残留限量和兽药残留限量

4.5.1 农药最大残留限量应符合 GB 2763 及国家有关规定。

4.5.2 兽药残留限量应符合国家有关规定。

4.6 微生物限量

应符合表 3 的规定。

表 3 微生物限量

项　目		限量［CFU/g（mL）］
菌落总数	≤	$2×10^6$

5 检验方法

5.1 感官检验

取适量试样置于 50 mL 烧杯中，在自然光下观察色泽和组织状态。闻其气味，用温开水漱口，品尝滋味。

5.2 蛋白质

按 GB 5009.5 规定的方法测定。

5.3 脂肪

按 GB 5413.3 规定的方法测定。

5.4 非脂乳固体

按 GB 5413.39 规定的方法测定。

5.5 冰点

按 GB 5413.38 规定的方法测定。

5.6 相对密度

按 GB 5413.33 规定的方法测定。

5.7 杂质度

按 GB 5413.30 规定的方法测定。

5.8 酸度

按 GB 5413.34 规定的方法测定。

5.9 污染物限量

按 GB 2762 规定的方法检验。

5.10 真菌毒素限量

按 GB 2761 规定的方法检验。

5.11 农药最大残留限量

按 GB 2763 及国家有关规定的方法检验。

5.12 兽药残留限量

按国家有关规定的方法检验。

5.13 菌落总数

按 GB 4789.2 规定的方法检验，样品分析及处理按 GB 4789.1 执行。

6 挤乳、贮存和运输

6.1 挤乳

挤乳场所应干净、整洁，挤乳前应用干净的温水对水牛乳房进行清洁，并用手挤掉前两把乳，挤乳可根据实际情况采用人工挤乳或机器挤乳方式，挤乳设备和盛乳的容器应清洗消毒并有防蝇防尘设施。

6.2 贮存和运输

生水牛乳的贮存和运输应于密闭、洁净、经过消毒的保温奶槽车或符合食品安全要求的容器中，贮存温度为 0~4℃。

生鲜牛乳质量分级

Quality classification of raw milk

标　准　号：DB 64/T1263—2016

发布日期：2016-12-28　　　　　　　　实施日期：2017-03-28

发布单位：宁夏回族自治区质量技术监督局

前　言

本标准的编写格式符合 GB/T1.1—2009《标准化工作导则 第1部分：标准的结构和编写》的要求。

本标准由宁夏回族自治区农牧厅提出并归口。

本标准由宁夏回族自治区兽药饲料监察所起草。

本标准参与起草单位：宁夏伊利乳业有限责任公司、蒙牛乳业（银川）有限公司、宁夏夏进乳业集团股份有限公司、宁夏塞尚乳业有限公司。

本标准主要起草人：刘维华、赵娟、夏淑鸿、周洁、高建龙、白庚辛、温万、付少刚、马岩、马龙、尤德、安鹏飞、池文平。

1　范围

本标准规定了生鲜牛乳质量指标、质量分级及测定方法。

本标准适用于宁夏回族自治区生鲜牛乳质量分级。

2　规范性引用文件

下列文件对于本文件的应用是必不可少的。凡是注日期的引用文件，仅所注日期的版本适用于本文件。凡是不注日期的引用文件，其最新版本（包括所有的修改单）适用于本文件。

GB 2762　食品安全国家标准　食品中污染物限量

GB 4789.2　食品安全国家标准　食品微生物学检验　菌落总数测定

GB 5009.5　食品安全国家标准　食品中蛋白质的测定

GB 5009.33　食品安全国家标准　食品中亚硝酸盐与硝酸盐的测定

GB 5413.3　食品安全国家标准　婴幼儿食品和乳品中脂肪的测定

GB 5413.37　食品安全国家标准　乳和乳制品中黄曲霉毒素 M_1 的测定

GB 5413.38　食品安全国家标准　生乳冰点的测定

GB 19301　食品安全国家标准　生乳

NY/T 800　生鲜乳牛乳中体细胞测定方法

NY/T 1450　中国荷斯坦牛生产性能测定技术规程

3 术语和定义

下列术语和定义适用于本标准。

3.1 生鲜牛乳

从符合国家有关要求的健康奶牛乳房中挤出的无任何成分改变的常乳。产犊后 7 天以及应用抗生素期间的乳汁及变质乳不得用作生鲜乳。

3.2 质量分级

生鲜牛乳质量分级是对生鲜牛乳感官要求、有效成分含量、卫生状况、安全指数等品质优劣程度的综合评价。

4 技术要求

4.1 感官要求

呈乳白色或微黄色：具有乳固有的香味、无异味；呈均匀一致液体，无凝块、无沉淀、无正常视力可见异物。

4.2 质量分级

生鲜牛乳质量分级及指标应符合表 1 的规定。

表 1　生鲜牛乳质量分级及指标

等级	合格品	一等品	优等品	特优品
蛋白质/ （g/100 g）	（4~10 月）≥2.8	（4~10 月）≥3.0	（4~10 月）≥3.1	（4~10 月）≥3.2
	（10~4 月）≥2.8	（10~4 月）≥3.1	（10~4 月）≥3.2	（10~4 月）≥3.3
脂肪/ （g/100 g）	（4~10 月）≥3.1	（4~10 月）≥3.3	（4~10 月）≥3.5	（4~10 月）≥3.7
	（10~4 月）≥3.1	（10~4 月）≥3.5	（10~4 月）≥3.7	（10~4 月）≥3.9
体细胞/ （万/ml）	≤75	≤60	≤40	≤20
菌落总数/ （万 CFU/ml）	≤200	≤50	≤30	≤10
冰点/℃	−0.500~−0.560	−0.510~−0.550	−0.515~−0.535	−0.515~−0.535
黄曲霉毒素 M_1/ （μg/kg）	≤0.5	≤0.2	不得检出	不得检出
亚硝酸盐/ （mg/kg）	≤0.2	不得检出	不得检出	不得检出

注：蛋白质、脂肪含量按月份划定，4~10 指当年 4 月 1 日至 9 月 30 日期间；10~4 指当年 10 月 1 日至下年 3 月 31 日期间。

5 测定方法

5.1 采样方法

按照 NB 640100063—2013 的规定执行。

5.2 冰点测定

按照 GB 5413.38—2010 的规定执行。

5.3 蛋白质含量测定

按照 GB 5009.5—2010 的规定执行。

5.4 脂肪含量测定

按照 GB 5413.3—2010 的规定执行。

5.5 菌落总数测定

按照 GB 4789.2—2010 的规定执行。

5.6 体细胞测定

按照 NY/T 800—2004 的规定执行。

5.7 黄曲霉毒素 M_1 测定

按照 GB 5413.37 的规定执行。

5.8 亚硝酸盐测定

按照 GB 5009.33—2010 的规定执行。违禁物、污染物、兽药残留按国家有关规定执行。

6 质量分级综合判定

6.1 等级

按照蛋白质、脂肪、体细胞、细菌总数、冰点、黄曲霉毒素 M_1、亚硝酸盐 7 项指标综合确定生鲜牛乳的质量等级，分成合格品、一等品、优等品、特优品 4 个等级。

6.2 判定

完全满足 7 项指标的生鲜牛乳才能划定为该等级，若有其中 1 项参数不符合，则以该参数对应的等次确定生鲜牛乳等级。

有机生鲜乳生产技术规范
Regulation of raw organic milk production

标 准 号：**DB11/T 631—2009**
发布日期：**2009-02-06**　　　　　　　　实施日期：**2009-05-01**
发布单位：北京市质量技术监督局

前　　言

本标准的附录 A、附录 B、附录 C 为规范性附录。

本标准由北京市延庆县质量技术监督局提出。

本标准由北京市农业标准化技术委员会养殖业分会归口。

本标准起草单位：中国农业大学、北京归原生态农业发展有限公司。

本标准主要起草人：李胜利、董国强、任师喜、杨敦启、张万金、曹志军、郭成林、王占利、田启永。

1　范围

本标准规定了有机生鲜乳生产过程中饲料作物、饲草种植和奶牛养殖要求。

本标准适用于北京地区有机生鲜乳生产。

2　规范性引用文件

下列文件中的条款通过本标准的引用而成为本标准的条款。凡是注日期的引用文件，其随后所有的修改单（不包括勘误的内容）或修订版均不适用于本标准。然而，鼓励根据本标准达成协议的各方研究是否可使用这些文件的最新版本。凡是不注日期的引用文件，其最新版本适用于本部分。

GB 2762　食品中污染物限量

GB 2763　食品中农药的最大残留限量

GB 3095　环境空气质量标准

GB 5084　农田灌溉水环境质量标准

GB 9137　保护农作物的大气污染物最高允许浓度

GB 15618　土壤环境质量标准

GB 18596　畜禽养殖业污染物排放标准

GB/T 19630.1~4—2005　有机产品

3　术语和定义

下列术语和定义适用于本标准。

3.1　有机　organic

指有机认证标准描述的生产体系以及由该体系生产的特定品质的产品。

3.2　有机农业　organic agriculture

遵照有机农业生产标准，在生产中不采用基因工程获得的生物及其产物，不使用化学合成的农药、化肥、生长调节剂、饲料添加剂等物质，遵循自然规律和生态学原理，采用一系列可持续发展的农业技术，协调种植业和养殖业的平衡，以维持农业生态系统持续稳定的一种农业生产方式。

3.3　有机奶牛　organic cow

按照有机方式饲养，并通过有机认证的奶牛。

3.4　有机生鲜乳　raw organic milk

按照有机奶牛生产体系进行生产，并且通过有机认证的原料奶。

3.5　常规　conventional

生产体系及其产品未获得有机认证或未开始有机转换认证。

3.6　转换期　conversion period

从按照本标准开始实施有机管理至生产单元和产品获得有机认证之间的时段。

3.7　平行生产　parallel production

在同一农场中，同时生产相同或难以区分的有机、有机转换或常规产品的情况，称之为平行生产。

3.8　缓冲带　buffer zone

在有机和常规地块之间有目的设置的、可明确界定的用来限制或阻挡邻近田块的禁用物质漂移的过渡区域。

3.9　顺势治疗　homeopathic treatment

一种疾病治疗体系，通过将某种物质系列稀释后使用来治疗疾病，而这种物质若未经稀释在健康动物上大量使用时能引起类似于所欲治疗疾病的症状。

3.10　转基因生物　GMOs

通过基因工程技术导入某种基因的植物、动物、微生物。

4　饲料作物、饲草种植

4.1　有机生产的环境要求

有机奶牛养殖需要在适宜的环境条件下进行。有机奶牛养殖基地应远离城区、工矿区、交通主干线、工业污染源、生活垃圾场等。

基地的环境质量应符合以下要求：

a）土壤环境质量符合 GB 15618 中的二级标准。

b）农田灌溉用水水质符合 GB 5084 的规定。

c）环境空气质量符合 GB 3095 中二级标准和 GB 9137 的规定。

4.2　转换期

转换期的开始时间从提交认证申请之日算起。

一年生饲料/作物的转换期一般不少于 24 个月，多年生饲料/作物的转换期一般不少于 36 个月。新开荒或撂荒多年的土地也要经过至少 12 个月的转换期。多年未使用禁用物质的农田，转换期可以缩短到 6 个月。

转换期内应完全按照有机农业的要求进行管理。

4.3 种子和种苗

4.3.1 应选择有机种子或种苗。当从市场上无法获得有机种子或种苗时，或在转换期的开始阶段，可以选用未经禁用物质处理过的常规种子或种苗，但应制订获得有机种子和种苗的计划。

4.3.2 应选择适应当地土壤和气候特点、对病虫害具有抗性的饲料作物种类及品种。放牧草地上的饲草应具有较强的耐践踏能力。选择品种应充分考虑保护作物的遗传多样性。种植一定量的豆科饲草（如紫花苜蓿）以增加整个生产体系的氮源。

4.3.3 不得使用经禁用物质和方法处理的种子和种苗。

4.3.4 不得使用转基因的饲料作物或饲草种子、种苗。

4.4 栽培

4.4.1 在一年只能生长一茬作物的地区，允许采用包括豆科作物在内的两种作物的轮作。

4.4.2 不得连续多年在同一地块种植同一种作物，但多年生饲草及作物除外。

4.4.3 应利用豆科作物、免耕或土地休闲方式进行土壤肥力的恢复。

4.5 土地管理

4.5.1 通过种植豆科作物、粪便无害化处理后还田、绿肥等方式补充土壤因作物收获而失去的有机质和土壤养分。

4.5.2 施入足够数量的有机肥，以维持和提高土壤肥力、营养平衡和土壤生物活性。但施用的有机肥氮含量不得超过 170 kg/hm^2，以防造成土壤、地表水、地下水的污染。

4.5.3 施入的有机肥应经过堆肥、腐熟、沼气发酵等无害化处理，杀死粪便中的病原菌和有害微生物。

4.5.4 有机肥堆制过程中允许添加来自自然界的微生物，但不得使用转基因生物及其产品。

4.5.5 有机肥应主要源于本农场或有机农场（或畜场）；遇特殊情况（如采用集约耕作方式）或处于有机转换期或证实有特殊的养分需求时，经认证机构许可可以购入一部分农场外的肥料，但每年从农场外购的肥料不得超过 15 t/hm^2。外购的商品有机肥，应通过有机认证或经认证机构许可。

4.5.6 限量使用人粪尿，必须使用时，应当按照相关要求进行充分腐熟和无害化处理，并不得与食用部分接触。不得用于叶菜类、块茎类和块根类作物上施用。

4.5.7 天然矿物肥料和生物肥料只能作为培肥土壤的辅助成分。

4.5.8 在有理由怀疑肥料存在污染时，应在施用前对其重金属含量或其他污染因子进行检测。检测合格的肥料，应严格控制其使用量，以防土壤重金属等有害物质累积。

4.5.9 不得使用化学合成肥料和城市污水污泥。

4.5.10 在土壤培肥过程中允许使用和限制使用的物质应符合 GB/T 19630.1—2005 中附录 A 的要求。使用附录 A 未列入的物质时，应由认证机构按照 GB/T 19630.1—2005 中附录 D 的准则对该物质进行评估。

4.6 病虫草害防治

4.6.1 病虫草害防治的基本原则应是从作物到病虫草害整个生态系统出发，综合运用防治措施，尤其是生物防治措施和合理的耕作制度，创造不利于病虫草害滋生和有利于各类天敌繁衍的环境条件，保持农业生态系统的平衡和生物多样性，将病虫草害控制在最低水平。

4.6.2 优先采用农业措施，通过选用抗病抗虫品种，非化学药剂种子处理，培育壮苗，加强栽培管理，中耕除草，秋季深翻晒土，清洁田园，轮作倒茬、间作套种等一系列措施起到防治病虫草害的作用。还应尽量利用灯光、色彩诱杀、机械捕捉等方式消灭害虫，机械和人工除草等措施除草。

4.6.3 以上方法不能有效控制病虫害时，允许使用 GB/T 19630.1—2005 中附录 B 所列出的物质。使用附录 B 未列入的物质时，应由认证机构按照 GB/T 19630.1—2005 中附录 D 的准则对该物质进行评估。

4.7 污染控制

4.7.1 在使用保护性的建筑覆盖物、塑料薄膜、防虫网时，只允许选择聚乙烯、聚丙烯或聚碳酸酯类产品，并且使用后应从土壤中清除。不得焚烧，不得使用聚氯类产品。

4.7.2 有机产品的农药残留不能超过国家食品卫生标准相应产品限制的 5%，重金属含量也不能超过国家食品卫生标准相应产品的限值。

5 奶牛养殖

5.1 基本原则

5.1.1 应通过有机肥还田等方式增加土壤有机物含量，满足饲草、饲料作物的营养需要，促进整个生产系统的物质、能量平衡，建立并保持土壤—植物、植物—动物、动物—土壤之间的生态平衡关系。

5.1.2 利用可再生的自然资源（如动物粪尿、豆科作物等），使生产饲料、饲草的土壤肥力能够长期保持并得以改进。

5.1.3 维护动物福利，除特殊情况外（如运输途中、手术过程等），奶牛能够自由活动，并且有足够的活动空间，不得采用不能接触土地的饲养方式。

5.1.4 需建立面积足够大的饲料生产基地，以保证充足的饲料供应。单位土地范围内（含饲料生产基地）奶牛的饲养头数应限制在一定的范围之内（氮的排泄量不得超过 $170 \, kg/hm^2$），将污染降到最低水平，尤其是对土壤、地表水、地下水的污染。

5.1.5 放牧条件下要防止过牧和水土流失等对环境造成的负面影响。

5.2 转换期

5.2.1 饲料生产基地应符合有机农业的要求。

5.2.2 常规饲养的奶牛需经过 6 个月的转换期后，其生产的牛奶方可作为有机奶出售，在转换期奶牛按照有机方式进行饲养，生产的牛奶为有机转换牛奶。

5.2.3 奶牛养殖的转换和饲料的转换，二者可同时进行。

5.3 平行生产

　　如果一个养殖场同时以有机方式和非有机方式养殖奶牛，应满足下列条件，其牛奶才可以作为有机奶销售。

与有机奶牛生产相关的所有物件，都应该完全分开，并做出明显的区分标志。包括：

1）精饲料、粗饲料、饲料加工设备、饲料仓库；

2）牛舍、运动场地、牧场；

3）兽药、消毒剂、清洗剂；

4）挤奶设备、储奶罐、送奶车等；

5）记录系统，内容见附录 B；

6）其他与有机奶牛生产相关的。

5.4 奶牛的引入

5.4.1 在品种或品系的选择上，应考虑到其对当地环境的适应能力，抗病力强，尤其是抗乳房炎。而且不能携带口蹄疫、布氏杆菌病、结核病等各种传染病。

5.4.2 原则上应引入按本标准（或相关有机认证标准）饲养的任何月龄任何数量有机奶牛。

5.4.3 当有机奶牛牛源缺乏时，允许从无特定疫病的健康牛场引入常规犊牛。犊牛应不超过 4 周龄，接受过初乳喂养并主要是以全乳喂养。引入数量不受限制。

5.4.4 允许引入 4 周龄以上常规奶牛（犊牛），每年引入的常规奶牛数量不能超过已经经过本认证（或相关的有机认证标准）的成年有机奶牛总量的 10%。所有引入的常规奶牛应经过 6 个月的转换期之后，所产的牛奶才可按有机奶出售。在以下情况，经认证机构许可将引入比例放宽到 40%。

1）不可预见的严重自然灾害或人为事故；

2）养殖场规模大幅度扩大；

3）养殖场发展新的品种或项目。

5.4.5 存栏低于 10 头的有机牛场，每年引种的头数不得超过 1 头。

5.4.6 允许引入常规饲养的种公牛及其精液，但引入后需按照有机方式进行饲养。有条件的情况下，应购买有机饲养的种公牛及其精液。

5.4.7 对于新引入（调入）的奶牛，按照有关规定经过 45 d 的隔离期，才可以转入大群进行饲养。隔离期间要特别关注奶牛的健康状况，不健康的奶牛治愈前不得转入大群。隔离期间按照有机方式饲养，属于转换期。

5.4.8 所有引入的奶牛或精液都不能来自转基因生物及其产品，包括涉及基因工程的育种材料、疫苗、兽药、饲料和饲料添加剂等。

5.5 饲料

5.5.1 饲料供给应能够满足奶牛生产优质牛奶和各个生理阶段的营养需要，并保持牛只的健康。不得为了提高产奶量而任意加大日粮的精饲料比例。

5.5.2 奶牛饲喂的精饲料、粗饲料、青贮和饲草等应均为有机饲料。饲料中至少应有50%来自本养殖场饲料种植基地或本地区有合作关系的有机农场。其他部分可以通过购买符合本标准（或相关有机认证标准认证）的有机饲料。

5.5.3 在养殖场实行有机管理的第 1 年，该养殖场饲料种植基地按照本标准（或相关有机认证标准认证）要求生产的饲料可以作为有机饲料饲喂本养殖场的奶牛，但不能作为有机饲料出售。

5.5.4 日粮配方中可以有平均高达30%的原料（按干物质计）为转换期饲料，如果是自己饲料基地生产的转换期饲料，其比例可以达到60%。

5.5.5 当有机饲料供应短缺时，允许购买常规饲料。但奶牛常规饲料消费量在全年消费总量中所占比例不得超过10%（以干物质计）。奶牛日粮配方中常规饲料的比例不得超过25%（以干物质计），如果出现不可预见的严重自然灾害或人为事故时，允许在一定时间期限内饲喂超过以上比例的常规饲料。饲喂常规饲料须事先获得认证机构的许可，并详细记录饲喂情况。

5.5.6 应保证奶牛采食到足够的饲草、青贮等粗饲料以保证奶牛的健康。在其日粮干物质中，粗饲料、青饲料和青贮饲料所占的比例在泌乳期前3个月不能低于50%，泌乳期的第4个月以后（含第4个月）不低于60%。

5.5.7 新生犊牛（公犊可除外）初乳期（产后0~7 d）应吃到足量的初乳。无法获得时，允许用其他奶牛的有机初乳、发酵有机初乳或冷冻保存的有机初乳。不允许使用非有机牛奶、其他动物的乳汁或代乳料进行代乳。在紧急情况下允许使用代乳品补饲，但其中不能含有抗生素、化学合成的添加剂或动物屠宰产品。不允许使用患乳房炎、酮病等疾病的奶牛生产的牛奶或抗生素奶饲喂犊牛。

5.5.8 7日龄内饲喂犊牛应使用带奶头的奶瓶，不允许使用盆或桶直接饮用。饲喂应该做到"定质、定时、定量、定温、定人"。奶瓶使用前后应清洗干净并消毒处理。

5.5.9 犊牛的哺乳期最少3个月，全乳的哺乳量不得少于500 kg。待犊牛开始学习采食后，补饲优质饲料，但其中不能含有抗生素、化学合成的添加剂或动物屠宰产品。

5.5.10 在饲料配制和生产过程中，不得使用转基因产品，不得使用被二恶英等污染的饲料原料。

5.5.11 不得使用动物及其制品、粪便、经化学溶剂提取的或添加了化学合成物质的饲料。

5.5.12 饲料添加剂的使用见附录A。

5.6 饲养管理

5.6.1 提倡在放牧季节放牧饲养。放牧条件受限时允许半牧半舍饲或带运动场的舍饲饲养方式。

5.6.2 不得采取奶牛无法接触土地的饲养方式和完全圈养、拴养等限制奶牛自然行为的饲养方式。舍饲条件下，奶牛采食时允许使用颈夹。

5.6.3 奶牛每周至少有2次到草地、户外运动场或其他活动区域自由活动的机会，每次时间不得少于3 h。

5.6.4 放牧时，牛群的大小应依据奶牛不同生理阶段和生产阶段确定，不得过牧。

5.6.5 牛舍地面、牛床和运动场应符合GB/T 19630.1~4—2005的要求。根据当地的气候条件，夏季应设置凉棚、遮阳网等设施，经常打扫粪便。保证每头牛都有足够的采食、饮水空间，提供充足、清洁卫生的饮水和新鲜饲料，饮用水水质应符合GB/T 19630.1—2005中附录C.1的要求。

5.6.6 牛舍地面平坦而有一定粗糙度，不打滑，干燥清洁。牛舍内空气流通，有毒有害、刺激性气体含量低,以工作人员不会感到不适为宜。自然光照充足,允许采用人工照明来延长光照时间,但每天的总光照时间不得超过 16 h。但应避免炎热季节过度的太阳照射。

5.6.7　牛床应舒适、清洁、干燥,空间足够大,犊牛卧处应铺稻草或其他自然材料的垫料,可以使用锯末、细沙、稻草等材料做垫料,不允许使用炉灰等对奶牛的健康有害的材料。经常更换垫料。

5.6.8　奶牛作为群居性家畜,不得单栏饲养,但疾病、围产期、新生犊牛、种公牛例外。牛舍内饲养密度应该能够保证奶牛的健康和福利,以及奶牛行为习性的要求。保证奶牛能够自然站立、卧下以及转身、甩尾、回头等所有的自然姿势和活动。

5.6.9　不得对奶牛踢蹿、鞭打、恐吓、追赶奶牛。

5.7　疾病预防与治疗

5.7.1　有机奶牛疾病预防应依据以下原则:

　　1)根据地区特点选择适应当地条件、抗病力强的品种或品系;

　　2)加强饲养管理,采用适宜的饲养管理方式(如放牧),增强奶牛的非特异性免疫力,防止疾病的发生;

　　3)提供优质饲料、平衡日粮,满足奶牛各个生理阶段的营养需要,加强运动,提高奶牛的抵抗力;

　　4)确定合理的饲养密度。

5.7.2　奶牛发生疾病时需要立即进行治疗,必要时可以进行隔离,但要提供舒适的环境。

5.7.3　有机奶生产过程中兽药使用应遵循以下原则:

　　1)允许使用植物源制剂(如抗生素除外的植物提取物、中草药等)、顺势疗法制剂(如植物、动物、矿物质)、微量元素以及附录 C 中列出的兽药。疾病治疗过程中应优先考虑使用上述兽药。

　　2)如果上述兽药在疾病治疗的过程中无效,而为了减缓奶牛的病痛和应激应采取必要的治疗措施时,允许在兽医的指导下使用化学合成的对抗性治疗的兽药或抗生素。

　　3)不得使用化学合成的兽药或抗生素对奶牛进行预防性治疗。

5.7.4　允许在奶牛场,以对奶牛安全的方式使用国家批准使用的杀鼠剂和 GB/T 19630.1—2005 中附录 B 中的物质。

5.7.5　允许在奶牛场及挤奶设备清洗使用的消毒剂及使用条件,应符合 GB/T 19630.1—2005 中附录 C 的要求。

5.7.6　春、秋全场各应进行一次大消毒,粪便每天及时清除,牛舍 10 d 消毒一次,运动场 30 d 消毒一次,消毒处理时应将奶牛迁出处理区,不允许带牛消毒。

5.7.7　允许实行国家法定的预防接种。当奶牛场有发生某种传染病时,允许进行强制免疫,但接种的疫苗不能是转基因疫苗。

5.7.8　当采用多种预防措施仍无法控制奶牛疾病或伤痛时,允许在兽医的指导下对患病奶牛使用常规兽药,但应经过该药物停药期的二倍时间(如果二倍停药期不足 48 h,则应达到 48 h)之后,其牛奶才能作为有机奶出售。

5.7.9　不得使用促进奶牛生长或提高生产性能的物质(如激素、抗生素、抗寄生虫药或其他化学合成的生长促进剂)。不得使用各种性激素或其类似物调控奶牛的生殖行为(例如诱导发情、同期发情、超数排卵等），但可以在兽医监督下用于动物个体生殖疾病的治疗。

5.7.10 除驱虫或规定的疫苗接种外，每年最多允许接受三个疗程的对抗性兽药治疗，否则其牛奶不得作为有机奶出售，如该奶牛要继续留在有机养殖体系内，则应再次经过规定的转换期。

5.7.11 乳房炎应以预防为主。对发生乳房炎的奶牛，在其他药物不能有效治疗的情况下，允许使用适宜用量的抗生素进行干奶期治疗，但应在产犊前的 2 倍停药期结束使用，用药期间的粪便单独处理，应离开有机生产体系。泌乳期发生乳房炎时，允许使用中药进行治疗或其他保守疗法；中药无法治愈时允许使用常规药物进行治疗，但应经过 2 倍停药期之后才可以按有机奶出售。

5.7.12 对疾病诊断结果、所用药物名称、剂量、给药方式、给药时间、疗程、护理方法、停药期、治疗人员等进行详细记录，必要时由认证机构进行检查。对于接受过常规兽药治疗的奶牛应逐个标记。

5.7.13 如果必须使用禁用药品或方法才能有效治疗时，该奶牛应离开该有机体系。

5.8 非治疗性手术

5.8.1 有机养殖强调遵循动物的特性，应尽量养殖不需要采取非治疗性手术的品种或品系。

5.8.2 为了工作人员或其他奶牛的安全，或者有利于奶牛的健康、福利、卫生，可以给奶牛进行某些非治疗性手术，但所有手术选择在最恰当的年龄阶段，最安全的季节，由熟练的操作员进行操作，必要时可以使用麻醉剂，以最大限度地减少奶牛痛苦。

5.8.3 允许进行以下非治疗性手术：去除软蹄，断脐带（初生时）；修蹄（日常或每年 2 次）；犊牛去角（电烙铁或火碱，20～30 日龄）和成年牛断角；去除副乳头（6 月龄之内）；标号（打耳号，10 日龄内或冷冻作标号）；穿鼻或鼻夹（仅限公牛）。

5.8.4 不得实行没有明确允许的非治疗性手术。

5.9 繁殖

5.9.1 允许人工授精。

5.9.2 提倡自然分娩，为奶牛提供安静、清洁、卫生的分娩环境，但尽量不要人为干涉其分娩过程，难产时可以由熟练的护理人员进行助产和护理。助产时要严格消毒。

5.9.3 发生胎衣不下时，不允许人工剥离，待其自然脱落。产道发生炎症时不允许使用抗生素冲洗子宫、阴道，可以使用有消炎作用的中药或附录 C 中允许使用的消炎药物。当胎衣长时间不下，其他药物无法治疗，危及奶牛的安全时，可以放宽要求，允许使用抗生素清洗产道，但 2 倍停药期后的牛奶才被认为是有机牛奶。

5.9.4 不得使用同期发情、超数排卵、胚胎移植、克隆、转基因等对遗传多样性产生严重影响的人工或辅助性繁殖技术。

5.9.5 母牛在怀孕期后 3 个月，不得接受禁用物质治疗、处理，否则其后代不能被认证为有机，其牛奶于该处理后需经过 6 个月的转换期，否则不能作为有机奶出售。

5.9.6 在奶牛发生不发情时，允许通过调群、公牛诱情、按摩疗法等方法促进奶牛发情，适时配种，提高奶牛的繁殖率。除非为了治疗目的，不得使用生殖激素调控奶牛的发情、排卵和分娩。

5.10 运输、隔离、转群

5.10.1 奶牛在经过检疫并取得检疫合格证后方可进行运输。

5.10.2 奶牛在运输过程中，应尽量减少对奶牛的应激影响。

5.10.3 装载、卸载的过程中，要小心、态度平和，不得使用电击、鞭打、铁器等方式驱赶奶牛。

5.10.4 不得在奶牛运输前和运输过程中给奶牛使用镇静剂或兴奋剂。

5.10.5 奶牛应在 24 h 内到达目的地，如果不能到达，则应每隔 24 h 下车饮水、采食。

5.10.6 允许对奶牛进行拴系，对运输空间进行安排，但要保留一定的自由活动空间，运输密度不可过大。

5.10.7 奶牛在装卸、运输、隔离期间都应有清楚的标记，易于识别，并有专人负责管理。

5.10.8 奶牛到达目的地后，为其提供舒适卫生的饲养环境，并按照相关规定进行隔离饲养 45 d。

5.10.9 隔离期过后进行转群，或日常管理转群时，至少同时转群 3 头或 3 头以上。转群时应该在其他牛采食时进行，转入的牛群应有足够的活动空间以躲避其他奶牛对其可能的进攻。

5.10.10 当奶牛由于某种原因离开该有机生产体系时，如淘汰或销售，其运输过程同样要满足上述要求。

5.11 粪便处理和环境影响

5.11.1 以本场饲料生产基地面积计算，有机奶牛生产所产生的粪便总含氮量不得超过 170 kg/hm^2，以减少对土壤、地表水、地下水可能带来的污染。必要时应控制一定土地上饲养奶牛的头数，以防超过该限度。

5.11.2 当某一有机奶生产企业/养殖场与其他企业/养殖场合作时，按每年含氮量不超过 170 kg/hm^2 计算面积时，与其合作的企业/养殖场的种植面积也应计算在内。

5.11.3 每年含氮量不超过 170 kg/hm^2 仅是对粪便排泄量的限制，没有考虑动物的健康、福利对饲养密度的要求和饲料供应对饲料基地土地面积的要求。

5.11.4 应保证饲养的奶牛数量不超过其养殖范围的最大载畜量，要充分考虑饲料供应能力、奶牛福利和对环境的影响。在放牧条件下，不允许过度放牧，导致对环境的不利影响，否则不能获得认证。

5.11.5 粪便应经过发酵、堆肥等方式进行无害化处理，减少对环境的污染。

5.11.6 应保证牛场粪便的贮存设施有足够的容量，其容量应该超过粪便无法施入土地的最长时间段内全部奶牛总排粪量的体积。粪便得到及时处理和合理利用，所有粪便储存、处理设施在设计、施工、操作时都应避免引起地下水、地表水、土壤及大气的污染。奶牛场污染物的排放应符合 GB 18596 养殖场污染物排放标准。

5.12 挤奶及牛奶品质

5.12.1 允许使用附录 C 中的物质对挤奶设备进行清洗和消毒，并标明其用途和正确的使用方法。所有使用过清洁剂的设备应得到彻底的清洗，以保证在设备和奶制品中没有清洁剂残留。

5.12.2 保持奶牛乳房的卫生和健康，勤打扫运动场、牛舍的卫生，每天清理粪便，控制乳房炎的发生。

5.12.3 发生乳房炎的奶牛，在治愈后两倍停药期满前所产牛奶不得作为有机奶出售。乳房炎治疗过程中用药的要求见附录 C。

5.12.4 挤奶前和挤奶后两次药浴，纸巾（或干毛巾、湿巾）干擦。弃掉前三把奶，并用专门容器收集，统一处理。

5.12.5 挤奶机器的频率、真空应调整适宜，减少对乳头可能造成的损伤。

5.12.6 挤奶杯组内衬每次挤奶后清洗干净无奶污，一般使用不超过 2500 次更换。

5.12.7 挤奶厅与牛舍之间的通道地面粗糙，防止奶牛摔倒。驱赶过程速度应缓慢。

5.12.8 挤乳员应态度温和，操作熟练。

有机牛奶中年均体细胞数不能超过 400 000 个/ml；细菌数最大不超过 100 000 个/ml。脂肪≥3.4%，蛋白质≥3.0%，非脂乳固体≥8.5%，酸度≤17°T。重金属含量不超过 GB 2762 规定的限值、农药残留不超过 GB 2763 中规定限量值的 5%。

5.12.9 建议每月进行一次全场的隐性乳房炎检查，及时了解奶牛乳房健康状况。如果没有达到质量标准，则要求制定满足标准的计划，并提交认证机构批准。对于新的牛群，在认证前 3 个月，乳汁中平均细胞数应低于 400 000 个/ml。

5.12.10 生鲜牛乳的运输应使用奶槽车（表面光滑的不锈钢制成的保温罐车）尽快运往加工厂，从挤奶产出至用于加工前不超过 24 h，乳温应保持 4℃以下。

附 录 A
（规范性附录）
饲料添加剂使用规则

A.1 允许使用的饲料添加剂

允许使用的饲料添加剂见表 A.1。

表 A.1 允许使用的饲料添加剂

物质类别	数量	物质名称、组分	使用条件
饲料级维生素	26 种	β-胡萝卜素；维生素 A；维生素 A 乙酸酯；维生素 A 棕榈酸酯；维生素 D_3；维生素 E；维生素 E 乙酸酯；维生素 K_3（亚硫酸氢钠甲萘醌）；二甲基嘧啶醇亚硫酸甲萘醌；维生素 B_1（盐酸硫胺）；维生素 B_1（硝酸硫胺）；维生素 B_2（核黄素）；维生素 B_6；烟酸；烟酰胺；D-泛酸钙；DL-泛酸钙；叶酸；维生素 B_{12}（氰钴胺）；维生素 C（L-抗坏血酸）；L-抗坏血酸钙；L-抗坏血酸-2-磷酸酯；D-生物素；氯化胆碱；L-肉碱盐酸盐；肌醇	限制使用仅限于冬季青绿饲料长期供应不足时使用
氨基酸	7 种	L-赖氨酸盐酸盐；DL-蛋氨酸；DL-羟基蛋氨酸；DL-羟基蛋氨酸钙；N-羟甲基蛋氨酸；L-色氨酸；L-苏氨酸	来自发芽的粮食、鱼肝油或其他天然物质
饲料级矿物质、微量元素	43 种	碳酸钠，碳酸氢钠，硫酸钠，氯化钠，未精炼的海盐，粗制的石粉；磷酸二氢钠，磷酸氢二钠，磷酸二氢钾，磷酸氢二钾；碳酸钙，氯化钙，磷酸氢钙，磷酸二氢钙，磷酸三钙，乳酸钙，葡萄糖酸钙；七水硫酸镁，一水硫酸镁，氧化镁，氯化镁，碳酸镁；七水硫酸亚铁，一水硫酸亚铁；七水硫酸锌，一水硫酸锌，无水硫酸锌，氧化锌；五水硫酸铜，无水硫酸铜；一水硫酸锰，氯化锰；碘化钾，碘酸钾，碘酸钙；六水氯化钴，一水氯化钴；钼酸铵，钼酸钠；亚硒酸钠；有机螯合或络合的有机铜、铁、锌、锰等；酵母铬；酵母硒	纯天然或食品级、饲料级
防腐剂、电解质平衡剂	25 种	甲酸；甲酸钙；甲酸铵；乙酸；双乙酸钠；丙酸；丙酸钙；丙酸钠；丙酸铵；丁酸；乳酸；苯甲酸；磷酸；氢氧化钠；碳酸氢钠；氯化钾；氢氧化铵	
饲料级微生物添加剂	12 种	干酪乳杆菌；植物乳杆菌；粪链球菌；屎链球菌；乳酸片球菌；枯草芽孢杆菌；纳豆芽孢杆菌；嗜酸乳杆菌；乳链球菌；啤酒酵母菌；产朊假丝酵母；沼泽红假单胞菌	
酸制剂	4 种	乙酸，蚁酸，丙酸，乳酸	青贮制作

注：允许对饲料原料进行过瘤胃技术、螯合、络合、包被等技术处理。

A.2 不得使用的饲料添加剂目录

不得使用的饲料添加剂目录如下：

（1）化学合成的生长促进剂（包括用于促进生长的抗生素、激素和微量元素），无论以何种形式。

（2）化学合成的催奶药物（如催乳素），无论以何种形式。

（3）化学合成的开胃剂。

（4）防腐剂（作为加工助剂时例外）。

（5）化学合成的色素。

（6）尿素、氨、碳酸铵等人工合成的非蛋白氮。

（7）动物副产品。

（8）动物粪便，无论经过或未经过加工。

（9）经化学溶剂提取的或添加了化学试剂的饲料。

（10）不得使用瘤胃素等产品调控瘤胃微生物的区系。

（11）转基因生物或其产品。

附　录　B
（规范性附录）
记录体系

表 B.1　记录体系

基础资料	牛群资料	奶牛谱系、产犊原始记录、牛只死淘售记录、全群奶牛异动台账、体尺体重测量记录
	牛奶产量资料	日产奶记录、全群牛奶生产记录
	奶牛繁殖资料	产配一览表、奶牛配种记录、产犊记录、预产统计、产后监控卡、流产记录、奶牛终生繁殖记录
	奶牛疾病及预防资料	奶牛疾病治疗处方、隐性乳房炎检测、免疫记录、检疫记录、消毒记录
资料综合汇总及分析	奶牛生产报表	奶牛生产报表、奶牛死淘售报表、奶牛死淘售分析、牛群胎次及产奶性能概况
	奶牛技术报表	日粮及营养报表、体尺体重测量报表、奶牛配种报表、隐性乳房炎检测报表、奶牛发病报表
	技术年报	奶牛存栏及产奶量、年末在群成母牛胎次分布、成母牛各胎次305 d平均产奶量及乳脂率、乳蛋白率、年末在群成母牛305 d分布（头数）、奶牛繁殖、牛群平均体尺体重、奶牛防疫及预防接种、奶牛疾病及医疗费用、成母牛淘汰死亡分析、饲草饲料消耗、劳动生产率、经营情况

注：表格的具体格式由生产企业根据自己的实际情况制订。

附　录　C

（规范性附录）

奶牛饲养允许使用的抗菌药、抗寄生虫药和
生殖激素类药及使用规定

表 C.1　奶牛饲养允许使用的抗菌药、抗寄生虫药和生殖激素类药及使用规定

类别	药名	制剂	用法与用量 （用量以有效成分计）	休药期
抗菌药	氨苄西林钠 ampicillin sodium	注射用粉针	肌内、静脉注射，一次量 10~20 mg/kg 体重，2~3 次/日，连用2~3 日	6 d, 奶废弃期 2 d
		注射液	皮下或肌内注射，一次量 5~7 mg/kg 体重	
	氨苄西林钠＋氨唑西林钠（泌乳期）ampicillin sodium + cloxacillin sodium	乳膏期	乳管注入，泌乳期奶牛，每乳室氨苄西林钠 0.075 g＋氯唑西林钠 0.2 g，2 次/日，连用数日	7 d, 奶废弃期 2.5 d
	苄星青霉素 benzathine benzylpenicillin	注射用粉针	肌内注射，一次量 2~3 万单位/kg 体重，必要时 3~4 日重复 1 次	30 d, 奶废弃期 3 d
	苄星邻氯青霉素 benzathine cloxacillin	注射液	乳管注入，每乳室 50 万单位	28 d 及产犊后 4 d 的奶，泌乳期禁用
	青霉素钾（钠）benzylpeni-cillin potassium（sodium）	注射用粉针	肌内注射，一次量 1~2 万单位/kg 体重，2~3 次/日，连用2~3 日	奶废弃期 3 d
	硫酸小檗碱 berberine sulfate	注射液	肌内注射，一次量 0.15~0.4 g	0 d
	头孢氨苄 cefalexin	乳剂	乳管注入，每乳室 200 mg，2 次/日，连用 2 日	奶废弃期 2 d
	氯唑西林钠 cloxacillin sodium	注射用粉针	乳管注入，泌乳期奶牛，每乳室 200 mg	10 d, 奶废弃期 2 d
	普鲁卡因青霉素 procaine benzylpenicillin	注射用粉针	肌内注射，一次量 1~2 万单/kg 体重，1 次/日，用2~3 日	10 d, 奶废弃期 3 d
	硫酸链霉素 streptomycin sulfate	注射用粉针	肌内注射，一次量 10~5 mg/kg 体重，2 次/日，连用2~3 日	14 d, 奶废弃期 2 d
	磺胺嘧啶钠 sulfadiazine sodium	注射液	静脉注射，一次量 0.05~0.1 g/kg 体重，1~3 次/日，连用2~3 日	10 d, 奶废弃期 2.5 d
	复方磺胺嘧啶钠 compound sulfadiazine sodium	注射液	肌内注射，一次量 20~30 mg/kg 体重（以磺胺嘧啶计），1~2 次/日，连用 2~3 日	10 d, 奶废弃期 2.5 d

（续表）

类别	药名	制剂	用法与用量 （用量以有效成分计）	休药期
抗寄生虫药	双甲脒 amitraz	溶液	药浴、喷洒、涂擦，配成 0.025% ~ 0.05%的溶液	1 d，奶废弃期 2 d
	青蒿琥酯 artesunate	片剂	内服，一次量 5 mg/kg 体重，首次量加倍，2 次/日，连用 2~4 日	
	溴酚磷 bromphenophos	片剂、粉剂	内服，一次量 12 mg/kg 体重	21 d，奶废弃期 5 d
	芬苯达唑 fenbendazole	片剂、粉剂	内服，一次量 5~7.5 mg/kg 体重	28 d，奶废弃期 4 d
	氰戊菊酯 fenvalerate	溶液	喷雾，配成 0.05% ~ 0.1%的溶液	1 d，奶废弃期无
	盐酸左旋咪唑 levamisole hydrochloride	片剂	内服，一次量 7.5 mg/kg 体重	2 d，泌乳期禁用

食品安全地方标准 生驼乳

标准号：DBS 65/010—2017
发布日期：2017-07-04　　　　　　　实施日期：2017-07-04
发布单位：新疆维吾尔自治区卫生和计划生育委员会

前　言

本标准由新疆维吾尔自治区卫生和计划生育委员会提出。

本标准起草单位：乌鲁木齐市奶业协会、新疆维吾尔自治区乳品质量监测中心、乌鲁木齐市动物疾病控制与诊断中心、新疆旺源驼奶实业有限公司、新疆骆甘霖生物有限公司、新疆金驼投资股份有限公司。

本标准主要起草人：徐敏、何晓瑞、李景芳、陆东林、叶东东、蔡扩军、王涛、杨小亮。

本标准为首次发布。

1 范围

本标准适用于生驼乳，不适用于即食生驼乳。

2 规范性引用文件

本标准中引用的文件对于本标准的应用是必不可少的。凡是注日期的引用文件，仅所注日期的版本适用于本标准。凡是不注日期的引用文件，其最新版本（包括所有的修改单）适用于本标准。

3 术语和定义

3.1 生驼乳

从正常饲养的、经检疫合格的无传染病和乳房炎的健康母驼乳房中挤出的无任何成分改变的常乳，产驼羔后30天内的乳、应用抗生素期间和休药期间的乳汁、变质乳不应用作生乳。

4 技术要求

4.1 感官要求

应符合表1的规定。

表 1　感官要求

项　目	要　求	检验方法
色泽	呈乳白色，不附带其他异常颜色	取适量试样置于 50 mL 烧杯中，在自然光下观察色泽和组织状态。闻其气味，用温开水漱口，品尝滋味
滋味、气味	具有驼乳固有的香味、甜味，无异味	
组织状态	呈均匀一致液体，无凝块、无沉淀、无正常视力可见异物	

4.2　理化指标

应符合表 2 的规定。

表 2　理化指标

项　目		指　标	检验方法
相对密度/（20℃/4℃）	≥	1.028	GB 5413.33
蛋白质/（g/100 g）	≥	3.5	GB 5009.5
脂肪/（g/100 g）	≥	4.0	GB 5009.6
非脂乳固体/（g/100 g）	≥	8.5	GB 5413.39
杂质度/（mg/kg）	≤	4.0	GB 5413.30
酸度/（°T）		16~24	GB 5009.239

4.3　污染物限量和真菌毒素限量

应符合表 3 规定。

表 3　污染物限量和真菌毒素限量

项　目		指　标	检验方法
铅（以 Pb 计）/（mg/kg）	≤	0.05	GB 5009.12
总汞（以 Hg 计）/（mg/kg）	≤	0.01	GB 5009.17
总砷（以 As 计）/（mg/kg）	≤	0.1	GB 5009.11
铬（以 Cr 计）/（mg/kg）	≤	0.3	GB 5009.123
亚硝酸盐（以 $NaNO_2$ 计）/（mg/kg）	≤	0.4	GB 5009.33
黄曲霉毒素 M_1/（μg/kg）	≤	0.5	GB 5009.24

4.4　微生物限量

应符合表 4 的规定。

表 4 微生物限量

项 目		限量 [CFU/g（mL）]	检验方法
菌落总数	≤	$2×10^6$	GB 4789.2

4.5 农药残留限量和兽药残留限量

4.5.1 农药残留量应符合 GB 2763 及国家有关规定和公告。

4.5.2 兽药残留量应符合国家有关规定和公告。

5 其他

5.1 奶畜养殖者对挤奶设施、生鲜乳贮存设施应当及时清洗、消毒，避免对生鲜乳造成污染，生鲜驼乳的挤奶、冷却、贮存、交收过程的卫生要求应符合 GB 12693、《乳品质量安全监督管理条例》《新疆维吾尔自治区奶业条例》的规定。

食品安全地方标准　生马乳

标　准　号：DBS 65/015—2017
发布日期：2017-07-04　　　　　　　　　实施日期：2017-07-04
发布单位：新疆维吾尔自治区卫生和计划生育委员会

前　　言

本标准由新疆维吾尔自治区卫生和计划生育委员会提出。

本标准起草单位：乌鲁木齐市奶业协会、新疆维吾尔自治区乳品质量监测中心、乌鲁木齐市动物疾病控制与诊断中心、尼勒克县美特尔乳业有限公司、新疆特丰药业股份有限公司、新疆新姿源生物制药有限责任公司。

本标准主要起草人：何晓瑞、李景芳、徐敏、陆东林、岳林。

本标准为首次发布。

1　范围

本标准适用于生马乳，不适用于即食生马乳。

2　规范性引用文件

本标准中引用的文件对于本标准的应用是必不可少的。凡是注日期的引用文件，仅所注日期的版本适用于本标准。凡是不注日期的引用文件，其最新版本（包括所有的修改单）适用于本标准。

3　术语和定义

3.1　生马乳

从正常饲养的、经检疫合格的无传染病和乳房炎的健康母马乳房中挤出的无任何成分改变的常乳，产驹后15天内的乳、应用抗生素期间和休药期间的乳汁、变质乳不应用作生乳。

4　技术要求

4.1　感官要求

应符合表1的规定。

表 1　感官要求

项　目	要　求	检验方法
色泽	呈乳白色或白色，不附带其他异常颜色	取适量试样置于 50 mL 烧杯中，
滋味、气味	具有马乳固有的香味、甜味，无异味	在自然光下观察色泽和组织状态，闻其气味，用温开水漱口，
组织状态	呈均匀一致液体，无凝块、无沉淀、无正常视力可见异物	品尝滋味

4.2　理化要求

应符合表 2 的规定。

表 2　理化要求

项　目		指　标	检验方法
相对密度/（20℃/4℃）	≥	1.030	GB 5413.33
蛋白质/（g/100 g）	≥	1.6	GB 5009.5
脂肪/（g/100 g）	≥	0.8	GB 5009.6
乳糖/（g/100 g）	≥	5.8	GB 5413.5
非脂乳固体/（g/100 g）	≥	7.8	GB 5413.39
杂质度/（mg/kg）	≤	4.0	GB 5413.30
酸度/（°T）	≤	10	GB 5009.239

4.3　污染物限量和真菌毒素限量

应符合表 3 规定。

表 3　污染物限量和真菌毒素限量

项　目		指　标	检验方法
铅（以 Pb 计）/（mg/kg）	≤	0.05	GB 5009.12
总汞（以 Hg 计）/（mg/kg）	≤	0.01	GB 5009.17
总砷（以 As 计）/（mg/kg）	≤	0.1	GB 5009.11
铬（以 Cr 计）/（mg/kg）	≤	0.3	GB 5009.123
亚硝酸盐（以 $NaNO_2$ 计）/（mg/kg）	≤	0.4	GB 5009.33
黄曲霉毒素 M_1/（μg/kg）	≤	0.5	GB 5009.24

4.4　微生物限量

应符合表 4 的规定。

表 4　微生物限量

项　目		限量［CFU/g（mL）］	检验方法
菌落总数	≤	$2×10^6$	GB 4789.2

4.5 农药残留限量和兽药残留限量

4.5.1 农药残留量应符合 GB 2763 及国家有关规定和公告。

4.5.2 兽药残留量应符合国家有关规定和公告。

5 其他

5.1 奶畜养殖者对挤奶设施、生鲜乳贮存设施应当及时清洗、消毒，避免对生鲜乳造成污染，生鲜马乳的挤奶、冷却、贮存、交收过程的卫生要求应符合 GB 12693、《乳品质量安全监督管理条例》《新疆维吾尔自治区奶业条例》的规定。

食品安全地方标准 生驴乳

标 准 号：DBS 65/017—2017
发布日期：2017-07-04 实施日期：2017-07-04
发布单位：新疆维吾尔自治区卫生和计划生育委员会

前 言

本标准由新疆维吾尔自治区卫生和计划生育委员会提出。

本标准起草单位：乌鲁木齐市奶业协会、新疆维吾尔自治区乳品质量监测中心、乌鲁木齐市动物疾病控制与诊断中心，新疆玉昆仑天然食品工程有限公司、巴里坤县花麒奶业有限责任公司、巴里坤金驴生物科技有限责任公司。

本标准主要起草人：李景芳、陆东林、徐敏、王旭光、何晓瑞、叶东东、欧秀玲、操礼军、詹振宏、占秀梅、刘莉。

本标准为首次发布。

1 范围

本标准适用于生驴乳，不适用于即食生驴乳。

2 规范性引用文件

本标准中引用的文件对于本标准的应用是必不可少的。凡是注日期的引用文件，仅所注日期的版本适用于本标准。凡是不注日期的引用文件，其最新版本（包括所有的修改单）适用于本标准。

3 术语和定义

3.1 生驴乳

从正常饲养的、经检疫合格的无传染病和乳房炎的健康母驴乳房中挤出的无任何成分改变的常乳，产驹后 15 天内的乳、应用抗生素期间和休药期间的乳汁、变质乳不应用作生乳。

4 技术要求

4.1 感官要求

应符合表 1 的规定。

表 1　感官要求

项　目	要　求	检验方法
色泽	呈乳白色或白色	取适量试样置于 50 mL 烧杯中，在自然光下观察色泽和组织状态，闻其气味，用温开水漱口，品尝滋味
滋味、气味	具有驴乳固有的香味和甜味，无异味	
组织状态	呈均匀一致液体，无凝块、无沉淀、无正常视力可见异物	

4.2　理化要求

应符合表 2 的规定。

表 2　理化要求

项　目		指　标	检验方法
相对密度/（20℃/4℃）	≥	1.030	GB 5413.33
蛋白质/（g/100 g）	≥	1.5	GB 5009.5
脂肪/（g/100 g）	≥	0.5	GB 5009.6
乳糖/（g/100 g）	≥	5.6	GB 5413.5
非脂乳固体/（g/100 g）	≥	7.8	GB 5413.39
杂质度/（mg/kg）	≥	4.0	GB 5413.30
酸度/（°T）	≤	6	GB 5009.239

4.3　污染物限量和真菌毒素限量

应符合表 3 规定。

表 3　污染物限量和真菌毒素限量

项　目		指　标	检验方法
铅（以 Pb 计）/（mg/kg）	≤	0.05	GB 5009.12
总汞（以 Hg 计）/（mg/kg）	≤	0.01	GB 5009.17
总砷（以 As 计）/（mg/kg）	≤	0.1	GB 5009.11
铬（以 Cr 计）/（mg/kg）	≤	0.3	GB 5009.123
亚硝酸盐（以 $NaNO_2$ 计）/（mg/kg）	≤	0.4	GB 5009.33
黄曲霉毒素 M_1/（μg/kg）	≤	0.5	GB 5009.24

4.4　微生物限量

应符合表 4 的规定。

表 4　微生物限量

项　目		限量［CFU/g（mL）］	检验方法
菌落总数	≤	$2×10^6$	GB 4789.2

4.5　农药残留限量和兽药残留限量

4.5.1　农药残留量应符合 GB 2763 及国家有关规定和公告。

4.5.2　兽药残留量应符合国家有关规定和公告。

5　其他

5.1　奶畜养殖者对挤奶设施、生鲜乳贮存设施应当及时清洗、消毒，避免对生鲜乳造成污染，生鲜驴乳的挤奶、冷却、贮存、交收过程的卫生要求应符合 GB 12693、《乳品质量安全监督管理条例》《新疆维吾尔自治区奶业条例》的规定。

【团体标准】

生 乳
Raw milk

标 准 号：T/HLJNX 0001—2016
发布日期：2016-04-20   实施日期：2016-05-01
发布单位：黑龙江省奶业协会

前　言

本标准按 GB/T 1.1—2009《标准化工作导则 第 1 部分：标准的结构和编写》规定编写。

本标准参考 GB 19301—2010《生乳》标准而制定，作为黑龙江省乳制品企业生乳收购和质量监督参考依据。

"真菌毒素限量"直接引用 GB 2761 的规定；

"污染物限量"直接引用 GB 2762 的规定；

"农药残留限量"直接引用 GB 2763 及国家有关规定和公告；

本标准由黑龙江省奶业协会提出。

本标准由黑龙江省奶业协会起草。

本标准由黑龙江奶业协会归口管理。

本标准主要起草人：朱赫、张维银、阿晓辉、杜海涛、宁勇、张文华、时宇

本标准于 2016 年 4 月 20 日首次发布。

1　范围

本标准适用于生乳，不适用于即食生乳。

2　规范性引用文件

本标准中引用的文件对于本标准的应用是必不可少的，凡是注日期的引用文件，仅所注日期的版本适用于本标准。凡是不注日期的引用文件，其最新版本（包括所有的修改单）适用于本标准。

3　术语和定义

3.1　生乳　raw milk

从符合国家有关要求的健康奶畜乳房中挤出的无任何成分改变的常乳。产犊后七天的初乳、应用抗生素期间和休药期间的乳汁、变质乳不应用作生乳。

4 技术要求

4.1 感官要求

应符合表1的规定。

表1 感官要求

项 目	要 求	检验方法
色泽	呈乳白色或微黄色	取适量试样置于50 mL烧杯中，在自然光下观察色泽和组织状态。闻其气味，用温开水漱口，品尝滋味
滋味、气味	具有乳固有的香味，无异味	
组织状态	呈均匀一致液体，无凝块、无沉淀、无正常视力可见异物	

4.2 理化指标

应符合表2的规定。

表2 理化指标

项 目	指 标			检验方法
冰点[ab]/（℃）	$-0.500 \sim -0.560$			GB 5413.38
相对密度/（20℃/4℃）≥	1.027			GB 5413.33
	特级	一级	二级	
蛋白质/（g/100 g）	≥3.2	≥3.0～<3.2	≥2.8～<3.0	GB 5009.5
脂肪/（g/100 g）	≥3.6	≥3.4～<3.6	≥3.2～<3.4	GB 5413.3
杂质度/（mg/kg）≤	4.0			GB 5413.30
非脂乳固体/（g/100 g）≥	8.1			GB 5413.39
酸度/（°T） 牛乳[b] 羊乳	12～18 6～13			GB 5413.34

[a] 挤出3 h后检验。

[b] 仅适用于荷斯坦奶牛。

4.3 污染物限量

应符合GB 2762的规定。

4.4 真菌毒素限量

应符合GB 2761的规定。

4.5 微生物与体细胞限量

应符合表3的规定。

表 3　微生物与体细胞限量

| 项　目 | 限量［CFU/g（mL）］ | | | 检验方法 |
	特级	一级	二级	
菌落总数	≤10 万	>10 万～≤30 万	>30 万～≤50 万	GB 4789.2
体细胞数	≤30 万	>30 万～≤40 万	>40 万～≤50 万	NY/T 800

4.6　农药残留限量和兽药残留限量

4.6.1　农药残留量应符合 GB 2763 及国家有关规定和公告。

4.6.2　兽药残留量应符合国家有关规定和公告。

学生饮用奶　生牛乳
Raw milk for School Milk

标　准　号：T/DAC 003—2017
发布日期：2017-06-01　　　　　　　实施日期：2017-09-01
发布单位：中国奶业协会

前　　言

本标准为学生饮用奶系列标准之一。

首批发布的学生饮用奶系列标准包括《学生饮用奶　中国学生饮用奶标志》《学生饮用奶　奶源基地管理规范》《学生饮用奶　生牛乳》《学生饮用奶　纯牛奶》《学生饮用奶　灭菌调制乳》。

本标准按照 GB/T 1.1—2009 的规则起草。

学生饮用奶系列标准由中国奶业协会提出并归口。

中国奶业协会拥有学生饮用奶系列标准的版权。

本标准代替了《国家"学生饮用奶计划"推广管理办法（试行）》《学生饮用奶奶源基地建设与管理规范（试行）》中有关生牛乳的部分指标，涉及到的相关指标以本标准为准。

本标准在执行 GB 19301《食品安全国家标准　生乳》的基础上，主要作了如下变化。

——提高了微生物限量要求，包括菌落总数，增加了嗜冷菌、耐热芽孢菌限量要求。

——提高了乳脂肪率、乳蛋白率。

——增加了体细胞数限量要求。

本标准首次发布。

本标准起草单位：中国奶业协会。

本标准主要起草人：刘琳、陈绍祜、姚远。

1　范围

本标准规定了学生饮用奶原料奶生牛乳的定义、要求、检验方法。

本标准适用于生产学生饮用奶产品的原料奶。

2　规范性引用文件

本标准中引用的文件对于本标准的应用是必不可少的。凡是注日期的引用文件，仅所注日期的版本适用于本标准。凡是不注日期的引用文件，其最新版本（包括所有的修改单）适用于本标准。

GB 19301　食品安全国家标准　生乳

GB 2761　食品安全国家标准　食品中真菌毒素限量

GB 2762　食品安全国家标准　食品中污染物限量

GB 2763　食品安全国家标准　食品中农药最大残留限量

T/DAC 001　学生饮用奶　中国学生饮用奶标志

TDAC 002　学生饮用奶　奶源基地管理规范

3　术语和定义

3.1　学生饮用奶 School Milk
同 T/DAC 001 的有关学生饮用奶定义。

3.2　学生饮用奶奶源基地 School Milk Farm
同 T/DAC 002 的有关学生饮用奶奶源基地定义。

3.3　学生饮用奶生牛乳 Raw milk for School Milk
学生饮用奶奶源基地生产的作为学生饮用奶产品原料奶的生牛乳，仅指中国荷斯坦牛、娟珊牛以及乳肉兼用牛品种健康奶牛乳房中挤出的无任何成分改变的常乳，产犊后七天的初乳、应用抗生素期间和休药期间的乳汁、变质乳不可用作学生饮用奶原料奶。

注：不在括生水牛乳、生牦牛乳。

4　技术要求

4.1　感官要求
应符合 GB 19301 表 1 的规定。

4.2　理化指标
脂肪（g/100 g）≥3.6，蛋白质（g/100 g）≥3.0，检验方法和其他指标应符合 GB 19301 表 2 的规定。

4.3　污染物限量
应符合 GB 2762 的规定。

4.4　真菌毒素限量
应符合 GB 2761 的规定。

4.5　微生物限量
应符合表 1 的规定。

表 1　微生物限量

项　目		限量/（CFU/mL）	检验方法
菌落总数	≤	10 万	GB 4789.2
嗜冷菌	≤	1 万	NY/T 1331
耐热芽孢菌	≤	100	NY/T 1331

4.6　体细胞数限量

体细胞数≤40万个/mL，检验方法执行 NY/T 800 的规定。

4.7　农药残留限量和兽药残留限量

4.7.1　农药残留量：应符合 GB 2763 及国家有关规定、标准和公告。

4.7.2　兽药残留量：应符合国家有关规定、标准和公告。

生鲜牛初乳
Raw bovine colostrum

标 准 号：**RHB 601—2005**

发布日期：**2005-12-12**　　　　　　　　　实施日期：**2005-12-12**

发布单位：**中国乳制品工业协会**

前　言

　　牛初乳是母牛分娩后最初几天所分泌的乳汁。20 世纪 50 年代以来，由于生理学、生物化学、医学及分子生物学的发展，发现牛初乳中不仅含有丰富的营养物质，而且含有大量的免疫因子和生长因子，如免疫球蛋白、乳铁蛋白、溶菌酶、类胰岛素生长因子、表皮生长因子等，具有免疫调节、改善胃肠道、促进生长发育、改善衰老症状、抑制多种病原微生物等一系列生理活性功能，因而被誉为"21 世纪的保健食品"。最近几年，牛初乳已成为食品及功能性乳制品开发的热点，牛初乳生产加工企业、牛初乳制品种类和品种越来越多。为更好地规范牛初乳产品市场，保护消费者合法权益，促使生产企业的合法、公平竞争，引导牛初乳产业健康、持续发展，特制定本行业规范。

　　本规范由中国乳制品工业协会提出并归口。

　　本规范起草单位：新疆天润乳业生物制品股份有限公司、华南理工大学、上海科星生物技术有限公司、黑龙江福康生物技术有限公司、深圳海王科技有限公司、全国乳品标准化中心。

　　本规范主要起草人：陆东林、曹劲松、王芸、张瑞梅、翟江伟、刘浩强、宁超美。

1　范围

　　本规范规定了生鲜牛初乳的定义、要求、试检验方法、试验规则、包装、运输和贮存。

　　本规范适用于生鲜牛初乳的收购。

2　规范性引用文件

　　下列文件中的条款通过本规范的引用而成为本规范的条款。凡是注日期的引用文件，其随后所有的修改单（不包括勘误的内容）或修订版均不适用于本规范，然而，鼓励根据本规范达成协议的各方研究是否可使用这些文件的最新版本。凡是不注日期的引用文件，其最新版本适用于本规范。

　　GB/T 74789.2　食品卫生微生物学检验　菌落总数测定

　　GB/T 4789.18　食品卫生微生物学检验　乳与乳制品检验

　　GB/T 5009.11　食品中总砷及无机砷的测定

GB/T 5009.12　食品中铅的测定

GB/T 5009.17　食品中总汞及有机汞的测定

GB/T 5009.19　食品中六六六、滴滴涕残留量的测定

GB/T 5009.24　食品中黄曲霉毒素 M_1 与 B_1 的测定

GB/T 5009.36　粮食卫生标准的分析方法

GB/T 5409　牛乳检验方法

GB/T 5413.1　婴幼儿配方食品和乳粉　蛋白质的测定

GB/T 5413.30　乳与乳粉　杂质度的测定

GB/T 5413.32　乳粉　硝酸盐、亚硝酸盐的测定

GB/T 6914　生鲜牛乳收购标推

GB/T 14876　食品中甲胺磷和乙酰甲胺磷农药残留量的测定方法

GB/T 14962　食品中铬的测定方法

RHB 602　牛初乳粉

3　定义

下列定义适用于本规范。

3.1　牛初乳（bovine colostrum）：是指从正常饲养的、无传染病和乳房炎的健康母牛分娩后 72 小时内所挤出的乳汁。

4　要求

4.1　感官要求

感官要求应符合表 1 的规定。

表 1　感官要求

项　目	要　求
色泽	呈乳黄色或浅黄色，不夹杂红色、绿色或其他异常颜色
滋味、气味	微苦，具有牛初乳固有的腥膻味，无其他异味
组织状态	呈均匀黏稠的胶态液体，无沉淀、无凝块、无肉眼可见杂质

4.2　理化要求

理化要求应符合表 2 的规定。

表 2　理化要求

项　目		要　求		
		一级	二级	三级
蛋白质/%	≥	6.5	5.5	5.0
免疫球蛋白（IgG）/（mg/ml）	≥	12.0		

项　目		要　求	
	一级	二级	三级
脂肪/% ≥		4.5	
非脂乳固体/% ≥		9.5	
酸度/（°T） ≤		60	
密度/（d_4^{20}） ≥		1.034	
杂质度/（mg/kg） ≤		4	

4.3　卫生要求

卫生要求应符合表3的规定。

表3　卫生要求

项　目		要　求
汞（以 Hg 计）/（mg/kg）	≤	0.01
砷（以 As 计）/（mg/kg）	≤	0.2
铅（以 Pb 计）/（mg/kg）	≤	0.05
铬（以 Cr^{6+} 计）/（mg/kg）	≤	0.3
硝酸盐（以 $NaNO_3$ 计）/（mg/kg）	≤	11.2
亚硝酸盐（以 $NaNO_2$ 计）/（mg/kg）	≤	0.2
黄曲霉毒素 M_1/（μg/kg）	≤	0.5
六六六，滴滴涕/（mg/kg）	≤	0.1
倍硫磷/（mg/kg）	≤	0.01
甲胺磷/（mg/kg）	≤	0.2
马拉硫磷/（mg/kg）	≤	0.1
抗生素		不得检出
菌落总数/（cfu/ml）	≤	500 000

4.4　掺假项目

不得在生鲜牛初乳中掺入碱性物质、淀粉、食盐、蔗糖等非乳物质。

5　试验方法

5.1　感官检验

5.1.1　色泽和组织状态：取适量试样于 50 ml 烧杯中，在自然光下观察色泽和组织状态。

5.1.2　滋味和气味：取适量试样于 50 ml 烧杯中，先闻气味，然后用温开水漱口，再品尝样品的滋味。

5.2　理化检验

5.2.1　蛋白质：按 GB/T 5413.1 检验。

5.2.2 免疫球蛋白（IgG）：按 RHB 602 中附录 A 检验。

5.2.3 脂肪：按 GB/T 5409 检验。

5.2.4 非脂乳固体：按 GB/T 5409 检验。

5.2.5 酸度：按 GB/T 5409 检验。

5.2.6 密度：按 GB/T 6914 中 3.4 检验。

5.2.7 杂质度：按 GB/T 5413.30 检验。

5.3 卫生检验

5.3.1 汞：按 GB/T 5009.17 检验。

5.3.2 砷：按 GB/T 5009.11 检验。

5.3.3 铅：按 GB/T 5009.12 检验。

5.3.4 铬：按 GB/T 14962 检验。

5.3.5 硝酸盐、亚硝酸盐：按 GB/T 5413.32 检验。

5.3.6 黄曲霉毒素 M_1：按 GB/T 5009.24 检验。

5.3.7 甲胺磷：按 GB/T 14876 检验。

5.3.8 六六六、滴滴涕：按 GB/T 5009.19 检验。

5.3.9 马拉硫磷、倍硫磷：按 GB/T 5009.36 检验。

5.3.10 抗生素：按 GB/T 5409 检验。

5.3.11 菌落总数：按 GB/T 4789.2 和 GB/T 4789.18 检验。

5.4 掺假检验

5.4.1 碱性物质：按 GB/T 5409 检验。

5.4.2 淀粉：按 GB/T 5409 检验。

5.4.3 食盐：按 GB/T 5409 检验。

5.4.4 蔗糖：按 GB/T 5409 检验。

6 试验规则

6.1 组批规则

以同一天装载在同一贮存或运输容器中的产品为一组批。

6.2 抽样

在贮存容器内搅拌均匀后，或在运输容器内搅拌均匀后从顶部、中部、底部等量随机抽取，混合成 500 ml 样品供交收检验，或 1 000ml 样品供型式检验。

6.3 交收检验和型式检验

检验分交收检验和型式检验。交收检验项目包括感官、蛋白质、脂肪、酸度、密度和掺假项目。型式检验为本规范规定的全部技术要求，正常收购时每半年进行一次，有下列情况之一时应进行型式检验：

　　a. 新建牧场首次投产运行时；

　　b. 牧场长期停产后恢复生产时；

　　c. 交收检验与上次例行检验有较大差异时；

　　d. 国家质量监督机构提出要求时。

6.4 判定规则

6.4.1 在交收检验中，感官、密度、酸度、脂肪和非牛乳成分如有一项（或多项）指标不合格时，应进行复检，若复检仍不合格，则判定该批生鲜牛初乳为不合格。蛋白质按表2规定的等级进行判定。

6.4.2 在型式检验中，卫生指标、蛋白质、免疫球蛋白（IgG）和非牛乳成分如有一项指标不合格，则判定该批生鲜牛初乳为不合格，其他指标如有一项不合格，则应进行复检，复检仍不合格，则判该批生鲜牛初乳为不合格。

7 包装、贮藏和运输

7.1 生鲜牛初乳应使用符合食品卫生要求的盛装容器，如表面光滑的不锈钢桶，或由食品级塑料制成的存乳容器等。

7.2 牛初乳从挤出至贮存应不超过30分钟，乳温先速降至10℃以下，再采用速冻方法贮存（-18℃）。

7.3 生鲜牛初乳应使用冷藏车运输，温度保持在4℃以下。

7.4 所有的存乳容器使用后应及时清洗和消毒。

生水牛乳
Raw buffalo milk

标　准　号：RHB 701—2012
发布日期：2012-12-31　　　　　　　实施日期：2012-12-31
发布单位：中国乳制品工业协会

前　　言

水牛乳是我国南方重要的乳业资源，其蛋白质、脂肪、干物质含量高，为充分发挥和有效利用水牛乳的资源优势，提高产品质量，引导和规范水牛乳产业的健康发展，特制定本行业规范。

本规范按照 GB/T 1.1—2009 的编写规则起草。

本规范由中国乳制品工业协会提出并归口。

本规范由广西皇氏甲天下乳业股份有限公司、广西水牛研究所、云南皇氏来思尔乳业有限责任公司、广西石埠乳业有限责任公司、广西灵山百强水牛奶乳业有限公司起草。

本规范主要起草人：谢秉锵、孙宁、李仁芳、杨炳壮、杨子彪、张祖韬、吴守允。

1　范围

本规范规定了生水牛乳的术语和定义、技术要求、检验方法、挤乳、运输和贮存。

本规范适用于生水牛乳，不适用于即食生水牛乳。

2　规范性引用文件

下列文件对于本规范的应用是必不可少的。凡是注日期的引用文件，仅所注日期的版本适用于本规范。凡是不注日期的引用文件，其最新版本（包括所有的修改单）适用于本规范。

GB 2761　食品安全国家标准　食品中真菌毒素限量

GB 2762　食品中污染物限量

GB 2763　食品安全国家标准　食品中农药最大残留限量

GB 4789.2　食品安全国家标准　食品微生物学检验　菌落总数测定

GB 5009.5　食品安全国家标准　食品中蛋白质的测定

GB 5413.3　食品安全国家标准　婴幼儿配方食品和乳品中脂肪的测定

GB 5413.30　食品安全国家标准　乳和乳制品杂质度的测定

GB 5413.33　食品安全国家标准　生乳相对密度的测定

GB 5413.34　食品安全国家标准　乳和乳制品酸度的测定

GB 5413.38　食品安全国家标准　生乳冰点的测定

GB 5413.39　食品安全国家标准　乳和乳制品中非脂乳固体的测定

3　术语和定义

3.1　生水牛乳　raw buffalo milk

从符合国家有关要求的健康水牛乳房中挤出的无任何成分改变的常乳。产犊后七天的初乳、应用抗生素期间和休药期间的乳汁、变质乳不应用作生水牛乳。

4　技术要求

4.1　感官要求

应符合表1的规定。

表1　感官要求

项　目	要　求	检验方法
色泽	呈乳白色	取适量试样置于 50 mL 烧杯中，在自然光下观察色泽和组织状态。闻其气味，用温开水漱口，品尝滋味
滋味、气味	具有水牛乳固有的香味，无异味	
组织状态	呈均匀一致液体，无凝块、无沉淀、无正常视力可见异物	

4.2　理化指标

应符合表2的规定。

表2　理化指标

项　目		指　标			检验方法
		一级	二级	三级	
蛋白质/（g/100 g）	≥	4.4	4.1	3.8	GB 5009.5
脂肪/（g/100 g）	≥	7.5	6.5	5.5	GB 5413.3
非脂乳固体/（g/100 g）	≥	9.6	9.2	8.8	GB 5413.39
冰点[a]/（℃）		−0.50～−0.57			GB 5413.38
相对密度/（20℃/4℃）	≥	1.027			GB 5413.33
杂质度/（mg/kg）	≤	4.0			GB 5413.30
酸度/（°T）		13～19			GB 5413.34

　[a] 挤出 3 小时后检测

4.3　污染物限量

应符合 GB 2762 的规定。

4.4　真菌毒素限量

应符合 GB 2761 的规定。

4.5　微生物限量

应符合表 3 的规定。

表 3　微生物限量

等　　级	微生物限量［CFU/g（mL）］	检验方法
一级	≤5×10⁵	
二级	≤1×10⁶	GB 4789.2
三级	≤2×10⁶	

4.6　农药残留限量和兽药残留限量

4.6.1　农药残留限量应符合 GB 2763 及国家有关规定和公告。

4.6.2　兽药残留限量应符合国家有关规定和公告。

5　挤乳、运输和贮存

5.1　挤乳

挤乳场所应整洁、干净，挤乳前应用温水清洗乳房，盛乳的器皿应清洗消毒并有防蝇防尘设施。

5.2　运输和贮存

生乳的运输和贮存应于密闭、洁净、经过消毒的保温奶槽车或符合食品安全要求的容器中，贮存温度为 2~6℃。

生牦牛乳
Raw yak milk

标　准　号：**RHB 801—2012**
发布日期：**2012-12-31**　　　　　　　　　　实施日期：**2012-12-31**
发布单位：**中国乳制品工业协会**

前　　言

牦牛乳是我国特有的特种乳资源，其干物质含量高，营养物质丰富，为发挥和有效利用牦牛乳的资源优势，引导和规范牦牛乳产业的健康发展，特制定本行业规范。

本规范按照 GB/T 1.1—2009 的编写规则起草。

本规范由中国乳制品工业协会提出并归口。

本规范由西藏高原之宝牦牛乳业股份有限公司、四川省若尔盖高原之宝牦牛乳业股份有限公司、西藏大学农牧学院、甘肃省甘南燎原乳业有限责任公司、青海省青海圣湖乳业有限责任公司、青海省高原牧歌乳业有限责任公司起草。

本规范主要起草人：向贵万、杨朝文、罗章、余萍、李秀英、彭云、唐延彬、陶生俭、蒋文波。

1　范围

本规范规定了生牦牛乳的术语和定义、技术要求、检验方法、挤乳、运输和贮存。

本规范适用于生牦牛乳，不适用于即食生牦牛乳。

2　规范性引用文件

下列文件对于本规范的应用是必不可少的。凡是注日期的引用文件，仅所注日期的版本适用于本规范。凡是不注日期的引用文件，其最新版本（包括所有的修改单）适用于本规范。

GB 2761　食品安全国家标准　食品中真菌毒素限量

GB 2762　食品中污染物限量

GB 2763　食品安全国家标准　食品中农药最大残留限量

GB 4789.2　食品安全国家标准　食品微生物学检验　菌落总数测定

GB 5009.5　食品安全国家标准　食品中蛋白质的测定

GB 5413.3　食品安全国家标准　婴幼儿配方食品和乳品中脂肪的测定

GB 5413.30　食品安全国家标准　乳和乳制品杂质度的测定

GB 5413.33　食品安全国家标准　生乳相对密度的测定

GB 5413.34　食品安全国家标准　乳和乳制品酸度的测定

GB 5413.39　食品安全国家标准　乳和乳制品中非脂乳固体的测定

3　术语和定义

3.1　生牦牛乳 raw yak milk

生牦牛乳是指从海拔 2 800 米以上天然草场自然放牧的健康母牦牛乳房中挤出的无任何成分改变的常乳。产犊后 7 天的初乳、应用抗生素期间和休药期间的乳汁、变质乳不应用作生牦牛乳。

4　技术要求

4.1　感官要求

应符合表 1 的规定。

表 1　感官要求

项　目	要　求	检验方法
色泽	呈乳白色或微黄色	取适量试样置于 50 mL 烧杯中，在自然光下观察色泽和组织状态。闻其气味，用温开水漱口，品尝滋味
滋味、气味	具有牦牛乳固有的香味，无异味	
组织状态	呈均匀一致液体，无凝块、无沉淀、无正常视力可见异物	

4.2　理化指标

应符合表 2 的规定。

表 2　理化指标

项　目		指　标			检验方法
		一级	二级	三级	
蛋白质/（g/100 g）	≥	4.5	4.2	3.8	GB 5009.5
脂肪/（g/100 g）	≥	6.0	5.5	5.0	GB 5413.3
非脂乳固体/（g/100 g）	≥	11.0	10.0	9.0	GB 5413.39
相对密度/（20℃/4℃）	≥	1.032	1.031	1.030	GB 5413.33
杂质度/（mg/kg）	≤	4.0			GB 5413.30
酸度/（°T）		16~22			GB 5413.34

4.3　污染物限量

应符合 GB 2762 的规定。

4.4　真菌毒素限量

应符合 GB 2761 的规定。

4.5 微生物限量

应符合表3的规定。

表3 微生物限量

等　级	微生物限量［CFU/g（mL）］	检验方法
一级	≤3×10^5	
二级	≤5×10^5	GB 4789.2
三级	≤1×10^6	

4.6 农药残留限量和兽药残留限量

4.6.1 农药残留限量应符合 GB 2763 及国家有关规定和公告。

4.6.2 兽药残留限量应符合国家有关规定和公告。

5 挤乳、运输和贮存

5.1 挤乳

挤乳场所应整洁、干净，挤乳前应用温水清洗乳房，盛乳的器皿应清洗消毒并有防蝇防尘设施。

5.2 运输和贮存

生乳的运输和贮存应于密闭、洁净、经过消毒的保温奶槽车或符合食品安全要求的容器中，贮存温度为 2~6℃。

生驼乳

Raw camel milk

标　准　号：RHB 900—2017

发布日期：2017-03-12　　　　　　　　　实施日期：2017-03-12

发布单位：中国乳制品工业协会

前　　言

驼乳是我国特种乳资源，其干物质含量高，营养物质丰富，为发挥和有效利用驼乳的资源优势，引导和规范驼乳产业的健康发展，特制定本标准。

本标准按照 GB/T 1.1—2009 的编写规则起草。

本标准由中国乳制品工业协会提出并归口。

本标准由新疆金驼投资股份有限公司起草。

本标准主要起草人：赵维良，张明，葛绍阳，海彦禄。

1　范围

本规范规定了生驼乳的术语和定义、技术要求、运输和贮存。

本规范适用于生驼乳，不适用于即食生驼乳。

2　规范性引用文件

下列文件对于本文件的应用是必不可少的，凡是注日期的引用文件，仅注日期的版本适用于本文件，凡是不注日期的引用文件，其最新版本（包括所有的修改单）适用于本文件。

GB 2761　食品安全国家标准　食品中真菌毒素限量

GB 2762　食品安全国家标准　食品中污染物限量

GB 2763　食品安全国家标准　食品中农药最大残留限量

GB 4789.2　食品安全国家标准　食品微生物学检验　菌落总数测定

GB 5009.5　食品安全国家标准　食品中蛋白质的测定

GB 5413.3　食品安全国家标准　婴幼儿食品和乳品中脂肪的测定

GB 5413.30　食品安全国家标准　乳和乳制品杂质度的测定

GB 5413.33　食品安全国家标准　生乳相对密度的测定

GB 5413.34　食品安全国家标准　乳和乳制品酸度的测定

GB 5413.39　食品安全国家标准　乳和乳制品中非脂乳固体的测定

3 术语和定义

3.1 生驼乳 raw camel milk

从符合国家有关要求的健康奶驼乳房中挤出的无任何成分改变的常乳，产驼羔后 30 天内的乳、应用抗生素期间和休药期间的乳汁、变质乳不应用作生乳。

4 技术要求

4.1 感官要求

应符合表 1 的规定。

表 1 感官要求

项 目	要 求	检验方法
色泽	呈乳白色或微黄色	取适量试样置于 50 mL 烧杯中，在自然光下观察色泽和组织状态。闻其气味，用温开水漱口，品尝滋味
滋味、气味	具有驼乳固有的香味和甜味，无异味	
组织状态	呈均匀一致的液体，无凝块、无沉淀、无正常视力可见杂质或其他异物	

4.2 理化指标

应符合表 2 的规定。

表 2 理化指标

项 目		指 标	检验方法
相对密度/（20℃/4℃）	≥	1.027	GB 5413.33
蛋白质/（g/100 g）	≥	3.5	GB 5009.5
脂肪/（g/100 g）	≥	5.0	GB 5413.3
非脂乳固体/（g/100 g）	≥	8.5	GB 5413.39
杂质度/（mg/kg）	≤	4.0	GB 5413.30
酸度/(°T)		16~24	GB 5413.34

4.3 污染物限量

应符合 GB 2762 的规定。

4.4 真菌毒素限量

应符合 GB 2761 的规定

4.5 微生物限量

应符合表 3 的规定。

表 3 微生物限量

等 级	指 标	检验方法
菌落总数/［CFU/g（mL）］	≤2×10^6	GB 4789.2

4.6　农药残留限量和兽药残留限量

4.6.1　农药残留限量应符合 GB 2763 及国家有关规定和公告。

4.6.2　兽药残留限量应符合国家有关规定和公告。

5　运输和贮存

生驼乳的运输和贮存应于密闭、洁净、经过消毒的保温奶槽车或符合食品安全要求的容器中，贮存温度为 2~6℃。

◀ 第二章

巴氏杀菌乳

【现行有效】

食品安全国家标准　巴氏杀菌乳
National food safety standard
Pasteurized milk

标 准 号：GB 19645—2010
发布日期：2010-03-26　　　　　　　实施日期：2010-12-01
发布单位：中华人民共和国卫生部

前　　言

本标准代替 GB 19645—2005《巴氏杀菌、灭菌乳卫生标准》以及 GB 5408.1—1999《巴氏杀菌乳》中的部分指标，GB 5408.1—1999《巴氏杀菌乳》中涉及本标准的指标以本标准为准。

本标准与 GB 19645—2005 相比，主要变化如下：

——将《巴氏杀菌、灭菌乳卫生标准》分为《巴氏杀菌乳》《灭菌乳》《调制乳》三个标准，本标准为《巴氏杀菌乳》；

——修改了"范围"的描述；

——明确了"术语和定义"；

——修改了"感官指标"；

——取消了脱脂、部分脱脂产品的脂肪要求；

——增加了羊乳的蛋白质要求；

——将"理化指标"中酸度值的限量要求修改为范围值；

——取消了"兽药残留指标"；

——取消了"农药残留指标"；

——"污染物限量"直接引用 GB 2762 的规定；

——"真菌毒素限量"直接引用 GB 2761 的规定；

——修改了"微生物指标"的表示方法；

——取消了"食品添加剂"的要求；

——修改了"标识"的规定。

本标准所代替标准的历次版本发布情况为：

——GB 19645—2005。

1　范围

本标准适用于全脂、脱脂和部分脱脂巴氏杀菌乳。

2　规范性引用文件

本标准中引用的文件对于本标准的应用是必不可少的。凡是注日期的引用文件，仅所注日期的版本适用于本标准。凡是不注日期的引用文件，其最新版本（包括所有的修改单）适用于本标准。

3　术语和定义

3.1　巴氏杀菌乳　pasteurized milk

仅以生牛（羊）乳为原料，经巴氏杀菌等工序制得的液体产品。

4　技术要求

4.1　原料要求：生乳应符合 GB 19301 的要求。

4.2　感官要求：应符合表 1 的规定。

表 1　感官要求

项　目	要　求	检验方法
色泽	呈乳白色或微黄色	取适量试样置于 50 mL 烧杯中，在自然光下观察色泽和组织状态。闻其气味，用温开水漱口，品尝滋味
滋味、气味	具有乳固有的香味，无异味	
组织状态	呈均匀一致液体，无凝块、无沉淀、无正常视力可见异物	

4.3　理化指标：应符合表 2 的规定。

表 2　理化指标

项　目		指　标	检验方法
脂肪[a]/（g/100 g）	≥	3.1	GB 5413.3
蛋白质/（g/100 g）			
牛乳	≥	2.9	GB 5009.5
羊乳	≥	2.8	
非脂乳固体/（g100 g）	≥	8.1	GB 5413.39
酸度/（°T）			
牛乳		12~18	GB 5413.34
羊乳		6~13	

　[a]　仅适用于全脂巴氏杀菌乳。

4.4　污染物限量：应符合 GB 2762 的规定。

4.5　真菌毒素限量：应符合 GB 2761 的规定。

4.6　微生物限量：应符合表 3 的规定。

表3　微生物限量

项　目	采样方案^a及限量（若非指定，均以 CFU/g 或 CFU/mL 表示）				检验方法
	n	c	m	M	
菌落总数	5	2	50 000	100 000	GB 4789.2
大肠菌群	5	2	1	5	GB 4789.3 平板计数法
金黄色葡萄球菌	5	0	0/25 g（mL）	—	GB 4789.10 定性检验
沙门氏菌	5	0	0/25 g（mL）	—	GB 4789.4

^a样品的分析及处理按 GB 4789.1 和 GB 4789.18 执行。

5　其他

5.1　应在产品包装主要展示面上紧邻产品名称的位置，使用不小于产品名称字号且字体高度不小于主要展示面高度五分之一的汉字标注"鲜牛（羊）奶"或"鲜牛（羊）乳"。

【历史标准】
巴氏杀菌、灭菌乳卫生标准（已废止）
Hygienic standard for pasteurized and sterilized milk

标　准　号：GB 19645—2005
发布日期：2005-01-25　　　　　　　　　　　　实施日期：2005-10-01
发布单位：中华人民共和国卫生部、中国国家标准化管理委员会

前　言

本标准全文强制。

本标准于 2005 年 10 月 1 日起实施，过渡期为一年。即 2005 年 10 月 1 日前生产并符合相应标准要求的产品，允许销售至 2006 年 9 月 30 日止。

本标准由中华人民共和国卫生部提出并归口。

本标准起草单位：南京市卫生防疫站、天津市卫生防疫站、南宁市卫生防疫站、福建省卫生防疫站、重庆市卫生防疫站、上海市卫生防疫站、深圳市卫生防疫站、西安市卫生防疫站、北京市卫生防疫站。

本标准主要起草人：唐世树、阎治成、陈铭叁、蔡一新、杨小玲、周自新、曹金英、刘小立、曹莉雅、胡玉英、肖和宁、丁秀英。

1　范围

本标准规定了巴氏杀菌、灭菌乳的卫生指标和检验方法以及食品添加剂、生产加工过程、标识、包装、运输、贮存的卫生要求。

本标准适用于以生鲜牛（羊）乳为原料或以乳粉、乳脂为原料的复原乳制成的直接饮用的产品。

2　规范性引用文件

下列文件中的条款通过本标准的引用而成为本标准的条款。凡是注日期的引用文件，其随后所有的修改单（不包括勘误的内容）或修订版均不适用于本标准，然而，鼓励根据本标准达成协议的各方研究是否可使用这些文件的最新版本。凡是不注日期的引用文件，其最新版本适用于本标准。

GB 2760　食品添加剂使用卫生标准

GB 2763　食品中农药最大残留限量

GB/T 4789.18　食品卫生微生物学检验　乳与乳制品检验

GB/T 5009.5　食品中蛋白质的测定

GB/T 5009.11　食品中总砷及无机砷的测定

GB/T 5009.12 食品中铅的测定

GB/T 5009.24 食品中黄曲霉毒素 M_1 与 B_1 的测定方法

GB/T 5009.46 乳与乳制品卫生标准的分析方法

GB 5408.1 巴氏杀菌乳

GB 5408.2 灭菌乳

GB 7718 预包装食品标签通则

GB 12693 乳制品企业良好生产规范

3 术语和定义

GB 5408.1 和 GB 5408.2 确立的术语和定义适用于本标准。

4 指标要求

4.1 原料、辅料要求

原料、辅料应符合相应的卫生标准和有关规定。

4.2 感官指标

无异味、无异物。

4.3 理化指标

理化指标应符合表 1 的要求。

表 1 理化指标

项 目		指 标	
		巴氏杀菌、灭菌纯乳	巴氏杀菌、灭菌调味乳
脂肪 蛋白质 非脂乳固体		按 GB 5408.1、GB 5408.2 的规定执行	
酸度／（°T）			
牛乳	≤	18	—
羊乳	≤	16	—
铅（Pb）／（mg/kg）	≤	0.05	
无机砷／（mg/kg）	≤	0.05	
黄曲霉毒素 M_1／（μg/kg）	≤	0.5	

4.4 兽药残留指标

兽药残留限量应符合相应的国家标准。

4.5 农药残留指标

农药残留限量应符合 GB 2763 的规定。

4.6 微生物指标

微生物指标应符合表 2 的规定。

表2 微生物指标

项 目		指 标	
		巴氏杀菌乳	灭菌乳
菌落总数/（cfu/g）	≤	$3×10^4$	10
大肠菌群/（MPN/100 g）	≤	90	3
致病菌（沙门氏菌、金黄色葡萄球菌）		不得检出	

5　食品添加剂

5.1　食品添加剂质量应符合相应的标准和有关规定。

5.2　食品添加剂品种及其使用量应符合 GB 2760 的规定。

6　生产加工过程

生产加工过程应符合 GB 12693 的规定。

7　包装

包装容器材料应符合相应的标准和有关规定。

8　标识

标识按 GB 7718 的规定执行。

9　贮存及运输

9.1　贮存

产品应贮存在干燥、通风良好的场所。不得与有毒、有害、有异味、易挥发、易腐蚀的物品同处贮存。巴氏杀菌乳应在 2~6℃条件下冷藏贮存。

9.2　运输

运输产品时应避免日晒、雨淋。不得与有毒、有害、有异味或影响产品质量的物品混装运输。巴氏杀菌乳应用冷藏车运输。

10　检验方法

10.1　感官指标

按 GB/T 5009.46 中规定的方法检验。

10.2　理化指标

10.2.1　脂肪：按 GB/T 5009.46 中规定的方法测定。

10.2.2　蛋白质：按 GB/T 5009.5 中规定的方法测定。

10.2.3　非脂乳固体：按 GB/T 5009.46 中规定的方法测定。

10.2.4　酸度：按 GB/T 5009.46 中规定的方法测定。

10.2.5　无机砷：按 GB/T 5009.11 中规定的方法测定。

10.2.6　铅：按 GB/T 5009.12 中规定的方法测定。

10.2.7　黄曲霉毒素 M_1：按 GB/T 5009.24 中规定的方法测定。

10.3　微生物指标

　　按 GB/T 4789.18 中规定的方法检验。

巴氏杀菌乳 （已废止）
Pasteurized milk

标 准 号：GB 5408.1—1999

发布日期：1999-12-17   实施日期：2000-05-01

发布单位：国家质量技术监督局

前 言

本标准中的"4.1.2食品营养强化剂""4.3.1净含量""4.4卫生指标""4.5食品营养强化剂的添加量"和"6.1标签"是强制性条文；其余条文是推荐性条文。

本标准是GB/T 5408—1985《消毒牛乳》的修订标准，主要修订内容如下。

1 标准的名称由《消毒牛乳》改为《巴氏杀菌乳》。

2 取消了：比重和汞的指标，贮藏时间的规定，附录A和附录B。

3 调整了脂肪和非脂乳固体指标。

4 增加了：产品分类，净含量负偏差允许值，蛋白质、硝酸盐、亚硝酸盐、黄曲霉毒素 M_1 指标，添加食品营养强化剂的规定。

本标准从实施之日起，代替GB/T 5408—1985《消毒牛乳》。

本标准由国家轻工业局提出。

本标准由全国乳品标准化中心归口。

本标准由黑龙江省乳品工业研究所负责起草。

本标准主要起草人：王芸、王心祥。

1 范围

本标准规定了巴氏杀菌乳的产品分类、技术要求、试验方法和标签、包装、运输、贮存要求。

本标准适用于以牛乳或羊乳为原料，经巴氏杀菌制成的液体产品。

2 引用标准

下列标准所包含的条文，通过在本标准中引用而构成为本标准的条文。本标准出版时，所示版本均为有效。所有标准都会被修订，使用本标准的各方应探讨使用下列标准最新版本的可能性。

GB 191—1990 包装储运图示标志

GB 4789.2—1994 食品卫生微生物学检验 菌落总数测定

GB 4789.3—1994 食品卫生微生物学检验 大肠菌群测定

GB 4789.4—1994 食品卫生微生物学检验 沙门氏菌检验

GB 4789.5—1994　食品卫生微生物学检验　志贺氏菌检验

GB 4789.10—1994　食品卫生微生物学检验　金黄色葡萄球菌检验

GB 4789.11—1994　食品卫生微生物学检验　溶血性链球菌检验

GB 4789.18—1994　食品卫生微生物学检验　乳与乳制品检验

GB/T 5009.24—1996　食品中黄曲霉素 M_1 和 B_1 的测定方法

GB/T 5409—1985　牛乳检验方法

GB/T 5413.1—1997　婴幼儿配方食品和乳粉　蛋白质的测定

GB/T 5413.30—1997　乳与乳粉　杂质度的测定

GB/T 5413.32—1997　乳粉　硝酸盐、亚硝酸盐的测定

GB/T 6914—1986　生鲜牛乳收购标准

GB 7718—1994　食品标签通用标准

GB 14880—1994　食品营养强化剂使用卫生标准

3　产品分类

3.1　全脂巴氏杀菌乳：以牛乳或羊乳为原料，经巴氏杀菌制成的液体产品。

3.2　部分脱脂巴氏杀菌乳：以牛乳或羊乳为原料，脱去部分脂肪，经巴氏杀菌制成的液体产品。

3.3　脱脂巴氏杀菌乳：以牛乳或羊乳为原料，脱去全部脂肪，经巴氏杀菌制成的液体产品。

4　技术要求

4.1　原料要求

4.1.1　牛乳：应符合 GB/T 6914 的规定。

4.1.2　食品营养强化剂：应选用 GB 14880 中允许使用的品种，并应符合相应国家标准或行业标准的规定。

4.2　感官特性

应符合表 1 的规定。

表 1

项　　目	全脂巴氏杀菌乳	部分脱脂巴氏杀菌乳	脱脂巴氏杀菌乳
色泽	呈均匀一致的乳白色，或微黄色		
滋味和气味	具有乳固有的滋味和气味，无异味		
组织状态	均匀的液体，无沉淀，无凝块，无黏稠现象		

4.3　理化指标

4.3.1　净含量

单件定量包装商品的净含量负偏差不得超过表 2 的规定；同批产品的平均净含量不得低于标签上标明的净含量。

表2

净含量/mL	负偏差允许值	
	相对偏差/%	绝对偏差/mL
100~200	4.5	—
200~300	—	9
300~500	3	—
500~1 000	—	15
1 000~10 000	1.5	—

4.3.2 蛋白质、脂肪、非脂乳固体、酸度和杂质度

应符合表3的规定。

表3

项 目	全脂巴氏杀菌乳	部分脱脂巴氏杀菌乳	脱脂巴氏杀菌乳
脂肪/%	≥3.1	1.0~2.0	≤0.5
蛋白质/% ≥	2.9		
非脂乳固体/% ≥	8.1		
酸度/（°T）			
牛乳 ≤	18.0		
羊乳 ≤	16.0		
杂质度/（mg/kg） ≤	2		

4.4 卫生指标

应符合表4的规定。

表4

项 目	全脂巴氏杀菌乳	部分脱脂巴氏杀菌乳	脱脂巴氏杀菌乳
硝酸盐（以 $NaNO_3$ 计）/（mg/kg） ≤	11.0		
亚硝酸盐(以 $NaNO_2$ 计)/(mg/kg) ≤	0.2		
黄曲霉毒素 M_1/（μg/kg） ≤	0.5		
菌落总数/（cfu/mL） ≤	30 000		
大肠菌群/（MPN/100 mL） ≤	90		
致病菌（指肠道致病菌和致病性球菌）	不得检出		

4.5 食品营养强化剂的添加量

应符合 GB 14880 的规定。

5 试验方法

5.1 感官检验

5.1.1 色泽和组织状态：取适量试样于 50 mL 烧杯中，在自然光下观察色泽和组织状态。

5.1.2 滋味和气味：取适量试样于 50 mL 烧杯中，先闻气味，然后用温开水漱口，再品尝样品的滋味。

5.2 理化检验

5.2.1 净含量：将单件定量包装的内容物完全移入量筒中，读取体积数。

5.2.2 蛋白质：按 GB/T 5413.1 检验，取样量为 10 g。

5.2.3 脂肪：按 GB/T 5409 检验。

5.2.4 非脂乳固体：按 GB/T 5409 检验。

5.2.5 酸度：按 GB/T 5409 检验。

5.2.6 杂质度：按 GB/T 5413.30 检验。

5.3 卫生检验

5.3.1 硝酸盐、亚硝酸盐：按 GB/T 5413.32 检验。

5.3.2 黄曲霉毒素 M_1：按 GB/T 5009.24 检验。

5.3.3 菌落总数：按 GB 4789.2 和 GB 4789.18 检验。

5.3.4 大肠菌群：按 GB 4789.3 和 GB 4789.18 检验。

5.3.5 致病菌：按 GB 4789.4、GB 4789.5、GB 4789.10、GB 4789.11 和 GB 4789.18 检验。

6 标签、包装、运输、贮存

6.1 标签

6.1.1 产品标签按 GB 7718 的规定标示。还应标明产品的种类（按本标准第 3 章）和蛋白质、脂肪、非脂乳固体（或乳糖，或全脂固体）的含量。

6.1.2 产品名称可以标为"×××奶"。

6.1.3 外包装箱标志应符合 GB 191 的规定。

6.2 包装

所有包装材料应符合食品卫生要求。

6.3 运输

运输产品时应使用冷藏车。

6.4 贮存

产品的贮存温度为 2~6℃。

消毒牛乳（已废止）

Pasteurized milk

标 准 号：GB 5408—85

发布日期：1985-09-28　　　　　　　　实施日期：1986-08-01

发布单位：国家标准局

本标准适用于经过巴氏杀菌或高温瞬间杀菌的牛乳，可直接供应订户饮用。

1　技术要求

1.1　用于制造消毒牛乳的生乳应符合下列要求。

1.1.1　20℃时的比重为 1.028~1.032。

1.1.2　酸度不超过 18°T。

1.1.3　细菌总数不超过 500 000 个/ml。

1.1.4　其他指标应符合附录 A（补充件）中特级品的要求。

1.2　生产消毒牛乳要符合《乳与乳制品卫生管理办法》的各项规定。

1.3　消毒牛乳的感官指标应符合表 1 的要求。

表 1

滋味和气味	具有消毒牛乳固有的纯香味，无其他任何外来滋味和气味
组织状态	呈均匀的流体。无沉淀，无凝块，无机械杂质，无黏稠和浓厚现象
色　泽	呈乳白色或稍带微黄色

1.4　消毒牛乳的理化指标应符合表 2 的要求。

表 2

项　目		指　标
比重/（γ_4^{20}）		1.028~1.032
脂肪/%	≥	3.00
全乳固体/%	≥	11.20
杂质度/ppm	≤	2
酸度/（°T）	≤	18.00
汞（以 Hg 计）/ppm	≤	0.01

1.5　消毒牛乳微生物指标应符合表 3 的要求。

表3

项　目	指　标
细菌总数/（个/ml）	30 000
大肠菌群（近似数）/（个/100 ml）	90
致病菌	不得检出

1.6 经过杀菌后的消毒牛乳应立即冷却到 4～6℃，然后用灌装机灌入消毒瓶内，密封好瓶口，贮于温度为 2～10℃ 的冷藏库内。

1.7 凡不符合消毒牛乳质量标准者，可作为加工其他乳制品原料。

2　取样与检验

2.1　取样

2.1.1　产品应按生产班次分批，连续生产不能分别按班次者，则按生产日期分批。

2.1.2　产品应分批编号，按批号取样检验。取样量为一万瓶以下者抽二瓶，一万至五万瓶每增加一万瓶增抽一瓶，五万瓶以上者每增加二万瓶增抽一瓶。所取样品应贴上标签，标明下列各项。

    a. 产品名称；

    b. 工厂名称及生产日期；

    c. 采样日期及时间；

    d. 产品数量及批号。

2.1.3　厂外取样气温在 20℃ 以上时，应备冷藏箱。冷藏温度应在 2～6℃。所取样品应及时检验。如果在 1 h 以内不能检验者，应贮于 2～6℃ 的冷库内。

2.2　检验程序

2.2.1　所取各批样品均应进行容量（或重量）鉴定。其容量（或重量）与标签上标明之容量（或重量）差不应超过±1.5%。

2.2.2　每批样品中至少有一瓶做微生物检验，其余做感官和理化检验。

2.2.3　比重、酸度、细菌总数和大肠菌群为每批必检项目，脂肪、全乳固体、杂质度、致病菌和汞应由工厂化验室和卫生防疫部门定期抽检。

2.3　检验方法

消毒牛乳理化检验方法按 GB 5409—85《牛乳检验方法》进行，消毒牛乳的微生物检验按附录 B（补充件）进行。

3　包装、贮藏和运输

3.1 包装规格分小包装和大包装两种。

3.1.1　小包装可采用玻璃瓶，其重量规格分为 227 g 和 250 g 等。

3.1.2　大包装可采用牛乳桶，大桶 50 kg，小桶 25 kg 等。

3.2 内纸盖规格：采用厚 1 mm 的黄板纸或白板纸；表面须涂食用蜡。

3.3 消毒牛乳在销售之前应贮藏在温度为 2~10℃冷库内。贮藏时间不应超过 24 h。

3.4 瓶装消毒牛乳应在敞口箱内装车运输。运输过程中要有遮盖。长途运输应采用冷藏车。

附 录 A
生鲜牛乳的一般技术要求
（补充件）

A.1 感官指标

A.1.1 色泽：呈乳白色或稍带微黄色。

A.1.2 滋味和气味：具有新鲜牛乳固有的香味，无其他异味。

A.1.3 组织状态：呈均匀的胶态流体。无沉淀、无凝块、无杂质和无异物等。

A.2 理化及微生物指标

生鲜牛乳按理化和微生物指标可分为特级牛乳、一级牛乳和二级牛乳。其指标规定如下。

A.2.1 生鲜牛乳理化指标应当符合表 A1 的要求。

表 A1

项 目		级 别		
		特级	一级	二级
比重/γ_4^{20}	≥	1.030	1.029	1.028
脂肪/%	≥	3.20	3.00	2.80
酸度/°T	≤	18.00	19.00	20.00
全乳固体/%	≥	11.70	11.20	10.80
汞（以 Hg 计）/ppm	≤	0.01	0.01	0.01

A.2.2 生鲜牛乳的微生物指标应当符合表 A2 的要求。

表 A2

项 目		级 别		
		特级	一级	二级
细菌总数*/（个/ml）	≤	500 000	1 000 000	2 000 000

*细菌总数系采用平板计数法。

A.2.3 加工消毒牛乳、酸牛乳、干酪和全脂无糖或全脂加糖炼乳，须用特级生鲜牛乳。但加工消毒牛乳所用的生鲜牛乳的脂肪、比重和全乳固体不可低于一级生鲜牛乳的规定。

A.2.4 生鲜牛乳具有下述情况之一者不得收购。

A.2.4.1 牛乳颜色有变化，呈红色、绿色或显著黄色者。

A.2.4.2 牛乳中有肉眼可见异物或杂质者。

A.2.4.3 牛乳中有凝块或絮状沉淀者。

A.2.4.4　牛乳中有畜舍味、苦味、霉味、臭味、涩味和煮沸味以及其他异味者。

A.2.4.5　产前 15 日内的胎乳或产后 7 日内的初乳。

A.2.4.6　用抗菌素或其他对牛乳有影响的药物治疗期间的母牛所产的牛乳和停药后 3 日内的牛乳。

A.2.4.7　添加有防腐剂、抗菌素和其他任何有碍食品卫生物质的牛乳。

A.2.5　生鲜牛乳的检验方法按照 GB 5409—85《牛乳检验方法》执行。

A.3　盛装、贮藏和运输

A.3.1　生鲜牛乳的盛装应采用表面光滑、无毒、不锈的铝桶、搪瓷桶、塑料桶、不锈钢桶或不锈钢槽车。镀锌桶和挂锡桶应尽量少用。

A.3.2　乳桶可分为 50 kg 和 25 kg 两种。乳槽车分为 2 t、4 t、5 t 和 10 t 四种。

A.3.3　生鲜牛乳贮藏，分为收购点贮藏和加工厂贮藏两种。

收购点对验收合格的牛乳应迅速冷却到 2~10℃ 以下，将盛乳桶贮于冷盐水池或冰水池中。贮藏期间牛乳温度不应超过 10℃。

工厂收乳后应当用净乳机净乳，而后通过冷却器迅速将牛乳冷却到 4~6℃，输入贮乳罐贮藏。贮藏过程中应定期开动搅拌器搅拌，以防止脂肪上浮。

A.3.4　生鲜牛乳运输可采用马车、汽车、乳槽车或火车等运输工具。运输过程中，冬、夏季均应保温，并有遮盖，防止外界温度影响。

附 录 B
乳与乳制品微生物检验方法
（补充件）

B.1 检样的采取和送检

B.1.1 散装或大型包装检样：以无菌刀、勺取样，采取不同部位具有代表性的检样，放入灭菌容器内，立即送检，如条件不许可时，最好不超过 4 h，送检样时应注意冷藏。

B.1.2 小型原包装检样：采取原包装品，送检时应注意保持检样原来的质量。

B.2 采样数量

每批产品按千分之一采样，不足千件者抽一件。

生鲜牛（羊）乳：1 瓶；

消毒牛（羊）乳：1 瓶；

乳粉：1 瓶或 1 包，大包装 200 g；

奶油：1 包，大包装 200 g；

酸牛（羊）乳：1 瓶或 1 罐；

甜炼乳：1 瓶或 1 罐；

淡炼乳：1 罐。

稀奶油：1 瓶或 1 罐，大包装 200 g；

干酪：包装小于 1 kg 者取 1 个，大于 1 kg 者取 200 g。

B.3 检样的处理

B.3.1 生鲜乳、酸乳：以无菌手续去掉瓶口之纸罩，混匀，瓶口经火焰灭菌后，用无菌手续称取 25 g（ml）检样，放入装有 225 ml 灭菌生理盐水的三角瓶内，振摇混匀。

B.3.2 炼乳：将瓶或铁罐的表面先用温水洗净，再以点燃之酒精棉球将瓶口或铁罐表面消毒，然后用灭菌之开罐（瓶）器打开，以无菌手续称取 25 g 检样，放入装有 225 ml 灭菌盐水的三角烧瓶内，振摇混匀。

B.3.3 奶油：用无菌手续取适量检样，置于灭菌三角瓶内，在 45℃水浴或保温箱中加温，熔化后立即将瓶取出，以灭菌吸管吸取 25 ml 检样，加入装有 225 ml 灭菌生理盐水或灭菌奶油稀释液的三角瓶内（瓶装稀释液应置于 45℃水浴或保温箱中保温，作 10 倍递增稀释时所用稀释液亦同），振摇混匀，从检样熔化至接种完毕之时间不应超过 30 min。

注：①奶油稀释液

成分：

林格氏液	250 ml
蒸馏水	750 ml
琼脂	1 g

制法：

加热溶解，分装每瓶 90 ml 高压灭菌 121℃、15 min。

②林格氏液配法：

氯化钠	9 g
氯化钾	0.12 g
氯化钙	0.24 g
碳酸氢钠	0.2 g
蒸馏水	1 000 ml

B.3.4 乳粉：罐装或瓶装乳粉，按照炼乳处理方法将容器外部消毒后，以无菌手续开封取样。塑料袋装乳粉，以 75%酒精棉球将袋口两面擦拭一遍，然后用灭菌刀或剪切开，以无菌手续取检样 25 g，放入装有 225 ml 灭菌生理盐水的三角瓶内（瓶内含有适量的灭菌的玻璃珠），振摇使其溶解并混合均匀。

B.3.5 干酪：将取样部位表面的蜡皮用灭菌刀削掉，然后用点燃之酒精棉球消毒后以灭菌刀切开，再以灭菌刀切取表层和深层检样各少许，置于灭菌乳钵内切碎，加入少量灭菌盐水研成糊状。

B.3.6 稀奶油：同 B.3.3。

B.4 检验方法

B.4.1 菌落总数测定：见 GB 4789.2—84《食品卫生微生物学检验 菌落总数测定》。

B.4.2 大肠菌群测定：见 GB 4789.3—84《食品卫生微生物学检验 大肠菌群测定》。

B.4.3 沙门氏菌检验：见 GB 4789.4—84《食品卫生微生物学检验 沙门氏菌检验》。

B.4.4 志贺氏菌检验：见 GB 4789.5—84《食品卫生微生物学检验 志贺氏菌检验》。

B.4.5 葡萄球菌检验：见 GB 4789.10—84《食品卫生微生物学检验 葡萄球菌检验》。

B.4.6 溶血性链球菌检验：见 GB 4789.11—84《食品卫生微生物学检验 溶血性链球菌检验》。

B.4.7 肉毒梭菌及肉毒毒素检验：见 GB 4789.12—84《食品卫生微生物学检验 肉毒梭菌及肉毒毒素检验》。

B.4.8 产气荚膜梭菌检验：见 GB 4789.13—84《食品卫生微生物学检验 产气荚膜梭菌检验》。

B.4.9 蜡样芽孢杆菌检验：见 GB 4789.14—84《食品卫生微生物学检验 蜡样芽孢杆菌检验》。

B.4.10 霉菌及酵母数测定：见 GB 4789.15—84《食品卫生微生物学检验 霉菌及酵母数测定》。

B.5 染色法、培养基和试剂

见 GB 4789.28—84《食品卫生微生物学检验 染色法、培养基和试剂》。

B.6　器材灭菌方法

B.6.1　干热灭菌法

B.6.1.1　灭焰灭菌：不怕烧的器材，可在酒精灯火焰上灼烧，达到灭菌目的。如铂金耳、试管口等。

B.6.1.2　干热空气灭菌：烧瓶、试管、吸管、平皿、乳钵及注射器等玻璃器材，用纸包好，扎紧，放于烘箱或烤箱中。闭门后逐渐升温到160℃，持续2 h。但灭菌温度最高不应超过180℃，灭菌温度达80℃以上，严禁开门。灭菌完毕待温度下降到40℃以下，方允许开门取物。

B.6.2　湿热灭菌法

B.6.2.1　煮沸灭菌：用煮沸消毒器或普通锅，方法简便，适用于注射器、刀、剪、镊及橡皮管等器械的消毒，煮沸30 min，即可达到消毒目的。为了提高效力，可向水中加入1%的碳酸钠。

B.6.2.2　高压蒸汽灭菌：采用各种类型的灭菌器进行。将灭菌的器材分放于高压灭菌器内，加盖固定后，加热升温到121℃，灭菌20～30 min（或根据需要确定加热温度和时间）。升温过程中要注意排气，灭菌后待表压降到零点后，再排气开盖取物。

注：该附录B如与GB 4789.1～4789.28—84《食品卫生检验方法　微生物学部分》相抵触，应以后者为准。

附加说明：

本标准由中华人民共和国轻工业部和卫生部提出，由黑龙江省乳品工业研究所归口。

本标准由黑龙江省乳品工业研究所和卫生部食品卫生监督检验所负责起草。

本标准主要起草人张保锋、李玉贤、郁蕴华、刘宏道。

自本标准实施之日起，原轻工业部部标准QB 41—60《乳、乳制品细菌检验方法》作废。

消毒牛乳卫生标准（已废止）

标 准 号：GBn 32—77
试行日期：1979-05-01
发布单位：国家标准计量局

消毒牛乳系指新鲜全脂生牛乳，经有效消毒后的产品。

1 感官指标

呈乳白色或稍带微黄色的均匀胶态流体，无沉淀，无凝块，无杂质，具有消毒牛乳固有的香味和滋味，无异味。

2 理化指标见表1

表1

项 目		指 标
比重		1.028~1.032
脂肪/%	不得低于	3.0
酸度/°T	不得超过	18
汞		按 GBn 52—77 规定
六六六		按 GBn 53—77 规定
滴滴涕		按 GBn 53—77 规定

3 细菌指标见表2

表2

项 目		指 标
细菌总数（每毫升中菌数）	不得超过	30 000
大肠菌群（每百毫升中最近似数）	不得超过	40
致病菌		不得检出

注：致病菌系指肠道致病菌及致病性球菌，检验哪种根据具体情况而定。

【行业标准】
无公害食品 液态乳（已废止）

标准号：**NY 5140—2005**
发布日期：**2005-01-19** 实施日期：**2005-03-01**
发布单位：**中华人民共和国农业部**

前 言

本标准代替 NY 5140—2002《无公害食品 巴氏杀菌乳》和 NY 5141—2002《无公害食品 灭菌乳》。

本标准与原标准相比，所做的主要技术修改如下。

——删除了汞、铬、六六六、滴滴涕、甲胺磷、倍硫磷、久效磷、甲拌磷、杀扑磷指标；

——增加了土霉素、四环素、金霉素指标。

本标准的附录 A 为规范性附录，附录 B 为资料性附录。

本标准由中华人民共和国农业部提出。

本标准起草单位：农业部食品质量监督检验测试中心（上海）。

本标准主要起草人：孟瑾、张春林、韩奕奕、郑隽。

1 范围

本标准规定了无公害食品液态乳的术语和定义、技术要求、检验方法、检验规则和包装、标志、贮存及运输要求。

本标准适用于以生鲜牛（羊）乳为原料，不添加或添加辅料，经巴氏杀菌或灭菌制成的液态乳的质量安全评定，不适用于炼乳和酸牛乳。

2 规范性引用文件

下列文件中的条款通过本标准的引用而成为本标准的条款。凡是注日期的引用文件，其随后所有的修改单（不包括勘误的内容）或修订版均不适用于本标准，然而，鼓励根据本标准达成协议的各方研究是否可使用这些文件的最新版本。凡是不注日期的引用文件，其最新版本适用于本标准。

GB 191 包装储运图示标志

GB 2760 食品添加剂使用卫生标准

GB/T 4789.4 食品卫生微生物学检验 沙门氏菌检验

GB/T 4789.5 食品卫生微生物学检验 志贺氏菌检验

GB/T 4789.10 食品卫生微生物学检验 金黄色葡萄球菌检验

GB/T 4789.11 食品卫生微生物学检验 溶血性链球菌检验

GB/T 4789.18　食品卫生微生物学检验　乳与乳制品检验

GB/T 4789.26　食品卫生微生物学检验　罐头食品商业无菌的检验

GB/T 4789.27　食品卫生微生物学检验　鲜乳中抗生素残留量检验

GB/T 5009.5　食品中蛋白质的测定

GB/T 5009.11　食品中总砷及无机砷的测定

GB/T 5009.12　食品中铅的测定

GB/T 5009.24　食品中黄曲霉毒素M_1和B_1的测定

GB/T 5009.46　乳与乳制品卫生标准的分析方法

GB/T 5413.30　乳与乳粉　杂质度的测定

GB/T 5413.32　乳粉　硝酸盐、亚硝酸盐的测定

GB/T 6682　分析实验室用水规格和试验方法

GB/T 10111　利用随机数骰子进行随机抽样的方法

GB 14880　食品营养强化剂使用卫生标准

NY 5045　无公害食品　生鲜牛乳

NY 5047　奶牛饲养兽医防疫准则

3　术语和定义

下列术语和定义适用于本标准。

3.1　液态乳

以生鲜牛（羊）乳为原料，不添加或添加辅料，经巴氏杀菌或灭菌制成的液体产品，包括巴氏杀菌纯牛（羊）乳、巴氏杀菌调味乳、灭菌纯牛（羊）乳及灭菌调味乳，不包括炼乳及酸牛乳。

3.2　巴氏杀菌纯牛（羊）乳

以生鲜牛（羊）乳为原料，不脱脂、部分脱脂或脱脂，不添加任何辅料，经巴氏杀菌制成的液体产品。

3.3　巴氏杀菌调味乳

以生鲜牛（羊）乳为原料，不脱脂、部分脱脂或脱脂，添加规定的辅料，经巴氏杀菌制成的液体产品。

3.4　灭菌纯牛（羊）乳

以生鲜牛（羊）乳为原料，不脱脂、部分脱脂或脱脂，不添加任何辅料，经超高温瞬时或高压灭菌，无菌灌装或高压灭菌制成的液体产品。

3.5　灭菌调味乳

以生鲜牛（羊）乳为原料，不脱脂、部分脱脂或脱脂，添加规定的辅料，经超高温瞬时或高压灭菌，无菌灌装或高压灭菌制成的液体产品。

4 技术要求

4.1 原料

4.1.1 生鲜牛（羊）乳

应符合 NY 5045 的规定，奶牛（羊）的饲养应符合 NY 5047 的规定。

4.1.2 辅料

辅料包括食品添加剂和食品营养强化剂。

应选用 GB 2760 和 GB 14880 中允许使用的品种和添加量，并应符合相应的国家标准或行业标准的规定；不得添加防腐剂。

4.2 感官指标

应符合表 1 的规定。

表 1　感官指标

项　目	巴氏杀菌纯牛（羊）乳	巴氏杀菌调味乳	灭菌纯牛（羊）乳	灭菌调味乳
色泽	呈均匀一致的乳白色或微黄色	呈均匀一致的乳白色或具有添加辅料应有的色泽	呈均匀一致的乳白色或微黄色	呈均匀一致的乳白色或具有添加辅料应有的色泽
滋味和气味	具有牛乳或羊乳固有滋味和气味，无异味	具有添加辅料应有的滋味和气味	具有牛乳或羊乳固有滋味和气味，无异味	具有添加辅料应有的滋味和气味
组织状态	均匀的液体，无凝块，无沉淀，无黏稠现象	均匀的液体，无凝块，无黏稠现象，允许有少量沉淀	均匀的液体，无凝块，无黏稠现象，允许有少量沉淀	均匀的液体，无凝块，无黏稠现象，允许有少量沉淀

4.3 理化指标

脂肪、酸度、蛋白质、非脂乳固体和杂质度要求应符合表 2 的规定。

表 2　脂肪、酸度、蛋白质、非脂乳固体和杂质度的指标

项目		巴氏杀菌纯牛（羊）乳			巴氏杀菌调味乳			灭菌纯牛（羊）乳			灭菌调味乳		
		全脂	部分脱脂	脱脂	全脂	部分脱脂	脱脂	全脂	部分脱脂	脱脂	全脂	部分脱脂	脱脂
脂肪/%		≥3.1	1.0~2.0	≤0.5	≥2.5	0.8~1.6	≤0.4	≥3.4	1.0~2.0	≤0.5	≥2.5	0.8~1.6	≤0.4
酸度/°T	牛乳	≤18.0			—			≤18.0			—		
	羊乳	≤16.0											
蛋白质/%		≥2.9			≥2.3			≥2.9			≥2.3		
非脂乳固体/%		≥8.1			≥6.5			≥8.1			≥6.5		
杂质度/（mg/kg）		≤2			—			≤2			—		

4.4 卫生指标

应符合表 3 的规定。

表3　卫生指标

项目	巴氏杀菌纯牛（羊）乳	巴氏杀菌调味乳	杀菌纯牛（羊）乳	灭菌调味乳
砷（以 As 计）/（mg/kg）	≤0.2			
铅（以 Pb 计）/（mg/kg）	≤0.05			
亚硝酸盐（以 $NaNO_2$ 计）/（mg/kg）	≤0.2			
硝酸盐（以 $NaNO_3$ 计）/（mg/kg）	≤8.0			
黄曲霉毒素 M_1/（μg/kg）	≤0.2			
土霉素/（μg/kg）	≤100			
四环素/（μg/kg）	≤100			
金霉素/（μg/kg）	≤100			
青霉素	阴性			
链霉素	阴性			
庆大霉素	阴性			
卡那霉素	阴性			
菌落总数/（cfu/mL）	≤30 000		—	—
大肠菌群/（MPN/100 mL）	≤90		—	—
致病菌（沙门氏菌、志贺氏菌、金黄色葡萄球菌、溶血性链球菌）	不得检出/25 mL		—	—
商业无菌	—		符合商业无菌要求	

注：兽药、农药最高残留限量和其他有毒有害物质限量应符合国家相关规定。

5　检验方法

5.1　感官检验

5.1.1　色泽和组织状态

取适量试样于 50 mL 烧杯中，在自然光下观察色泽和组织状态。

5.1.2　滋味和气味

打开样品包装先闻气味，然后用温开水漱口，再品尝样品的滋味。

5.2　理化检验

5.2.1　脂肪

按 GB/T 5009.46 的规定执行。

5.2.2　酸度

按 GB/T 5009.46 的规定执行。

5.2.3　蛋白质

按 GB/T 5009.5 的规定执行。

5.2.4　非脂乳固体

按 GB/T 5009.46 的规定执行。

5.2.5 杂质度

按 GB/T 5413.30 的规定执行。

5.3 卫生检验

5.3.1 砷

按 GB/T 5009.11 的规定执行。

5.3.2 铅

按 GB/T 5009.12 的规定执行。

5.3.3 亚硝酸盐

按 GB/T 5413.32 的规定执行。

5.3.4 硝酸盐

按 GB/T 5413.32 的规定执行。

5.3.5 黄曲霉毒素 M_1

按 GB/T 5009.24 的规定执行。

5.3.6 土霉素

按附录 A 的规定执行。

5.3.7 四环素

按附录 A 的规定执行。

5.3.8 金霉素

按附录 A 的规定执行。

5.3.9 青霉素

按 GB/T 4789.27 的规定执行。

5.3.10 链霉素

按 GB/T 4789.27 的规定执行。

5.3.11 庆大霉素

按 GB/T 4789.27 的规定执行。

5.3.12 卡那霉素

按 GB/T 4789.27 的规定执行。

5.3.13 菌落总数

按 GB/T 4789.18 的规定执行。

5.3.14 大肠菌群

按 GB/T 4789.18 的规定执行。

5.3.15 致病菌

按 GB/T 4789.4、GB 4789.5、GB 4789.10、GB 4789.11 和 GB 4789.18 的规定执行。

5.3.16 商业无菌

按 GB/T 4789.26 的规定执行。

6 检验规则

6.1 组批

同原料、同配方、同一工艺流程、同批生产、相同规格的产品作为一个检验批次。

6.2 抽样

按 GB/T 10111 执行，抽样量应满足检验需要。

6.3 判定规则

检验结果符合本标准要求的则判定该批产品为合格品。检验结果中任何一项不符合本标准的，则判定该批产品为不合格品。

7 包装、标志、贮存、运输

7.1 包装

所有包装材料应符合食品卫生要求、包装严密，防止微生物污染。

7.2 标志

按 GB 191 及国家有关规定执行，并应有无公害食品专用标志。

7.3 贮存

产品应贮存在干燥、通风良好的场所。不应与有毒、有害、有异味或对产品产生不良影响的物品同处贮存。有冷藏要求的产品贮存温度应为 2~6℃。

7.4 运输

产品在运输过程中应轻拿轻放，防止日晒、雨淋。运输工具应清洁卫生，不应与有毒、有害、有腐蚀性、有异味的物品混运，必要时应用冷藏车。

附　录　A

（规范性附录）

液态乳中土霉素、四环素、金霉素残留量的测定

A.1　范围

本附录规定了液态乳中土霉素、四环素、金霉素的残留量分析方法。

本附录适用于巴氏杀菌纯牛（羊）乳、巴氏杀菌调味乳、灭菌纯牛（羊）乳及灭菌调味乳中的土霉素、四环素、金霉素的残留分析。

本方法土霉素检出限为 15.0 μg/kg，四环素检出限为 20.0 μg/kg，金霉素检出限为 18.0 μg/kg。

A.2　原理

样品经 McIlvaine-EDTA 缓冲溶液（pH=4.00）溶解，稀释，离心，脱脂，脱蛋白后，上清液通过预先活化的 C_{18} 小柱，进行固相萃取，用草酸甲醇洗脱，经高效液相色谱仪测定，外标法定量。

A.3　试剂和材料

所有试剂如未注明规格，均为分析纯；实验用水，如未注明，均应符合 GB/T 6682 中一级水的要求。

A.3.1　甲醇

色谱纯。

A.3.2　乙腈

色谱纯。

A.3.3　硝酸

A.3.4　磷酸氢二钠（Na_2HPO_4）

A.3.5　磷酸二氢钠（$NaH_2PO_4 \cdot 2H_2O$）

A.3.6　柠檬酸（$C_6H_8O_7 \cdot H_2O$）

A.3.7　乙二胺四乙酸二钠（$Na_2EDTA \cdot 2H_2O$）

A.3.8　草酸（$H_2C_2O_4 \cdot 2H_2O$）

A.3.9　硝酸溶液：30%（体积比）

准确量取 30 mL 硝酸（A.3.3），用蒸馏水稀释至 100 mL。

A.3.10　McIlvaine 缓冲溶液

准确称取 28.41 g 磷酸氢二钠（A.3.4）和 21.01 g 柠檬酸（A.3.6），用蒸馏水溶解后，分别定容至 1 000mL，取上述柠檬酸溶液 1 000mL、磷酸氢二钠溶液 625 mL 混合，用

磷酸氢二钠（A.3.4）调节 pH 至 4.00±0.05。

A.3.11 McIlvaine–EDTA 缓冲溶液

准确称取 60.49 g 乙二胺四乙酸二钠（A.3.7）溶于 McIlvaine 缓冲溶液（A.3.10），摇匀，室温保存，最多可存放 2 周。

A.3.12 草酸甲醇水溶液（MOX）

准确称取 1.50 g 草酸（A.3.8）于 100 mL 容量瓶中，用甲醇（A.3.1）定容到刻度后混匀，按 1+1 的比例，用去离子水稀释草酸甲醇溶液。

A.3.13 固相萃取洗脱液：10 mmol/L，草酸甲醇溶液

准确称取 1.26 g 草酸（A.3.8）到 1 000 mL 的容量瓶中，用甲醇（A.3.1）溶解，并定容至刻度。

A.3.14 磷酸二氢钠溶液：10 mmol/L，pH2.5

准确称取 1.56 g 的磷酸二氢钠（A.3.5）溶解于 1 000 mL 的容量瓶中，用硝酸溶液（A.3.9）调节 pH 值至 2.5 定容，用滤膜（A.4.8）过滤后备用。

A.3.15 标准溶液

A.3.15.1 土霉素、四环素、金霉素标准贮备液

此溶液中每毫升含土霉素、四环素、金霉素各 100 μg。

准确称取土霉素、四环素、金霉素标准物质各 10.0 mg 于 100 mL 棕色容量瓶中，用甲醇（A.3.1）溶解，并分别定容。摇匀后，贮存于-10℃以下的冰箱中，有效期 2 个月。

A.3.15.2 土霉素、四环素、金霉素混合标准工作液

此溶液中每毫升含土霉素、四环素、金霉素各 2.0 μg。

分别吸取土霉素、四环素、金霉素标准贮备液（A.3.15.1）各 2.0 mL，到 100 mL 的棕色容量瓶中，用甲醇（A.3.1）定容。摇匀后，贮存于-10℃以下的冰箱中，有效期 5 d。

A.4 仪器

A.4.1 高效液相色谱仪

配有紫外检测器，具有梯度淋洗功能。

A.4.2 离心机

低温（10℃下），12 000 r/min 转速。

A.4.3 旋涡混合器

A.4.4 分析天平

感量 0.000 1 g。

A.4.5 天平

感量 0.01 g。

A.4.6 氮吹仪

A.4.7 固相萃取柱

SPE C_{18}，0.6 mL，500 mg 或性能相同的固相萃取柱。

A.4.8　滤膜

0.2~0.45 μm。

A.4.9　离心管

10 mL、15 mL、50 mL。

A.5　试样的制备

A.5.1　样品

贮藏在冰箱中的乳与乳制品，应在试验前预先取出，保持室温。

A.5.2　提取与净化

称取 5~10 g 样品，精确至 0.000 1 g，于 50 mL 的离心试管中，加入 McIlvaine-EDTA 缓冲溶液（A.3.11）20 mL，盖上试管盖，在旋涡混合器（A.4.3）上充分混匀，在 10℃ 以下，8 000r/min 转速下用离心机（A.4.2）分离 30 min，其澄清液为样品提取液。

将固相萃取柱（A.4.7）依次用甲醇（A.3.1）10 mL，蒸馏水 15~20 mL，进行活化，无液滴滴下为止，取样品提取液过柱，无液滴滴下为止，控制流速为 1.5~2.5 mL/min，再用 McIlvaine-EDTA 缓冲溶液（A.3.11）4 mL，提取离心管中残留的样液，8 000r/min 转速下，离心 10 min 后，取澄清液过柱，无液滴滴下为止，用 20 mL 水洗柱，无液滴滴下为止，用固相萃取洗脱液（A.3.13）10 mL 进行洗脱，收集洗脱液至离心管中，于 40~50℃ 下氮气吹至近干，提取净化全量转移并用草酸甲醇水溶液（A.3.12）1.0 mL 溶解残渣，过滤膜（A.4.8），收集滤液作为试样溶液，供高效液相色谱仪（A.4.1）分析。

A.6　分析步骤

A.6.1　标准曲线的制备

分别量取土霉素、四环素、金霉素混合标准工作溶液（A.3.15.2）5 μL、10 μL、20 μL、30 μL、40 μL，依次加入甲醇（A.3.1）+草酸甲醇水溶液（A.3.12）+超纯水（4+5+10）混合溶液 45 μL、30 μL、20 μL、10 μL、0 μL，稀释成含土霉素、四环素、金霉素各浓度分别为 0.2 μg/mL、0.5 μg/mL、1.0 μg/mL、1.5 μg/mL、2.0 μg/mL 的标准溶液，经高效液相色谱仪测定，绘制标准曲线。（要求现用现配）。

A.6.2　色谱条件

色谱柱：ODS C$_{18}$柱，150 mm×4.6 mm，5 μm，100A；

流动相：乙腈（A.3.2）+磷酸二氢钠溶液（A.3.14），具体比例参见表 A.1；

柱温：35℃；

流速：0.5 mL/min；

进样量：10 μL；

检测波长：355 mm。

表 A.1　测定液态乳中土霉素、四环素、金霉素残留的液相色谱操作条件

时间/min	梯度
0～5	乙腈+磷酸二氢钠溶液（15+85）
5～6	乙腈+磷酸二氢钠溶液（45+55）
6～15	乙腈+磷酸二氢钠溶液（45+55）
15～16	乙腈+磷酸二氢钠溶液（15+85）
19～20	乙腈+磷酸二氢钠溶液（15+85）
20～24	乙腈+磷酸二氢钠溶液（15+85）

A.6.3　测定

取 10 μL 试样溶液和相应的标准工作溶液，以色谱峰面积积分值定量。在上述色谱条件下，出峰顺序依次为土霉素、四环素、金霉素，标准溶液的色谱图见附录 B。

A.7　结果计算

样品中土霉素、四环素、金霉素的残留量，按公式（1）进行计算：

$$X = \frac{A_{sam} \times C_{std} \times V_{sam}}{A_{std} \times m} \qquad\qquad\cdots\cdots\cdots\cdots\cdots\cdots （1）$$

式中：

X——样品中土霉素、四环素、金霉素的残留量，单位为微克每千克（μg/kg）；

A_{sam}——样品溶液中土霉素、四环素、金霉素的峰面积；

A_{std}——标准溶液中土霉素、四环素、金霉素的峰面积；

C_{std}——标准溶液的浓度，单位为纳克每毫升（μg/mL）；

V_{sam}——浓缩至干后，溶解残余物定容的体积，单位为毫升（mL）；

m——样品的称样量，单位为克（g）。

注：测定结果用平行测定的算术平均值表示，保留至小数点后 2 位。

A.8　精密度

在重复性条件下两次测定结果的相对相差不得超过 15%。

附　录　B

（资料性附录）
土霉素、四环素和金霉素标准溶液液相色谱图

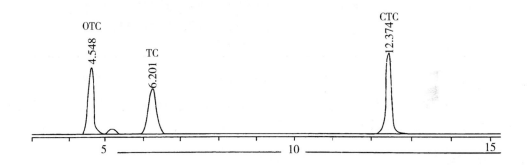

依次出峰的顺序为：土霉素（OTC）、四环素（TC）和金霉素（CTC）。

无公害食品　巴氏杀菌乳（已废止）

标　准　号：NY 5140—2002

发布日期：2002-07-25　　　　　　　　　　实施日期：2002-09-01

发布单位：中华人民共和国农业部

前　言

本标准中的"4　要求"和"7.1　标签"是强制性条文；其他条文是推荐性条文。

本标准由中华人民共和国农业部提出。

本标准起草单位：农业部食品质量监督检验测试中心（上海）。

本标准主要起草人：郭本恒、钱莉、刘霄玲、张春林、谢可杰、殷成文、骆志刚、张传毅。

1　范围

本标准规定了巴氏杀菌乳的产品的分类、技术要求、试验方法、检验规则和标签、包装、运输、贮存要求。

本标准适用于以生鲜牛（羊）乳为原料，经巴氏杀菌制成的液体产品。

2　规范性引用文件

下列文件中的条款通过本标准的引用而成为本标准的条款。凡是注明日期的引用文件，其后所有的修改单（不包括勘误的内容）或修订版均不适用于本标准，然而，鼓励根据本标准达成协议的各方研究是否可使用这些文件的最新版本。凡是不注明日期的引用文件，其最新版本适用于本标准。

GB 191　包装储运图示标志

GB 2760　食品添加剂使用卫生标准

GB 4789.2　食品卫生微生物学检验　菌落总数测定

GB 4789.3　食品卫生微生物学检验　大肠菌群测定

GB 4789.4　食品卫生微生物学检验　沙门氏菌检验

GB 4789.5　食品卫生微生物学检验　志贺氏菌检验

GB 4789.10　食品卫生微生物学检验　金黄色葡萄球菌检验

GB 4789.11　食品卫生微生物学检验　溶血性链球菌检验

GB 4789.18　食品卫生微生物学检验　乳与乳制品检验

GB/T 5009.11　食品中总砷的测定方法

GB/T 5009.12　食品中铅的测定方法

GB/T 5009.17　食品中总汞的测定方法

GB/T 5009.19　食品中六六六、滴滴涕残留量的测定方法

GB/T 5009.24　食品中黄曲霉毒素 M_1 和 B_1 的测定方法

GB/T 5409　牛乳的检验方法

GB/T 5413.1　婴幼儿配方食品和乳粉　蛋白质的测定

GB/T 5413.30　乳与乳粉　杂质度的测定

GB/T 5413.32　乳粉　硝酸盐、亚硝酸盐的测定

GB 7718　食品标签通用标准

GB 14880　食品营养强化剂使用卫生标准

GB/T 14962　食品中铬的测定方法

GB/T 17331　食品中有机磷和氨基甲酸酯类农药多种残留的测定

JJF 1070　定量包装商品净含量计量检验规则

NY 5045　无公害食品　生鲜牛乳

3　产品分类

3.1　无公害全脂巴氏杀菌乳

以生鲜牛（羊）乳为原料，经巴氏杀菌制成的液体产品。

3.2　无公害部分脱脂巴氏杀菌乳

以生鲜牛（羊）乳为原料，脱去部分脂肪后，经巴氏杀菌制成的液体产品。

3.3　无公害脱脂巴氏杀菌乳

以生鲜牛（羊）乳为原料，脱去全部脂肪后，经巴氏杀菌制成的液体产品。

4　要求

4.1　原料要求

4.1.1　生鲜牛（羊）乳

应符合 NY 5045 的规定。

4.1.2　食品营养强化剂

应选用 GB 14880 中允许使用的品种，并应符合相应国家标准或行业标准的规定。

4.2　感官要求

应符合表 1 的规定。

表 1

项目	全脂	部分脱脂	脱脂
色泽	呈均匀一致的乳白色，或微黄色		
滋味和气味	具有乳固有的滋味和气味、无异味		
组织状态	均匀的液体，无沉淀，无凝块，无黏稠现象		

4.3　理化要求

4.3.1　净含量

单件定量包装商品的净含量负偏差不得超过表 2 的规定；同批产品的平均净含量不得

低于标准表明的净含量。

表2

净含量/mL	负偏差允许值	
	相对偏差/%	绝对偏差/mL
100~200	4.5	—
200~300	—	9
300~500	3	—
500~1 000	—	15
1 000~10 000	1.5	—

4.3.2 蛋白质、脂肪、非脂乳固体、酸度和杂质度

应符合表3的规定。

表3

项　目		全　脂	部分脱脂	脱　脂
脂肪/（%）		≥3.1	1.0~2.0	≤0.5
蛋白质/（%）		≥2.9		
非脂乳固体/（%）		≥8.1		
酸度/（°T）	牛乳	≤18.0		
	羊乳	≤16.0		
杂质度/（mg/kg）		≤2		

4.4　卫生要求

应符合表4的规定。

表4

项　目	全　脂	部分脱脂	脱　脂
汞（以 Hg 计）/（mg/kg）	≤0.01		
砷（以 As 计）/（mg/kg）	≤0.2		
铅（以 Pb 计）/（mg/kg）	≤0.05		
铬（以 Cr^{6+} 计）/（mg/kg）	≤0.3		
硝酸盐（以 $NaNO_3$ 计）/（mg/kg）	≤8.0		
亚硝酸盐（以 $NaNO_2$ 计）/（mg/kg）	≤0.2		
黄曲霉毒素 M_1/（μg/kg）	≤0.2		
六六六/（mg/kg）	≤0.01		
滴滴涕/（mg/kg）	≤0.02		

项　目	全　脂	部分脱脂	脱　脂
甲胺磷/（mg/kg）		≤0.01	
倍硫磷/（mg/kg）		≤0.05	
久效磷/（mg/kg）		≤0.002	
甲拌磷/（mg/kg）		≤0.05	
杀扑磷/（mg/kg）		≤0.001	
抗生素		阴性	

注：农药、兽药禁用限用，按国家有关规定执行。

4.5　微生物要求

应符合表5的规定。

表5

项　目	全　脂	部分脱脂	脱　脂
菌落总数/（cfu/mL）		≤30 000	
大肠菌群/（MPN/100 mL）		≤90	
致病菌（肠道致病菌和致病性球菌）		不得检出/25 mL	

4.6　食品营养强化剂的添加量

应符合 GB 14880 的规定

5　试验方法

5.1　感官检验

5.1.1　色泽和组织状态：取适量试样于 50 mL 烧杯中，在自然光下观察色泽和组织状态。

5.1.2　滋味和气味：取适量试样于 50 mL 烧杯中，先闻气味，用温开水漱口后，再品尝样品的滋味。

5.2　理化检验

5.2.1　净含量：按 JJF 1070 测定。

5.2.2　蛋白质：按 GB/T 5413.1 检验，取样量为 10 g。

5.2.3　脂肪：按 GB/T 5409 检验。

5.2.4　非脂乳固体：按 GB/T 5409 检验。

5.2.5　酸度：按 GB/T 5409 检验。

5.2.6　杂质度：按 GB/T 5413.30 检验。

5.3　卫生检验

5.3.1　汞：按 GB/T 5009.17 检验。

5.3.2　砷：按 GB/T 5009.11 检验。

5.3.3 铅：按 GB/T 5009.12 检验。

5.3.4 铬：按 GB/T 14962 检验。

5.3.5 硝酸盐、亚硝酸盐：按 GB/T 5413.32 检验。

5.3.6 黄曲霉毒素 M_1：按 GB/T 5009.24 检验。

5.3.7 六六六、滴滴涕：按 GB/T 5009.19 检验。

5.3.8 倍硫磷、久效磷、杀扑磷、甲拌磷、甲胺磷：按 GB/T 17331 检验。

5.3.9 抗生素：按 GB/T 5409 检验。

5.4 微生物指标

5.4.1 菌落总数：按 GB 4789.2 和 GB 4789.18 检验。

5.4.2 大肠菌群：按 GB 4789.3 和 GB 4789.18 检验。

5.4.3 致病菌：按 GB 4789.4、GB 4789.5、GB 4789.10、GB 4789.11 和 GB 4789.18 检验。

6 检验规则

6.1 组批规则

以同一班次，同一生产线的同品种、同规格且包装完好的产品为一组批。

6.2 型式检验

型式检验是对本标准规定的全部要求进行检验，有下列情形之一者应对产品质量进行型式检验。

a）新产品试制鉴定时；

b）正式生产后，如原料、工艺有较大变化，可能影响生产质量时；

c）产品长期停产后，恢复生产时；

d）交收检验结果与上次型式检验有较大差异时；

e）国家质量监督机构提出进行例行检验的要求时。

6.3 交收检验

产品应经生产企业按本标准检验合格，签发合格证后方可出厂。

6.4 判定规则

6.4.1 一项指标试验不合格，则该批产品判为不合格。

6.4.2 对检验结果有争议时，应对留存样进行复检，或在同批产品中重新加倍抽样，对不合格项目进行复检，以复检结果为准。

6.4.3 感官、净含量及微生物要求不得复检。

7 标签、包装、运输、贮存

7.1 标签

7.1.1 产品标签按 GB 7718 的规定标识。还应表明产品的种类（按本标准第 3 章）和蛋白质、脂肪、非脂乳固体的含量。

7.1.2 产品名称也可以标为"×××乳"。

7.1.3 外包装箱标志应符合 GB 191 的规定。

7.2 包装

所有包装材料应符合食品卫生要求。

7.3 运输

运输产品时应使用冷藏车。

7.4 贮存

产品贮存温度应为 2~6℃。

绿色食品 乳制品
Green food—Dairy product

标 准 号：NY/T 657—2012

发布日期：2012-12-07   实施日期：2013-03-01

发布单位：中华人民共和国农业部

前 言

本标准按照 GB/T 1.1 给出的规则起草。

本标准代替 NY/T 657—2007《绿色食品 乳制品》。与 NY/T 657—2007 相比，除编辑性修改外，主要技术变化如下：

——范围中增加生乳内容和要求，删除了婴幼儿奶粉的内容和要求；

——删除了第 3 章产品分类；

——修改了感官的要求；

——修改了微生物指标表达方式；

——部分推荐性的检测方法修改为强制性的检测方法；

——将苯甲酸的限量要求≤0.03 g/kg 修改为≤0.05 g/kg；

——增加了发酵乳中乳酸菌数的要求；

——增加了污染物总汞、铬的限量要求；

——删除了农药残留甲拌磷、对硫磷、甲胺磷、乐果、溴氰菊酯、氯氰菊酯、氰戊菊酯的限量要求；

——增加了附录 A。

本标准由农业部农产品质量安全监管局提出。

本标准由中国绿色食品发展中心归口。

本标准起草单位：农业部食品质量监督检验测试中心（上海）。

本标准主要起草人：朱建新、郑小平、韩奕奕。

本标准所代替标准的历次版本发布情况为：

——NY/T 657—2002；

——NY/T 657—2007。

1 范围

本标准规定了绿色食品乳制品的要求、检验规则、标志和标签、包装、运输和贮存。

本标准适用于绿色食品乳制品，包括液态乳、发酵乳、炼乳、乳粉、干酪、再制干酪和奶油；不适用于乳清制品、婴幼儿配方奶粉和人造奶油。

2　规范性引用文件

下列文件对于本文件的应用是必不可少的。凡是注日期的引用文件，仅注日期的版本适用于本文件。凡是不注日期的引用文件，其最新版本（包括所有的修改单）适用于本文件。

GB 4789.2　食品安全国家标准　食品微生物学检验　菌落总数测定

GB 4789.3　食品安全国家标准　食品微生物学检验　大肠菌群计数

GB 4789.4　食品安全国家标准　食品微生物学检验　沙门氏菌检验

GB 4789.10　食品安全国家标准　食品微生物学检验　金黄色葡萄球菌检验

GB 4789.15　食品安全国家标准　食品微生物学检验　霉菌和酵母计数

GB/T4789.26　食品卫生微生物学检验　罐头食品商业无菌检验

GB/T 4789.27　食品卫生微生物学检验　鲜乳中抗生素残留量检验

GB 4789.30　食品安全国家标准　食品微生物学检验　单核细胞增生李斯特氏菌检验

GB 4789.35　食品安全国家标准　食品微生物学检验　乳酸菌检验

GB 5009.3　食品安全国家标准　食品中水分的测定

GB 5009.5　食品安全国家标准　食品中蛋白质的测定

GB/T 5009.11　食品中总砷及无机砷的测定

GB 5009.12　食品安全国家标准　食品中铅的测定

GB/T 5009.16　食品中锡的测定

GB/T 5009.17　食品中总汞及有机汞的测定

GB/T 5009.19　食品中有机氯农药多组分残留量的测定

GB 5009.33　食品安全国家标准　食品中亚硝酸盐与硝酸盐的测定

GB/T 5009.123　食品中铬的测定

GB 5413.3　食品安全国家标准　婴幼儿食品和乳品中脂肪的测定

GB 5413.5　食品安全国家标准　婴幼儿食品和乳品中乳糖、蔗糖的测定

GB 5413.30　食品安全国家标准　乳和乳制品杂质度的测定

GB 5413.33　食品安全国家标准　生乳相对密度的测定

GB 5413.34　食品安全国家标准　乳和乳制品酸度的测定

GB 5413.37　食品安全国家标准　乳和乳制品中黄曲霉毒素 M_1 的测定

GB 5413.38　食品安全国家标准　生乳冰点的测定

GB 5413.39　食品安全国家标准　乳和乳制品中非脂乳固体的测定

GB 5749　生活饮用水卫生标准

GB 7718　预包装食品标签通则

GB 12693　食品安全国家标准　乳制品良好生产规范

GB 14880　食品营养强化剂使用卫生标准

GB 21703　食品安全国家标准　乳和乳制品中苯甲酸和山梨酸的测定

GB/T 22985　牛奶和奶粉中恩诺沙星、达氟沙星、环丙沙星、沙拉沙星、奥比沙星、二氟沙星和麻保沙星残留量的测定　液相色谱—串联质谱法

GB/T 22990　牛奶和奶粉中土霉素、四环素、金霉素、强力霉素残留量的测定　液相色谱—紫外检测法

JJF 1070　定量包装商品净含量计量检验规则

NY/T 391　绿色食品　产地环境技术条件

NY/T 392　绿色食品　食品添加剂使用准则

NY/T 422　绿色食品　食用糖

NY/T 658　绿色食品　包装通用准则

NY/T 800　生鲜牛乳中细胞的测定方法

NY/T 1055　绿色食品　产品检验规则

NY/T 1056　绿色食品　贮藏运输准则

国家质量监督检验检疫总局令 2005 年第 75 号　定量包装商品计量监督管理办法

农业部 781 号公告—12—2006　牛奶中磺胺类药物残留量的测定　液相色谱—串联质谱法

中国绿色食品商标标志设计使用规范手册

3　要求

3.1　加工环境和原辅料

3.1.1　加工环境

应符合 GB 12693 的规定

3.1.2　原料要求

生乳应符合表 1、表 9、表 18、表 19、表 A.1 的规定，原料的产地应符合 NY/T 391 的规定。

3.1.3　辅料要求

3.1.3.1　白砂糖

应符合 NY/T 422 的规定。

3.1.3.2　加工用水

应符合 GB 5749 的规定。

3.1.3.3　食品添加剂

应符合 NY/T 392 的规定。

3.2　感官要求

3.2.1　生乳的感官要求

应符合表 1 的规定

表 1　生乳的感官要求

项　目	要　求	检验方法
色　泽	均匀一致的乳白色或微黄色	取适量试样置于洁净的 50 mL 烧杯中，在自然光下观察色泽、组织形态和杂质。闻其气味，用温开水漱口，品尝滋味
滋味、气味	具有乳固有的香味、无异味	
组织状态	呈均匀一致的液体，无凝块、沉淀，无正常视力可见异物	

3.2.2　液态乳的感官要求

应符合表 2 的规定。

表 2　液态乳感官要求

项　目	要　求			检验方法
	巴氏杀菌乳	灭菌乳	调制乳	
色　泽	呈均匀一致的乳白色或微黄色		呈均匀一致的乳白色或具有添加辅料应有的色泽	取适量试样置于洁净的 50 mL 烧杯中，在自然光下观察色泽、组织形态和杂质。闻其气味，用温开水漱口，品尝滋味
滋味、气味	具有乳固有滋味和气味，无异味		具有添加辅料应有的滋味和气味	
组织状态	均匀的液体，无凝块，无沉淀、无正常视力可见异物		均匀的液体，无凝块，可有与配方相符的辅料沉淀物，无正常视力可见异物	

3.2.3　发酵乳的感官要求

应符合表 3 的规定。

表 3　发酵乳的感官要求

项　目	要　求		检验方法
	发酵乳	风味发酵乳	
色　泽	呈均匀一致的乳白色或微黄色	具有与添加成分相符的色泽	取适量试样置于洁净的 50 mL 烧杯中，在自然光下观察色泽、组织形态和杂质。闻其气味，用温开水漱口，品尝滋味
滋味、气味	具有发酵乳特有的滋味、气味	具有与添加成分相符的滋味和气味	
组织状态	组织细腻、均匀，允许有少量乳清析出；风味发酵乳具有添加成分特有的组织状态，无正常视力可见异物		

3.2.4　炼乳的感官要求

应符合表 4 的规定。

表4 炼乳的感官要求

项目	要求			检验方法
	淡炼乳	加糖炼乳	调制炼乳	
色泽	呈均匀一致的乳白色或微黄色，有光泽		具有添加辅料应有的色泽	取适量试样置于洁净的50 mL烧杯中，在自然光下观察色泽、组织形态和杂质。闻其气味，用温开水漱口，品尝滋味
滋味、气味	具有乳的滋味和气味	具有乳的香味，甜味纯正	具有乳和添加辅料应有的滋味和气味	
组织状态	组织细腻，质地均匀，黏度适中，无正常视力可见异物			

3.2.5 乳粉的感官要求

应符合表5的规定

表5 乳粉的感官要求

项目	要求		检验方法
	乳粉	调制乳粉	
色泽	呈均匀一致的乳白色或微黄色	具有与添加成分相符的色泽	取适量试样置于洁净的50 mL烧杯中，在自然光下观察色泽、组织形态和杂质。闻其气味，用温开水漱口，品尝滋味
滋味、气味	具有纯正的乳香味	具有与添加成分相符的滋味和气味	
组织状态	干燥均匀的粉末，无正常视力可见异物		

3.2.6 干酪的感官要求

应符合表6的规定。

表6 干酪的感官要求

项目	要求	检验方法
色泽	具有该类产品正常的色泽	取适量试样置于洁净的50 mL烧杯中，在自然光下观察色泽、组织形态和杂质，闻其气味，用温开水漱口，品尝滋味
滋味、气味	具有该类产品特有的滋味和气味、无异味	
组织状态	组织细腻，质地均匀，具有该类产品应有的硬度，无正常视力可见异物	

3.2.7 再制干酪的感官要求

应符合表7的规定。

表 7　再制干酪的感官要求

项　目	要　求	检验方法
色　泽	色泽均匀	
滋味、气味	易溶于口，有奶油润滑感，并有产品特有的滋味和气味，无异味	取适量试样置于洁净的 50 mL 烧杯，在自然光下观察色泽、组织形态和杂质，闻其气味，用温开水漱口，品尝滋味
组织状态	外表光滑；结构细腻、均匀、润滑，应有与产品口味相关原料的可见颗粒，无正常视力可见异物	

3.2.8　稀有奶油、奶油和无水奶油的感官要求

应符合表8的规定。

表 8　稀奶油、奶油和无水奶油的感官要求

项　目	要　求	检验方法
色　泽	呈均匀一致的乳白色、乳黄色或相应辅料应有的色泽	
滋味、气味	具有稀奶油、奶油、无水奶油或相应辅料应有的滋味和气味，无异味	取适量试样置于洁净的 50 ml 烧杯，在自然光下观察色泽、组织形态和杂质，闻其气味，用温开水漱口，品尝滋味
组织状态	均匀一致，允许有相应辅料的沉淀物，无正常视力可见异物	

3.3　理化指标

3.3.1　生乳的理化指标

应符合表9的规定。

表 9　生乳的理化指标

项　目	指　标	检测方法
冰点[a]/℃	−0.500～−0.560	GB 5413.38
相对密度/（20℃/4℃）	≥1.027	GB 5413.33
蛋白质/（g/100 g）	≥2.95	GB 5009.5
脂肪/（g/100 g）	≥3.1	GB 5413.3
杂质度/（mg/L）	≤4.0	GB 5413.30
非脂乳固体/（g/100 g）	≥8.2	GB 5413.39
酸度/°T		
牛乳	12～18	
羊乳	6～13	GB 5413.34
体细胞/（SCC/mL）	≤400 000	NY/T 800

[a]挤出 3 h 后检测。

3.3.2 液态乳的理化指标

应符合表 10 的规定。

表 10 液态乳的理化指标

项 目		指 标			检测方法
		巴氏杀菌乳	灭菌乳	调制乳	
脂肪[a]/（g/100 g）		≥3.1		≥2.5	GB 5413.3
蛋白质/（g/100 g）	牛乳	≥2.9		≥2.3	GB 5009.5
	羊乳	≥2.8			
酸度/°T	牛乳	12~18		—	GB 5413.34
	羊乳	6~13			
非脂乳固体/（g/100 g）		≥8.1		—	GB 5413.39

[a] 巴氏杀菌乳和灭菌乳仅适用于全脂产品。

3.3.3 发酵乳的理化指标

应符合表 11 的规定。

表 11 发酵乳的理化指标

项 目	指 标		检测方法
	发酵乳	风味发酵乳	
脂肪[a]/（g/100 g）	≥3.1	≥2.5	GB 5413.3
非脂乳固体/（g/100 g）	≥8.1	—	GB 5413.39
蛋白质/（g/100 g）	≥2.9	≥2.3	GB 5009.5
酸度/°T	≥70.0		GB 5413.34

[a] 仅适用于全脂产品。

3.3.4 炼乳的理化指标

应符合表 12 的规定。

表 12 炼乳的理化指标

项 目	指 标				检测方法
	淡炼乳	加糖炼乳	调制炼乳		
			调制淡炼乳	调制加糖炼乳	
蛋白质/（g/100 g）	≥非脂乳固体[a]的34%		≥4.1	≥4.6	GB 5009.5
脂肪（X）/（g/100 g）	7.5≤X<15.0		≥7.5	≥8.0	GB 5413.3
乳固体[b]/（g/100 g）	≥25.0	≥28.0	—	—	GB 5413.39
蔗糖/（g/100 g）	—	≥45.0	—	≥48.0	GB 5413.5

（续表）

项　目	指　标				检测方法
	淡炼乳	加糖炼乳	调制炼乳		
			调制淡炼乳	调制加糖炼乳	
水分/（g/100 g）	≥27.0			≥28.0	GB 5009.3
酸度/°T	≤48.0				GB 5413.34

　　ᵃ 非脂乳固体（g/100 g）=100-脂肪（g/100 g）-水分（g/100 g）-蔗糖（g/100 g）；

　　ᵇ 乳固体（g/100 g）=100-水分（g/100 g）-蔗糖（g/100 g）。

3.3.5　乳粉的理化指标

　　应符合表13的规定。

表13　乳粉的理化指标

项　目		指　标		检测方法
		乳粉	调制乳粉	
蛋白质/（g/100 g）		≥非脂乳固体ᵃ的34%	≥16.5	GB 5009.5
脂肪（X）/（g/100 g）	全脂	≥26.0	—	GB 5413.3
	半脱脂	1.5<X<26.0		
	脱脂	≤1.5		
复原乳酸度/°T	牛乳	≤18	—	GB 5413.34
	羊乳	7~14		
杂质度/（mg/kg）		≤16		GB 5413.30
水分/（g/100 g）		≤5.0		GB 5009.3

　　ᵃ 非脂乳固体（g/100 g）=100-脂肪（g/100 g）-水分（g/100 g）。

3.3.6　干酪的理化指标

3.3.6.1　非脂物质水分

　　应符合表14的规定。

表14　干酪的非脂物质水分指标

（单位：克每百克）

项　目	指　标				检测方法
	软质干酪	半软质干酪	硬质干酪	特硬质干酪	
非脂物质水分含量ᵃ	>67	54~69	49~56	<51	GB 5009.3

　　ᵃ　非脂物质水分含量=［干酪水分质量/（干酪总质量-干酪脂肪质量）］×100%。

3.3.6.2　脂肪（干物质中）

　　应符合表15的规定。

表 15　干酪的脂肪（干物质中）指标

（单位：克每百克）

项　目	指　标					检测方法
	高脂干酪	全脂干酪	中脂干酪	部分脱脂干酪	脱脂干酪	
脂肪（干物质中）[a]	≥60.0	45.0~59.9	25.0~44.9	10.0~24.9	≤10.0	GB 5413.3

[a]脂肪（干物质中）含量＝［干酪的脂肪质量/（干酪总质量-干酪水分质量）］×100%。

3.3.7　再制干酪的理化指标

应符合表 16 的规定。

表 16　再制干酪的理化指标

（单位：克每百克）

项　目	指　标					检测方法
脂肪（干物质中，X）[a]	$60.0 \leq X \leq 75.0$	$45.0 \leq X < 60.0$	$25.0 \leq X < 45.0$	$10.0 \leq X < 25.0$	$X < 10.0$	GB 5413.3
干物质[b]	≥44	≥41	≥31	≥29	≥25	GB 5009.3

[a]干物质中脂肪含量 X＝［再制干酪脂肪质量/（再制干酪总质量-再制干酪水分质量）］×100%；

[b]干物质含量＝［（再制干酪总质量-再制干酪水分质量）/再制干酪总质量］×100%。

3.3.8　奶油的理化指标

应符合表 17 的规定。

表 17　奶油的理化指标

项　目	指　标			检测方法
	稀奶油	奶油	无水奶油	
水分/（g/100 g）	—	≤16.0	≤0.1	GB 5009.3
脂肪[a]/（g/100 g）	≥10.0	≥80.0	≥99.8	GB 5413.3
酸度[b]/°T	≤30.0	≤20.0	—	GB 5413.34
非脂乳固体[c]/（g/100 g）	—	≤2.0	—	GB 5413.39

[a]无水奶油的脂肪（g/100 g）＝100-水分（g/100 g）；

[b]不适用于以发酵稀奶油为原料的产品；

[c]非脂乳固体（g/100 g）＝100-脂肪（g/100 g）-水分（g/100 g）（含盐奶油应减去食盐含量）。

3.4　食品营养强化剂

应符合 GB 14880 的规定。

3.5　污染物、兽药残留和食品添加剂限量

应符合相关食品安全国家标准及相关规定，同时符合表 18 的规定。

表18　污染物、兽药残留和食品添加剂限量

项　目	指　标								检测方法
	生乳	液态乳	发酵乳	炼乳	乳粉	干酪	再制干酪	奶油	
无机砷/（mg/kg）	—	≤0.05		≤0.2	—	≤0.5		—	GB/T 5009.11
铅/（mg/kg）	—	≤0.05		≤0.15	≤0.45			≤0.05	GB 5009.12
铬/（mg/kg）	—	≤0.3		≤2.0	—	≤2.0			GB/T 5009.123
锡/（mg/kg）	—			≤10.0	—				GB/T 5009.16
硝酸盐（以NaNO₃计）/（mg/kg）	≤6.0		≤11.0	≤15.0	≤50.0				GB 5009.33
亚硝酸盐（以NaNO₂计）/（mg/kg）	≤0.2			≤0.5	—	≤2.0		≤0.5	GB 5009.33
四环素/（μg/kg）	≤100								GB/T 22990
金霉素/（μg/kg）	≤100								GB/T 22990
土霉素/（μg/kg）	≤100								GB/T 22990
青霉素	阴性								GB 4789.27
链霉素	阴性								GB 4789.27
庆大霉素	阴性								GB 4789.27
卡那霉素	阴性								GB 4789.27
恩诺沙星/（μg/kg）	≤100								GB/T 22985
磺胺类/（μg/kg）	≤100								农业部781号公告—12—2006
苯甲酸ᵃ/（μg/kg）ᵃ	≤0.05								GB 21703

ᵃ乳制品苯甲酸的本底值限定。

3.6　微生物要求

3.6.1　生乳的微生物限量

应符合表19的规定。

表19　生乳的微生物限量

项　目	指　标	检测方法
菌落总数/（CFU/mL）	≤500 000	GB 4789.2

3.6.2　液态乳

3.6.2.1　巴氏杀菌乳、非灭菌工艺生产的调制乳微生物限量

应符合表20的规定。

表20 巴氏杀菌乳、非灭菌工艺生产的调制乳微生物限量

项 目	采样方案及限量（若非指定，均以 CFU/g 或 CFU/mL 表示）				检测方法
	n	c	m	M	
菌落总数	5	2	50 000	100 000	GB 4789.2
大肠菌群	5	2	1	5	GB 4789.3
金黄色葡萄球菌	5	0	0/25 g（mL）	—	GB 4789.10
沙门氏菌	5	0	0/25 g（mL）	—	GB 4789.4

3.6.2.2 灭菌乳、灭菌工艺生产的调制乳的微生物要求

应符合商业无菌的要求。检测方法按 GB/T 4789.26 的规定执行。

3.6.3 发酵乳的微生物限量

应符合表21 的规定。

表21 发酵乳的微生物限量

项 目	采样方案及限量（若非指定，均以 CFU/g 或 CFU/mL 表示）				检测方法
	n	c	m	M	
大肠菌群	5	2	1	5	GB 4789.3
金黄色葡萄球菌	5	0	0/25 g（mL）	—	GB 4789.10
沙门氏菌	5	0	0/25 g（mL）	—	GB 4789.4
酵母和霉菌	≤100				GB 4789.15
乳酸菌数[a]	≥1×10^6				GB 4789.35

[a] 不适用于发酵后经热处理的产品。

3.6.4 炼乳的微生物限量

应符合表22 的规定。

表22 炼乳的微生物限量

项 目	采样方案及限量（若非指定，均以 CFU/g 或 CFU/mL 表示）				检测方法
	n	c	m	M	
菌落总数	5	2	50 000	100 000	GB 4789.2
大肠菌群	5	1	10	100	GB 4789.3
金黄色葡萄球菌	5	0	0/25 g（mL）	—	GB 4789.10
沙门氏菌	5	0	0/25 g（mL）	—	GB 4789.4

3.6.5 乳粉的微生物限量

应符合表23 的规定。

表 23　乳粉的微生物限量

项　目	采样方案及限量（若非指定，均以 CFU/g 或 CFU/mL 表示）				检测方法
	n	c	m	M	
菌落总数[a]	5	2	50 000	200 000	GB 4789.2
大肠菌群	5	1	10	100	GB 4789.3
金黄色葡萄球菌	5	2	10	100	GB 4789.10
沙门氏菌	5	0	0/25 g	—	GB 4789.4

[a] 不适用于添加活性菌种的产品。

3.6.6　干酪的微生物限量

应符合表 24 的规定。

表 24　干酪的微生物限量

项　目	采样方案及限量（若非指定，均以 CFU/g 或 CFU/mL 表示）				检测方法
	n	c	m	M	
大肠菌群	5	2	100	1 000	GB 4789.3
金黄色葡萄球菌	5	2	100	1 000	GB 4789.10
沙门氏菌	5	0	0/25 g	—	GB 4789.4
单核细胞增生李斯特氏菌	5	0	0/25 g	—	GB 4789.30
酵母和霉菌	≤50				GB 4789.15

[a] 不适用于霉菌成熟干酪。

3.6.7　再制干酪的微生物限量

应符合表 25 的规定。

表 25　再制干酪的微生物限量

项　目	采样方案及限量（若非指定，均以 CFU/g 或 CFU/mL 表示）				检测方法
	n	c	m	M	
菌落总数[a]	5	2	100	1 000	GB 4789.2
大肠菌群	5	2	100	1 000	GB 4789.3
金黄色葡萄球菌	5	2	100	1 000	GB 4789.10
沙门氏菌	5	0	0/25 g	—	GB 4789.4
单核细胞增生李斯特氏菌	5	0	0/25 g	—	GB 4789.30
酵母和霉菌	≤50				GB 4789.15

3.6.8　稀奶油、奶油和无水奶油的微生物要求

3.6.8.1　以罐头工艺或超高温瞬时灭菌工艺加工的稀奶油产品应符合商业无菌的要求，检测方法按 GB/T 4789.26 的规定执行。

3.6.8.2 其他产品应符合表 26 的规定。

表 26　稀奶油、奶油和无水奶油的微生物限量

项　目	采样方案及限量（若非指定，均以 CFU/g 或 CFU/mL 表示）				检测方法
	n	c	m	M	
菌落总数[a]	5	2	10 000	100 000	GB 4789.2
大肠菌群	5	2	10	100	GB 4789.3
金黄色葡萄球菌	5	1	10	100	GB 4789.10
沙门氏菌	5	0	0/25 g	—	GB 4789.4
霉菌	≤90				GB 4789.15

[a] 不适用于以发酵稀奶油为原料的产品。

3.7　净含量

应符合国家质量监督检验检疫总局令 2005 第 75 号的规定，检验方法按 JJF 1070 的规定执行。

4　检验规则

申请绿色食品认证的产品应按照本标准中 3.2~3.7 以及表 A.1 所确定的项目进行检验。其他要求应符合 NY/T 1055 的规定。

5　标志和标签

5.1　标志使用应符合《中国绿色食品商标标志设计使用规范手册》的规定。

5.2　标签应符合 GB 7718 的规定。

6　包装、运输和贮存

6.1　包装应符合 NY/T 658 的规定。

6.2　运输和贮存应符合 NY/T 1056 的规定。

附　录　A
（规范性附录）
绿色食品乳制品产品认证检验规定

A.1 表 A.1 中规定了除 3.2~3.7 所列项目外，依据食品安全国家标准和绿色食品生产实际情况，绿色食品申报检验时还应检验的项目。

表 A.1　依据食品安全国家标准绿色食品乳制品产品认证检验必检项目

项　目	指　标			检测方法
	生乳	乳粉	其他乳制品	
无机砷／（mg/kg）	≤0.05	≤0.25	—	GB/T 5009.11
铅／（mg/kg）	≤0.05	—	—	GB 5009.12
铬／（mg/kg）	≤0.3	≤2.0	—	GB/T 5009.123
总汞／（mg/kg）	≤0.01	—	—	GB/T 5009.17
亚硝酸盐／（mg/kg）	—	≤2.0	—	GB 5009.33
六六六／（mg/kg）	≤0.02	≤0.01[脂肪含量2%以下(以原样计)] ≤0.5[脂肪含量2%及以上(以脂肪计)]		GB/T 5009.19
滴滴涕／（mg/kg）	≤0.02	≤0.01[脂肪含量2%以下(以原样计)] ≤0.5[脂肪含量2%及以上(以脂肪计)]		GB/T 5009.19
黄曲霉毒素M_1/mg/kg	≤0.5			GB 5413.37

A.2 如乳制品的食品安全国家标准及相关国家规定中上述项目和指标有调整，且严于本标准规定，按最新国家标准及规定执行。

绿色食品 乳制品（已废止）
Green food-milk products

标 准 号：NY/T 657—2007

发布日期：2007-12-18　　　　　　　　　　实施日期：2008-03-01

发布单位：中华人民共和国农业部

前　言

本标准代替 NY/T 657—2002《绿色食品　乳制品》。

本标准与 NY/T 657—2002《绿色食品　乳制品》相比主要变化如下：

——按照 GB/T 1.1—2000 对标准文本格式进行修改；

——增加了"绿色食品婴幼儿配方乳粉"的产品分类、要求、试验方法、检验规则和标签、标志、包装、运输、贮存的要求；

——增加了 4.2 感官要求和 4.4 理化要求的具体指标；

——修改了 4.5 卫生要求中指标"砷"为"无机砷"，液态乳为 0.05 mg/kg、酸牛乳为 0.05 mg/kg、炼乳为 0.20 mg/kg、乳粉为 0.25 mg/kg、干酪为 0.5 mg/kg、婴幼儿配方乳粉为 0.25 mg/kg；

——修改了 4.5 卫生要求中"苯甲酸"指标；

——删除了 4.5 卫生要求中"六六六、滴滴涕"指标；

——修改了 4.5 卫生要求中"甲拌磷、对硫磷、甲胺磷"为"不得检出"；

——修改了 4.6 微生物要求中"酵母、霉菌"的指标，酸牛乳分别为 100cfu/g 和 30cfu/g、干酪为 50cfu/g、婴幼儿配方粉为 50cfu/g、奶油霉菌为 90cfu/g；

——修改了 5.4.5"黄曲霉毒素 M_1 按 GB/T 5009.24 检验"为"GB/T 18980 的规定执行"；

——修改了 5.4.9"甲胺磷、对硫磷和乐果按 GB/T 5009.20 检验"为"按 GB/T 5009.161 的规定执行"。

——修改了 5.4.10"溴氰菊酯、氰戊菊酯和氯氰菊酯按 GB/T 5009.19 检验"为"按 GB/T 5009.162 的规定执行"

本标准由中国绿色食品发展中心提出并归口。

本标准主要起草单位：中华人民共和国农业部食品质量监督检验测试中心（上海）、中国绿色食品发展中心。

本标准主要起草人：孟瑾、谢焱、郑冠树、邹明晖、韩奕奕、曹琥靓、朱建新、吴榕。

本标准于 2002 年首次发布，本次为第一次修订。

1 范围

本标准规定了绿色食品乳制品的产品分类、要求、试验方法、检验规则、标签、标志、包装、运输和贮存。

本标准适用于绿色食品乳制品，包括液态乳、酸牛乳、炼乳、乳粉、奶油、干酪、婴幼儿配方奶粉。

2 规范性引用文件

下列文件中的条款通过本标准的引用而成为本标准的条款。凡是注日期的引用文件，其随后所有的修改单（不包括勘误的内容）或修订版均不适用于本标准，然而，鼓励根据本标准达成协议的各方研究是否可使用这些文件的最新版本。凡是不注日期的引用文件，其最新版本适用于本标准。

GB/T 191　包装储运图示标志

GB 4789.2　食品卫生微生物学检验　菌落总数测定

GB 4789.3　食品卫生微生物学检验　大肠菌群测定

GB/T 4789.4　食品卫生微生物学检验　沙门氏菌检验

GB/T 4789.5　食品卫生微生物学检验　志贺氏菌检验

GB/T 4789.10　食品卫生微生物学检验　金黄色葡萄球菌检验

GB/T 4789.11　食品卫生微生物学检验　溶血性链球菌检验

GB/T 4789.15　食品卫生微生物学检验　霉菌和酵母计数

GB/T 4789.18　食品卫生微生物学检验　乳与乳制品检验

GB/T 4789.26　食品卫生微生物学检验　罐头食品商业无菌的检验

GB/T 4789.27　食品卫生微生物学检验　鲜乳中抗生素残留量检验

GB/T 5009.3　食品中水分的测定

GB/T 5009.5　食品中蛋白质的测定

GB/T 5009.11　食品中总砷及无机砷的测定

GB/T 5009.12　食品中铅的测定

GB/T 5009.16　食品中锡的测定

GB/T 5009.20　食品中有机磷农药残留量的测定

GB/T 5009.29　食品中山梨酸、苯甲酸的测定

GB/T 5009.37　食用植物油卫生标准的分析方法

GB/T 5009.46　乳与乳制品卫生标准的分析方法

GB/T 5009.161　动物性食品中有机磷农药多组分残留量的测定

GB/T 5009.162　动物性食品中有机氯农药和拟除虫菊酯农药多组分残留量的测定

GB/T 5409　牛乳检验方法

GB/T 5413　婴幼儿配方食品和乳粉通用检验方法

GB/T 5418　全脂加糖炼乳检验方法

GB 5749　生活饮用水卫生标准

GB 7718　预包装食品标签通则

GB 12693　乳制品企业良好生产规范

GB 13432　预包装特殊膳食用食品标签通则

GB 14880　食品营养强化剂使用卫生标准

GB/T 18980　乳和乳粉中黄曲霉毒素 M_1 的测定　免疫亲和层析净化高效液相色谱法和荧光光度法

JJF 1070　定量包装商品净量计量检验规则

NY/T 391　绿色食品　产地环境技术条件

NY/T 392　绿色食品　食品添加剂使用准则

NY/T 422　绿色食品　食用糖

NY/T 658　绿色食品　包装通用准则

NY/T 1055　绿色食品　产品检验规则

NY/T 1056　绿色食品　贮藏运输准则

QB/T 3775　全脂无糖炼乳检验方法

SN/T 1632.1　奶粉中阪崎肠杆菌检验方法　第 1 部分：分离与计数方法

国家质量监督检验检疫总局令 2005 年第 75 号《定量包装商品计量监督管理办法》

3　产品分类

3.1　液态乳
巴氏杀菌乳和灭菌乳。

3.2　酸牛乳
纯酸牛乳、调味酸牛乳和果料酸牛乳。

3.3　炼乳
全脂无糖炼乳、全脂加糖炼乳和调制炼乳。

3.4　乳粉
全脂乳粉、全指加糖乳粉、脱脂乳粉和除 3.7 条以外的各种配制乳粉。

3.5　干酪
原干酪（软质干酪、半软质干酪、硬质干酪、特硬质干酪）和重制干酪。

3.6　奶油
奶油、稀奶油和无水奶油。

3.7　婴幼儿配方乳粉
婴儿配方粉、较大婴儿和幼儿配方粉。

4　要求

4.1　加工和原料

4.1.1　加工环境
应符合 GB 12693 的规定。

4.1.2 原料

原料的产地应符合 NY/T 391 的规定。

4.1.3 辅料

4.1.3.1 白砂糖

应符合 NY/T 422 的规定。

4.1.3.2 加工用水

应符合 GB 5749 的规定。

4.1.4 食品添加剂

应符合 NY/T 392 的规定。

4.2 感官

4.2.1 液态乳的感官

应符合表 1 的规定。

表1 液态乳感官要求

项　目	要　求			
	巴氏杀菌纯牛（羊）乳	巴氏杀菌调味乳	灭菌纯牛（羊）乳	杀菌调味乳
色　泽	呈均匀一致的乳白色或微黄色	呈均匀一致的乳白色或具有添加辅料应有的色泽	呈均匀一致的乳白色或微黄色	呈均匀一致的乳白色或具有添加辅料应有的色泽
滋味和气味	具有牛乳或羊乳固有滋味和气味，无异味	具有添加辅料应有的滋味和气味	具有牛乳或羊乳固有滋味和气味，无异味	具有添加辅料应有的滋味和气味
组织状态	均匀的液体，无凝块，无沉淀、无黏稠现象	均匀的液体，无凝块，无黏稠现象，允许有少量沉淀	均匀的液体，无凝块，无黏稠现象，允许有少量沉淀	

4.2.2 酸牛乳的感官

应符合表 2 的规定。

表2 酸牛乳感官要求

项　目	要　求	
	纯酸牛乳	调味酸牛乳、果料酸牛乳
色　泽	呈均匀一致的白色或微黄色	呈均匀一致的乳或调味乳、果料应有的色泽
滋味和气味	具有酸牛乳固有的滋味和气味	具有酸牛乳固有的滋味和气味
组织状态	组织细腻、均匀，允许有少量乳清析出；果料酸牛乳有果块或果粒	

4.2.3 炼乳的感官

应符合表 3 的规定。

表3 炼乳感官要求

项　目	要　求	
	全脂无糖炼乳	全脂加糖炼乳
色　泽	呈均匀一致的乳白色或乳黄色，有光泽	
滋味和气味	具有牛乳的滋味和气味	具有牛乳的香味，甜味纯正
组织状态	组织细腻，质地均匀，黏度适中	

4.2.4 乳粉的感官

应符合表4的规定。

表4 乳粉感官要求

项　目	要　求			
	全脂乳粉	脱脂乳粉	全脂加糖乳粉	调味乳粉
色　泽	呈均匀一致的乳黄色			具有调味乳粉应有的色泽
滋味和气味	具有纯正的乳香味			具有调味乳粉应有的滋味和气味
组织状态	干燥、均匀的粉末			
冲调性	经搅拌可迅速溶解于水中，不结块			

4.2.5 奶油的感官

无异味、无酸败味。

4.2.6 干酪的感官

应符合表5的规定。

表5 干酪感官要求

项　目	要　求
色　泽	具有该类产品正常的色泽
滋味和气味	具有该类产品特有的滋味和气味
组织状态	组织细腻，质地均匀，具有该类产品应有的硬度
杂　质	无肉眼可见的外来杂质

4.2.7 婴幼儿配方乳粉的感官

无结块和异物。色泽、滋味、气味、组织状态及冲调性应符合相应产品的质量要求。

4.3 净含量

应符合国家质量监督检验检疫总局令2005年第75号的相关规定。

4.4 理化指标

4.4.1 液态乳的理化指标

应符合表6的规定。

表6　液态乳理化指标

项　目		指　标										
		巴氏杀菌纯牛（羊）乳			巴氏杀菌调味乳			灭菌纯牛（羊）乳			灭菌调味乳		
		全脂	部分脱脂	脱脂	全脂	部分脱脂	脱脂	全脂	部分脱脂	脱脂	全脂	部分脱脂	脱脂
脂肪/（g/100 g）		≥3.1	1.0~2.0	≤0.5	≥2.5	0.8~1.6	≤0.4	≥3.1	1.0~2.0	≤0.5	≥2.5	0.8~1.6	≤0.4
酸度/°T	牛乳	≤18.0			—			≤18.0			—		
	羊乳	≤16.0											
蛋白质/（g/100 g）		≥2.9			≥2.3			≥2.9			≥2.3		
非脂乳固体/（g/100 g）		≥8.1			≥6.5			≥8.1			≥6.5		
杂质度/（mg/kg）		≤2			—			≤2			—		

4.4.2 酸牛乳的理化指标

应符合表7的规定。

表7　酸牛乳的理化指标

项　目	指　标					
	纯酸牛乳			调味酸牛乳、果料酸牛乳		
	全脂	部分脱脂	脱脂	全脂	部分脱脂	脱脂
脂肪/（g/100 g）	≥3.1	1.0~2.0	≤0.5	≥2.5	0.8~1.6	≤0.4
蛋白质/（g/100 g）	≥2.9			≥2.3		
非脂乳固体/（g/100 g）	≥8.1			≥6.5		
酸度/°T	≥70.0					

4.4.3 炼乳的理化指标

应符合表8的规定。

表8　炼乳的理化指标

项　目	指　标									
	淡炼乳				加糖炼乳				调制炼乳	
	高脂	全脂	部分脱脂	脱脂	高脂	全脂	部分脱脂	脱脂	调制淡炼乳	调制糖炼乳
蛋白质/（g/100 g）	≥非脂乳固体的34								≥4.1	≥4.6
脂肪/（g/100 g）	X≥15.0	7.5≤X<15.0	1.0<X<7.5	X≤1.0	X≥16.0	8.0≤X<16.0	1.0<X<8.0	X≤1.0	X≥7.5	X≥8.0
乳固体[a]/（g/100 g）	—	≥25.0	≥20.0	≥20.0	—	≥28.0	≥24.0	≥24.0	—	—
非脂乳固体[b]/（g/100 g）	≥11.5	—	—	≥14.0	—	—	≥20.0	—	≥12.5	14.0

（续表）

项　目	指　标									
	淡炼乳				加糖炼乳				调制炼乳	
	高脂	全脂	部分脱脂	脱脂	高脂	全脂	部分脱脂	脱脂	调制淡炼乳	调制糖炼乳
蔗糖/（g/100 g）	—				≤45.0				—	≤48.0
水分/（g/100 g）	—				≤27.0				—	≤28.0
酸度/°T	≤48.0									
乳糖结晶颗粒/μm	—				≤25				—	≤25

　　a 乳固体（%）＝乳脂肪（%）＋乳糖（%）＋蛋白质（%）＋灰分（%）

　　b 非脂乳固体＝100%－脂肪（%）－水分（%）

4.4.4　乳粉的理化指标

　　应符合表9的规定。

表9　乳粉的理化指标

项　目	指　标					
	全脂乳粉	部分脱脂乳粉	脱脂乳粉	全脂加糖乳粉	调味乳粉	配制乳粉
蛋白质/（g/100 g）	≥非脂乳固体b的34			≥18.5	≥16.5	
脂肪/（g/100 g）	X≥26.0	1.5<X<26.0	X≤1.5	X≥20.0	—	
乳固体a/（g/100 g）	—	—	—	—	≥70.0	
蔗糖/（g/100 g）	—	—	—	≤20.0	—	
复原乳酸度/°T	≤18.0	≤20.0	≤20.0	≤16.0	—	
水分/（g/100 g）	≤5.0					
不溶度指数/mL	≤1.0					
杂质度/（mg/kg）	≤16					

　　a 非脂乳固体（%）＝100%－脂肪（%）－水分（%）

　　b 乳固体（%）＝乳脂肪（%）＋乳糖（%）＋蛋白质（%）＋灰分（%）

4.4.5　奶油的理化指标

　　应符合表10的规定。

表10　奶油理化指标

项　目	指　标		
	奶油	稀奶油	无水奶油
水分/（g/100 g）	≤16.0	—	≤0.1
乳脂肪/（g/100 g）	≥80.0	≥10.0	≥99.8
酸度a/°T	≤20.0	≤30.0	—

（续表）

项 目	指 标		
	奶油	稀奶油	无水奶油
非脂乳固体[b]/（g/100 g）	—	≤2.0	—
过氧化值/（meq/kg）	—	—	≤0.3

[a] 酸度不包括以发酵稀奶油为原料的产品。

[b] 非脂乳固体（%）= 100%-脂肪（%）-水分（%）

4.4.6 干酪的理化指标

4.4.6.1 水分

应符合表 11 的要求。

表 11　干酪的非脂物质水分指标

项 目	指 标				
	软质干酪	半软质干酪	硬质干酪	特硬质干酪	重质干酪
非脂物质水分含量/（g/100 g）	>67	54～69	49～56	<51	≤71

注：非脂物质水分（%）= $\dfrac{\text{干酪的水分质量（g）}}{\text{干酪总质量（g）-干酪脂肪质量（g）}} \times 100$

4.4.6.2 脂肪

应符合表 12 的要求。

表 12　干酪的干物质脂肪指标

项 目	指 标					
	高脂干酪	全脂干酪	中脂干酪	部分脱脂干酪	脱脂干酪	重制干酪
干物质脂肪含量/（g/100 g）	≥60.0	45.0～59.9	25.0～44.9	10.0～24.9	<10.0	≥7.0

注：干物质脂肪含量（%）= $\dfrac{\text{干酪的脂肪质量（g）}}{\text{干酪总质量（g）-干酪水分质量（g）}} \times 100$

4.4.7 婴幼儿配方乳粉的理化指标

应符合表 13 的规定。

表 13　婴幼儿配方粉的理化指标

项 目	指 标（每 100 g）	
	婴儿配方粉	较大婴儿和幼儿配方粉
热量/〔kJ（kcal）〕	≥1925（460）	≥1820（435）
蛋白质/g	10.0～20.0	15.0～25.0

（续表）

项 目	指　标（每100 g）	
	婴儿配方粉	较大婴儿和幼儿配方粉
脂肪/g	≥20.0	15.0~25.0
亚油酸/mg	≥1 500	≥1 600
灰分/g	≤5.0	—
水分/g	≤5.0	
维生素 A/IU	1 200~2 600	1 200~3 900
维生素 D/IU	200~520	200~600
维生素 E/IU	≥2.0	≥2.4
维生素 K_1/μg	≥20	
维生素 B_1/μg	≥300	≥240
维生素 B_2/μg	≥300	≥240
维生素 B_5/μg	≥180	≥230
维生素 B_{12}/μg	≥0.8	
烟酸/μg	≥3 000	≥2 400
叶酸/μg	≥20	
泛酸/μg	≥1 500	
维生素 C/mg	≥40	
生物素/μg	≥8.0	
钙/mg	≥300	≥360
磷/mg	≥150	≥180
铁/mg	5.0~11.0	6.0~11.0
锌/mg	2.0~7.0	3.0~7.0
锰/μg	≥25	—
钠/mg	≤310	≤450
钾/mg	≤1 000	≤400~1 500
镁/mg	≥30	
铜/μg	200~650	160~750
氯/mg	270~780	1 120
碘/μg	30~150	
钙磷比值	1.2~2.0	
杂质度[a]/（mg/kg）	≤12	

[a] 杂质度，只限不含谷物成分的产品。

4.4.8 食品营养强化剂

应符合 GB 14880 的规定。

4.5 卫生指标

应符合表14的规定。

表14 卫生指标

项 目	指 标						
	液态乳	酸牛乳	炼乳	乳粉	奶油	干酪	婴幼儿配方乳粉
铅/（mg/kg）	≤0.05	≤0.05	≤0.15	≤0.45	≤0.05	≤0.45	≤0.02[a]
无机砷/（mg/kg）	≤0.05	≤0.05	≤0.20	≤0.25	—	≤0.5	≤0.25
锡/（mg/kg）	—	—	≤10.0	—	—	—	—
硝酸盐(以NaNO$_3$计)/（mg/kg）	≤6.0	≤11.0	≤15.0	≤50.0	≤15.0	≤50.0	≤50.0
亚硝酸盐（以NaNO$_2$计）/（mg/kg）	≤0.2	≤0.2	≤0.5	≤1.8	≤0.5	≤1.8	≤1.8
黄曲霉毒素M$_1$/（μg/kg）	≤0.2	≤0.2	≤0.5	≤0.5	—	≤1.8	≤0.5
苯甲酸[b]/（g/kg）	≤0.03						
甲拌磷/（mg/kg）	不得检出（<0.01）						
对硫磷/（μg/kg）	不得检出（<2.6）						
甲胺磷/（μg/kg）	不得检出（<5.7）						
乐果/（mg/kg）	<0.01						
溴氰菊酯/（mg/kg）	<0.001						
氰戊菊酯/（mg/kg）	<0.003						
氯氰菊酯/（mg/kg）	<0.002						
抗生素（指青霉素、链霉素、庆大霉素、卡那霉素）	阴性						

[a]乳为原料，按1:9冲调后乳汁计；

[b]为乳制品苯甲酸的本底值限定。

4.6 微生物学指标

应符合表15的规定。

表15 微生物学指标

项 目	指 标								
	液态乳		酸牛乳	炼乳		乳粉	奶油	干酪	婴幼儿配方奶粉	
	巴氏杀菌乳	杀菌乳		全脂加糖炼乳	全脂无糖炼乳				婴儿配方粉	较大婴儿和幼儿配方粉
菌落总数/（cfu/g）	≤15 000	≤10	—	≤15 000	≤10	≤15 000	≤50 000	—	≤30 000	

（续表）

项　目	指　标									
	液态乳		酸牛乳	炼乳		乳粉	奶油	干酪	婴幼儿 配方奶粉	
	巴氏 杀菌乳	杀菌乳		全脂加 糖炼乳	全脂无 糖炼乳				婴儿 配方粉	较大婴儿 和幼儿 配方粉
大肠菌群/（MPN/100 g）	≤30	≤3	≤30	≤30	≤3	≤30	≤30	≤30	≤40	≤90
酵母/（cfu/g）	—	—	≤100	—	—	≤50	—	≤50	≤50	
霉菌/（cfu/g）			≤30				≤90			
阪崎肠杆菌	—								不得检出	
致病菌（指肠道致病菌 和致病性球菌）	不得检出									

注：罐头工艺生产的乳制品微生物指标应符合商业无菌。

5　试验方法

5.1　感官

5.1.1　液态乳

5.1.1.1　色泽和组织状态：将适量试样倾倒于烧杯中，在自然光下观察色泽和组织状态。

5.1.1.2　滋味和气味：将适量试样倾倒于烧杯中，先闻气味，用温开水漱口后，再品尝样品的滋味。

5.1.2　酸牛乳

5.1.2.1　色泽和组织状态：取适量试样于 50 mL 烧杯中，在自然光下观察色泽和组织状态。

5.1.2.2　滋味和气味：取适量试样于 50 mL 烧杯中，先闻气味，然后温开水漱口，再品尝样品的滋味。

5.1.3　炼乳

5.1.3.1　气味：取定量包装试样，开启罐盖（或瓶盖），闻气味。

5.1.3.2　色泽和组织状态：将上述试样缓慢倒入烧杯中，在自然光下观察色泽和组织状态。待样品倒净后，将罐（瓶）口朝上，倾斜 45° 放置，观察罐（瓶）底部有无沉淀。

5.1.3.3　滋味：用温开水漱口，品尝试样的滋味。

5.1.4　奶油

5.1.4.1　色泽和组织状态：打开试样外包装，用小刀切取部分试样，置于白色盘中，在自然光下观察色泽和组织状态。

5.1.4.2　滋味和气味：取适量试样，先闻气味，然后用温开水漱口，品尝样品的滋味。

5.1.5　干酪

5.1.5.1　色泽和组织状态：用小刀切取部分试样，置于白色盘中，在自然光下观察色泽和组织状态。

5.1.5.2　滋味和气味：取适量试样，先闻气味，然后用温开水漱口，品尝样品的滋味。

5.1.6　乳粉和婴幼儿配方乳粉

5.1.6.1　色泽和组织状态：将适量试样散放在白色平盘中，在自然光下观察色泽和组织状态。

5.1.6.2　滋味和气味：取适量试样置于平盘中，先闻气味，然后用温开水漱口，再品尝样品的滋味。

5.1.6.3　冲调性：将 10 g 试样放入盛有 90 mL 40℃水的 200 mL 烧杯中，用搅拌棒搅拌均匀后观察样品溶解状况。

5.2　净含量检验

按 JJF 1070 的规定执行。

5.3　理化检验

5.3.1　脂肪

5.3.1.1　液态乳、酸牛乳、干酪、奶油

按 GB/T 5009.46 的规定执行。

5.3.1.2　炼乳

按 GB/T 5418 和 QB/T 3775 的规定执行。

5.3.1.3　乳粉、婴幼儿配方乳粉

按 GB/T 5413.3 的规定执行。

5.3.2　蛋白质

5.3.2.1　液态乳、酸牛乳、炼乳

按 GB/T 5009.5 规定的方法测定。

5.3.2.2　乳粉、婴幼儿配方乳粉

按 GB/T 5413.1 的规定执行。

5.3.3　乳固体

按 GB/T 5409 的规定执行。

5.3.4　非脂乳固体

按 GB/T 5009.46 的规定执行。

5.3.5　水分

5.3.5.1　乳粉、婴幼儿配方乳粉

按 GB/T 5413.8 的规定执行。

5.3.5.2　炼乳

按 GB/T 5418 规定的方法测定。

5.3.5.3　奶油、干酪

按 GB/T 5009.3 的规定执行。

5.3.6　酸度

5.3.6.1　液态乳、酸牛乳、奶油

按 GB/T 5009.46 的规定执行。

5.3.6.2　炼乳

按 GB/T 5418 和 QB/T 3775 的规定执行。

5.3.7　复原乳酸度

按 GB/T 5413.28 的规定执行。

5.3.8　乳糖、蔗糖

按 GB/T 5413.5 的规定执行。

5.3.9　不溶度指数

按 GB/T 5413.29 规定的方法测定。

5.3.10　乳糖结晶颗粒

按 GB/T 5418 的规定执行。

5.3.11　杂质度

按 GB/T 5413.30 的规定执行。

5.3.12　灰分

按 GB/T 5413.7 的规定执行。

5.3.13　热量

按蛋白质、脂肪测定值、碳水化合物计算值分别乘以热量系数 4、9、4 所得之和。

5.3.14　亚油酸

按 GB/T 5413.4 的规定执行。

5.3.15　碳水化合物

按 GB/T 5413.5 的规定执行。

5.3.16　蔗糖

按 GB/T 5413.5 的规定执行。

5.3.17　粗纤维

按 GB/T 5413.6 的规定执行。

5.3.18　灰分

按 GB/T 5413.7 的规定执行。

5.3.19　维生素 A、D、E

按 GB/T 5413.9 的规定执行。

5.3.20　维生素 K_1

按 GB/T 5413.10 的规定执行。

5.3.21　维生素 B_1

按 GB/T 5413.11 的规定执行。

5.3.22　维生素 B_2

按 GB/T 5413.12 的规定执行。

5.3.23　维生素 B_6

按 GB/T 5413.13 的规定执行。

5.3.24　维生素 B_{12}

按 GB/T 5413.14 的规定执行。

5.3.25 烟酸

按 GB/T 5413.15 的规定执行。

5.3.26 叶酸

按 GB/T 5413.16 的规定执行。

5.3.27 泛酸

按 GB/T 5413.17 的规定执行。

5.3.28 维生素 C

按 GB/T 5413.18 的规定执行。

5.3.29 生物素

按 GB/T 5413.19 的规定执行。

5.3.30 钙、铁、锌、锰、钠、钾、镁、铜

按 GB/T 5413.21 的规定执行。

5.3.31 磷

按 GB/T 5413.22 的规定执行。

5.3.32 氯

按 GB/T 5413.24 的规定执行。

5.3.33 碘

按 GB/T 5413.23 的规定执行。

5.4 卫生检验

5.4.1 铅

按 GB/T 5009.12 的规定执行。

5.4.2 无机砷

按 GB/T 5009.11 的规定执行。

5.4.3 锡

按 GB/T 5009.16 的规定执行。

5.4.4 硝酸盐和亚硝酸盐

按 GB/T 5413.32 的规定执行。

5.4.5 黄曲霉毒素M_1

按 GB/T 18980 的规定执行。

5.4.6 苯甲酸

按 GB/T 5009.29 的规定执行。

5.4.7 甲拌磷

按 GB/T 5009.20 的规定执行。

5.4.8 过氧化值

按 GB/T 5009.37 的规定执行。

5.4.9 甲胺磷、对硫磷和乐果

按 GB/T 5009.161 的规定执行。

5.4.10　溴氰菊酯、氰戊菊酯和氯氰菊酯

按 GB/T 5009.162 的规定执行。

5.4.11　抗生素

按 GB 4789.27 的规定执行。

5.5　微生物学检验

5.5.1　菌落总数

按 GB 4789.2 和 GB 4789.27 的规定执行。

5.5.2　大肠菌群

按 GB 4789.3 和 GB 4789.18 的规定执行。

5.5.3　酵母和霉菌

按 GB 4789.15 和 GB 4789.18 的规定执行。

5.5.4　致病菌

按 GB 4789.4、GB 4789.5、GB 4789.10、GB 4789.11 和 GB 4789.18 的规定执行。

5.5.5　阪崎杆菌

按 SN/T 1632.1 的规定执行。

5.5.6　商业无菌

按 GB 4789.26 的规定执行。

6　检验规则

按 NY/T 1055 的规定执行。

7　标签、标识

7.1　标签

标签按 GB 7718 和 GB 13432 及其他相关国家规定执行。

7.2　标识

包装应有绿色食品标识。贮运图示按 GB/T 191 的规定执行。

8　包装、运输和贮存

8.1　包装

按 NY/T 658 的规定执行。

8.2　运输

按 NY/T 1056 的规定执行。

8.3　贮存

按 NY/T 1056 的规定执行。

绿色食品 乳制品（已废止）

Green food-milk products

标 准 号：NY/T 657—2002
发布日期：2002-12-30　　　　　　　　实施日期：2003-03-01
发布单位：中华人民共和国农业部

前　　言

本标准代替 NY/T 279—1995《绿色食品　消毒牛乳》、NY/T 280—1995《绿色食品　全脂加糖酸牛乳》、NY/T 281—1995《绿色食品　全脂无糖炼乳》、NY/T 282—1995《绿色食品　全脂加糖炼乳》、NY/T 283—1995《绿色食品　全脂乳粉》、NY/T 284—1995《绿色食品　全脂加糖乳粉》。

本标准由中国绿色食品发展中心提出并归口。

本标准起草单位：农业部食品质量监督检验测试中心（上海）。

本标准主要起草人：郭本恒、钱莉、张春林、刘霄玲、郑隽、谢可杰。

本标准所替代标准的历次版本发布情况为：

——NY/T 279—1995、NY/T 280—1995、NY/T 281—1995、NY/T 282—1995、NY/T 283—1995、NY/T 284—1995。

1　范围

本标准规定了绿色食品乳制品（液态乳、酸牛乳、炼乳、乳粉、奶油、干酪）的术语和定义、产品分类、技术要求、试验方法、检验规则和标签、标志、包装、运输、贮存。

本标准适用于申报和获得绿色食品标志的乳制品。

2　规范性引用文件

下列文件中的条款通过本标准的引用而成为本标准的条款。凡是注日期的引用文件，其随后所有的修改单（不包括勘误的内容）或修订版均不适用于本标准，然而，鼓励根据本标准达成协议的各方研究是否可使用这些文件的最新版本。凡是不注日期的引用文件，其最新版本适用于本标准。

GB/T 191　包装储运图示标志

GB 317　白砂糖

GB 2746　酸牛乳

GB 4789　食品卫生微生物学检验

GB/T 5009.11　食品中总砷的测定方法

GB/T 5009.12　食品中铅的测定方法

GB/T 5009.16　食品中锡的测定方法

GB/T 5009.19　食品中六六六、滴滴涕残留量的测定方法

GB/T 5009.20　食品中有机磷农药残留量的测定方法

GB/T 5009.24　食品中黄曲霉毒素M_1和B_1的测定方法

GB/T 5009.29　食品中山梨酸、苯甲酸的测定方法

GB 5408.1　巴氏杀菌乳

GB 5408.2　灭菌乳

GB 5410　全脂乳粉、脱脂乳粉、全脂加糖乳粉和调味乳粉

GB/T 5413.32　乳粉　硝酸盐、亚硝酸盐的测定

GB 5415　奶油

GB 5417　全脂无糖炼乳和全脂加糖炼乳

GB 7718　食品标签通用标准

GB 12693　乳品厂卫生规范

GB/T 14876　食品中甲胺磷和乙酰甲胺磷农药残留量的测定方法

GB 14880　食品营养强化剂使用卫生标准

GB/T 14929.4　食品中氯氰菊酯、氰戊菊酯和溴氰菊酯残留量测定方法

JJF 1070　定量包装商品净含量计量检验规则

NY/T 391　绿色食品　产地环境技术条件

NY/T 392　绿色食品　食品添加剂使用准则

NY 478　软质干酪

NY/T 5045　无公害食品　生鲜牛乳

NY/T 5049　无公害食品　奶牛饲料管理准则

3　术语和定义

下列术语和定义适用于本标准。

3.1　绿色食品

遵循可持续发展原则，按照特定生产方式生产，经专门机构认定，许可使用绿色食品标志，无污染的安全、优质、营养类食品。

［NY/T 391—2000，定义3.1］

3.2　绿色食品乳制品

获得绿色食品标志的乳制品。

4　产品分类

绿色食品乳制品按种类不同分为液态乳、酸牛乳、炼乳、乳粉、奶油、干酪六大类。

4.1　绿色食品液态乳按加工工艺的不同分为绿色食品巴氏杀菌乳和绿色食品灭菌乳。

4.2　绿色食品酸牛乳按加工工艺的不同分为绿色食品纯酸牛乳、绿色食品调味酸牛乳和绿色食品果料酸牛乳。

4.3 绿色食品炼乳按加工工艺的不同分为绿色食品全脂无糖炼乳和绿色食品全脂加糖炼乳。

4.4 绿色食品乳粉按加工工艺的不同分为绿色食品全脂乳粉、绿色食品全脂加糖乳粉、绿色食品脱脂乳粉和各种绿色食品配制乳粉。

5 技术要求

5.1 加工和原料的要求

5.1.1 加工环境的要求

绿色食品乳制品加工环境的要求，应符合 GB 12693 的要求。

5.1.2 加工原料的要求

5.1.2.1 用于生产绿色食品原料乳的牧场喂养管理应符合 NY/T 5049 的要求。

5.1.2.2 用于生产绿色食品乳制品的原料应符合 NY/T 5045 的要求。

5.1.2.3 白砂糖应符合 GB 317 优级品规定。

5.1.3 食品添加剂和食品营养强化剂

应符合 NY/T 392 和 GB 14880 的要求。

5.2 原料产地环境

应符合 NY/T 391 的要求。

5.3 感官要求

5.3.1 绿色食品液态乳的感官要求

应符合 GB 5408.1—1999 中 4.2 和 GB 5408.2—1999 中 4.2 的规定。

5.3.2 绿色食品酸牛乳的感官要求

应符合 GB 2746—1999 中 4.2 的规定。

5.3.3 绿色食品炼乳的感官要求

应符合 GB 5417—1999 中 4.2 的规定。

5.3.4 绿色食品乳粉的感官要求

应符合 GB 5410—1999 中 4.2 的规定。

5.3.5 绿色食品奶油的感官要求

应符合 GB 5415—1999 中 4.2 的规定。

5.3.6 绿色食品干酪的感官要求

应符合 NY 478—2002 中 4.2 的规定。

5.4 净含量

单件定量包装商品的净含量负偏差不得超过表 1 的规定；同批产品的平均净含量不得低于标签上标明的净含量。

表 1　净含量要求

净含量	负偏差允许值	
	相对偏差/（%）	绝对偏差/［mL（g）］
100~200 mL（g）	4.5	—
200~300 mL（g）	—	9

（续表）

净含量	负偏差允许值	
	相对偏差/（%）	绝对偏差/〔mL（g）〕
300~500 mL（g）	3	—
500~1 L（kg）	—	15
1~10 L（kg）	1.5	—

5.5 理化要求

5.5.1 绿色食品液态乳的理化要求

应符合 GB 5408.1—1999 中 4.3.2 和 GB 5408.2—1999 中 4.3.2 的规定。

5.5.2 绿色食品酸牛乳的感官要求

应符合 GB 2746—1999 中 4.3.2 的规定。

5.5.3 绿色食品炼乳的感官要求

应符合 GB 5417—1999 中 4.3.2 的规定。

5.5.4 绿色食品乳粉的感官要求

应符合 GB 5410—1999 中 4.3.2 的规定。

5.5.5 绿色食品奶油的感官要求

应符合 GB 5415—1999 中 4.3.2 的规定。

5.5.6 绿色食品干酪的感官要求

应符合 NY 478—2002 中 4.4 的规定。

5.6 卫生要求

应符合表 2 的规定。

表 2 卫生要求

项　目		液态乳	酸牛乳	炼乳		乳粉	奶油	干酪
				全脂加糖炼乳	全脂无糖炼乳			
铅/（mg/kg）	≤	0.05	0.05	0.15		0.45	0.05	0.45
砷/（mg/kg）	≤	0.10	0.10	0.20		0.90	—	0.90
锡/（mg/kg）	≤	—	—	10.0		—	—	—
硝酸盐（以 NaNO₃计）/（mg/kg）	≤	6.0	11.0	15.0		50.0	15.0	50.0
亚硝酸盐（以 NaNO₂计）/（mg/kg）	≤	0.2	0.2	0.5		1.8	0.5	1.8
黄曲霉毒素 M₁/（μg/kg）	≤	0.2	0.2	0.5		1.8	—	1.8
苯甲酸/（g/kg）	≤	—	0.03	—		—	—	—
六六六/（mg/kg）	<	0.01						
滴滴涕/（mg/kg）	<	0.02						
甲拌磷/（mg/kg）	<	0.01						
对硫磷/（mg/kg）	<	0.01						

（续表）

项　目	液态乳	酸牛乳	炼乳		乳粉	奶油	干酪
			全脂加糖炼乳	全脂无糖炼乳			
甲胺磷/（mg/kg）　＜			0.01				
乐果/（mg/kg）　＜			0.01				
溴氰菊酯/（mg/kg）　＜			0.001				
氰戊菊酯/（mg/kg）　＜			0.003				
氯氰菊酯/（mg/kg）　＜			0.002				
抗生素（指青霉素、链霉素、庆大霉素、卡那霉素）	阴性	—	阴性		阴性	阴性	—

5.7　微生物学要求

应符合表3的规定。

表3　微生物学要求

项　目	液态乳		酸牛乳	炼乳		乳粉	奶油	干酪
	巴氏杀菌乳	灭菌乳		全脂加糖炼乳	全脂无糖炼乳			
菌落总数/（cfu/g）　≤	15 000	—	—	15 000	—	15 000	5 000	—
大肠菌群/（MPN/100 g）　≤	30	—	30	30		30	30	30
酵母和霉菌/（cfu/g）　≤	—	—	—	—	—	50	—	—
致病菌（指肠道致病菌和致病性球菌）	不得检出	—	不得检出	不得检出	—	不得检出	不得检出	不得检出
微生物	—	商业无菌	—	—	商业无菌	—	—	—

6　试验方法

6.1　感官检验

按相应的国家标准执行。

6.2　净含量检验

按 JJF 1070 测定。

6.3　理化检验

按相应的国家标准执行。

6.4　卫生检验

6.4.1　铅：按 GB/T 5009.12 检验。

6.4.2　砷：按 GB/T 5009.11 检验。

6.4.3　锡：按 GB/T5009.16 检验。

6.4.4　硝酸盐和亚硝酸盐：按 GB/T 5413.32 检验。

6.4.5　黄曲霉毒素 M_1：按 GB/T5009.24 检验。

6.4.6　苯甲酸：按 GB/T5009.29 检验。

6.4.7　六六六和滴滴涕：按 GB/T 5009.19 检验。

6.4.8　甲拌磷、对硫磷和乐果：按 GB/T 5009.20 检验。

6.4.9　甲胺磷：按 GB/T14876 检验。

6.4.10　溴氰菊酯、氰戊菊酯和氯氰菊酯：按 GB/T 5009.19 和 GB/T 14929.4 检验。

6.4.11　抗生素：按 GB 4789.27 检验。

6.5　微生物学检验

6.5.1　菌落总数：按 GB 4789.2 和 GB 4789.18 检验。

6.5.2　大肠菌群：按 GB 4789.3 和 GB 4789.18 检验。

6.5.3　酵母和霉菌：按 GB 4789.15 和 GB 4789.18 检验。

6.5.4　致病菌：按 GB 4789.4、GB 4789.5、GB 4789.10、GB 4789.11 和 GB 4789.18 检验。

6.5.5　商业无菌：按 GB 4789.26 检验。

7　检验规则

7.1　组批规则

以同一班次，同一生产线生产的同品种、同规格且包装完好的产品为一组批。

7.2　抽样方法

在成品库中每组批产品中随机抽取足够样品供型式检验。

7.3　型式检验

型式检验是对产品进行全面考核，即对本标准规定的全部要求进行检验。有下列情况之一者应进行型式检验：

　　a）申请绿色食品标志的产品；

　　b）前后两次出厂检验结果差异较大；

　　c）因人为或自然条件使生产环境发生较大变化；

　　d）国家质量监督机构行政主管部门提出型式检验要求。

7.4　判定规则

7.4.1　全部指标检验合格，则该批产品判为合格产品。

7.4.2　感官、理化、卫生项目不合格者可进行复验，以一次为限，复验结果有一项不合格者，判定为不合格。

7.4.3　微生物学要求不得复验。

8　标签、标志

8.1　标签：包装标签应符合 GB 7718 规定。

8.2　标志：包装上应标注绿色食品标志，其标注办法按绿色食品标志有关规定执行。

9 包装、运输和贮存

9.1 包装

9.1.1 包装标志：包装上应标注储运图示志，具体标注方法应符合 GB/T 191 的规定。

9.1.2 包装材料：包装材料应符合国家食品包装卫生要求，还应符合环境保护的要求；包装材料应坚固、清洁、干燥、无任何昆虫传播、真菌污染及不良气味。

9.1.3 包装要求：包装容器封口严密，不得破损、泄漏。

9.2 运输

9.2.1 运输工具应清洁、干燥、有防雨设施。严禁与有毒、有害、有腐蚀性、有异味的物品混运。

9.2.2 运输工具应根据产品的贮存条件，必要时应用冷藏车。

9.3 贮存

9.3.1 应根据产品的特性，参照相应的国家标准贮存。

9.3.2 在避光、常温、干燥和有防潮设施处贮存。贮存库房应清洁、干燥、通风良好，无虫害及鼠害。严禁与有毒、有害、有腐蚀性、易发霉、发潮、有异味的物品混存。

绿色食品 消毒牛乳（已废止）

标 准 号：NY/T 279—1995

1 主要内容与适用范围

本标准规定了绿色食品消毒牛乳的术语、技术要求、试验方法、检验规则和标志、包装运输、贮存。

本标准适用于获得绿色食品标志的消毒牛乳。

2 引用标准

GB 5408 消毒牛乳

GB 6914 生鲜牛乳收购标准

GB 5409 牛乳检验方法

GB 7718 食品标鉴通用标准

GB 5009 食品卫生检验方法 理化部分

GB 4789 食品卫生微生物学检验

GB 5413 乳粉检验方法

GB 12399 食品中硒的测定方法

3 术语

3.1 绿色食品

系指经专门机构认定，许可使用绿色食品标志的无污染的安全、优质、营养食品。

3.2 绿色食品消毒牛奶

指获得绿色食品标志的消毒牛乳。

4 技术要求

4.1 原料要求须用特级生鲜牛乳为原料，按 GB 6914 执行。

4.2 原料产地环境要求必须符合绿色食品产地的环境标准。

4.3 感官要求应符合表 1 规定。

表 1

项 目	指 标
色 泽	呈乳白色或稍带微黄色
组织状态	呈均匀的胶态流体，无沉淀，无凝块，无杂质和其他异物
滋味与气味	具有新鲜牛乳固有的香味，无其他异味

4.4 理化要求应符合表 2 规定。

表 2

项　目	指　标
比重/Y	1.028～1.032
全乳固体/%	≥11.2
杂质度/mg/kg	≤2
脂肪/%	≥3.00
酸度/°T	≤18.00
汞（以 Hg 计）/mg/kg	≤0.005
砷（以 As 计）/mg/kg	≤0.1
铅（以 Pb 计）/mg/kg	≤0.05
铜（以 Cu 计）/mg/kg	≤0.50
锌（以 Zn 计）/mg/kg	≤10
硒（以 Se 计）/mg/kg	≤0.03
硝酸盐（以 $NaNO_3$ 计）/mg/kg	≤6
亚硝酸盐（以 $NaNO_2$ 计）/mg/kg	≤0.35
六六六/mg/kg	≤0.05
DDT/mg/kg	≤0.05
黄曲霉毒素 M_1/ug/kg	≤0.5
抗生素	不得检出

4.5 微生物学要求符合表 3 规定。

表 3

项　目	指　标
细菌总数/（个/g）	≤15 000
大肠菌群（近似数）/（个/100 mL）	≤40
致病菌	不得检出

5.　试验方法

5.1 比重、全乳固体、杂质度、脂肪、酸度检验方法，按 GB 5409 执行。

5.2 砷检验方法按 GB 5009.11 执行。

5.3 铜检验方法按 GB 5413 中 2.9 条执行。

5.4 铅检验方法按 GB 5413 中 2.9 条执行。

5.5　锌检验方法按 GB 5009.14 执行。

5.6　硒检验方法按 GB 12399 执行。

5.7　硝酸盐、亚硝酸盐测定按 GB 5009.33 执行。

5.8　汞检验方法按 GB 5413 中 2.10 执行。

5.9　**抗生素测定**：按 GB 5409 中有关章节执行。

5.10　六六六、滴滴涕测定按 GB 5413 中 2.11 条执行。

黄曲霉素 M_1 检验方法按 GB 5009 中 2.11 条执行。

5.11　微生物要求的试验方法按 GB 4789 的有关章节执行。

6　检验规则

样品中的微生物、感官、理化指标如不符合技术要求，应记作不合格。

6.1　交收检验

6.1.1　组批

6.1.1.1　同一生产期内生产的，且经包装出厂的产品为同一批次产品。

6.1.1.2　每批出厂产品需进行常规检验，并附有生产厂技术检验部门签署的质量合格证。

6.1.2　抽样

交收检验抽样按 GB 5408　2.1 条执行。

6.1.3　交收检验判定规则

6.1.3.1　交收检验项目为微生物、感官、理化各项指标及容量偏差。

6.1.3.2　受检样品中有一项不合格时，则判整批样品为不合格品。

6.1.3.3　受检样品检验不合格时，应按抽样规则重新抽取样品进行复检，以复检结果为最终结果。微生物指标不得复检。

6.2　型式检验

6.2.1　型式检验项目包括微生物、感官、理化各项指标。

6.2.2　型式检验应由绿色食品质量监督机构定期抽样检验。

6.3　判定原则

检验结果不符合技术要求的，可取样复检。复检以一次为限，但产品微生物指标，不准复检。复检符合要求的，判定为合格。否则，判定为不合格。

7　标志、包装、运输、贮藏

7.1　按 GB 7718《食品标签通用标准》。

7.2　必须符合《农业部"绿色食品"标志管理办法》中有关规定。

7.3　包装按 GB 5408　3.1 条执行。

7.4　运输、贮藏

7.4.1　消毒牛乳应在箱内装车运输，运输过程中要有遮盖。长途运输应采用冷藏车。

7.4.2　消毒牛乳在销售之前应贮藏在温度 2~10℃冷库内。

附加说明：

本标准由中华人民共和国农业部提出。

本标准由中华人民共和国农业部农垦司归口。

本标准由中国农垦北方食品监测中心负责起草。

本标准主要起草人：杨锦友、王秀英、庞丰年、王津原。

【地方标准】
无公害食品 巴氏杀菌乳、灭菌乳（已废止）
Non-pollution food Pasteurized milk Sterillized milk

标 准 号：**DB12/149—2003**
发布日期：**2003-05-08**   实施日期：**2003-05-22**
发布单位：**天津市质量技术监督局**

前　言

本标准中"4.3 中净含量""4.4""4.5""4.6"及"7.1.2"为强制性条文；其余条文为推荐性条文。

本标准是根据 GB/T 1.1—2000《标准化工作导则　第 1 部分　标准的结构和编写规则》和 GB/T 1.2—2002《标准化工作导则　第 2 部分　标准的制定方法》而编写的。

本标准由天津市奶业办公室提出。

本标准由天津市乳品食品监测中心起草。

本标准主要起草人：王金华。

1　范围

本标准规定了无公害食品巴氏杀菌乳、杀菌乳的定义、要求、检验规则、标签、包装、运输及贮存。

本标准适用于以无公害生鲜牛乳（或羊乳）为主料，不添加或添加辅料，制成的，仅限在天津生产并在天津销售的无公害巴氏杀菌乳、灭菌乳。

2　规范性引用文件

下列文件中的条款通过本标准的引用而成为本标准的条款。凡是注日期的引用文件，其随后所有的修改单（不包括勘误的内容）或修订版均不适用于本标准，然而，鼓励根据本标准达成协议的各方研究是否可使用这些文件的最新版本。凡是不注日期的引用文件，其最新版本适用于本标准。

GB/T191—2000　包装储运图示标志（MOD ISO 780：1997）

GB 2760　食品添加剂使用卫生标准

GB 4789.2　食品卫生微生物学检验　菌落总数测定

GB 4789.3　食品卫生微生物学检验　大肠菌群测定

GB 4789.4　食品卫生微生物学检验　沙门氏菌检验

GB 4789.5　食品卫生微生物学检验　志贺氏菌检验

GB 4789.10　食品卫生微生物学检验　金黄色葡萄球菌检验

GB 4789.11　食品卫生微生物学检验　溶血链球菌检验

GB 4789.15　食品卫生微生物学检验　霉菌和酵母计数

GB 4789.18　食品卫生微生物学检验　乳与乳制品检验

GB 4789.26　食品卫生微生物学检验　罐头食品商业无菌检验

GB/T 5009.11—1996　食品中总砷的测定方法

GB/T 5009.12—1996　食品中铅的测定方法

GB/T 5009.17—1996　食品中总汞的测定方法

GB/T 5009.19—1996　食品中六六六、滴滴涕残留量的测定方法

GB/T 5009.20—1996　食品中有机磷农药残留量的测定方法

GB/T 5009.24—1996　食品中黄曲霉毒素 M_1 和 B_1 的测定方法

GB/T 5009.36—1996　粮食卫生标准的分析方法

GB/T 5409—1985　牛乳检验方法

GB/T 5413.32—1997　乳粉　硝酸盐、亚硝酸盐的测定

GB 7718　食品标签通用标准

GB/T 14876—1992　食品中甲胺磷和乙酰甲胺磷农药残留量的测定方法

GB 14880　食品营养强化剂使用卫生标准

GB/T 14962—1992　食品中铬的测定方法

JJF1070—2000　定量包装商品净含量计量检验规则

国家技术监督局第 43 号令《定量包装商品计量监督规定》（1995）

NY 5045　无公害食品　生鲜牛乳

3　定义

本标准采用下列定义。

无公害巴氏杀菌乳、灭菌乳以无公害生鲜牛乳（或羊乳）为原料，脱脂或不脱脂，添加或不添加辅料，经巴氏杀菌、超高温瞬时灭菌、无菌罐装或保持灭菌制成的产品。

4　要求

4.1　原料要求

4.1.1　原料乳：应符合 NY 5045 的规定。

4.1.2　食品添加剂和食品营养强化剂：应用 GB 2760 和 GB 14880 中允许使用的品种，并应符合相应国家标准或行业标准的规定。

4.2　感官要求

感官要求应符合表 1 的规定。

表1 感官要求

项 目	无公害巴氏杀菌、灭菌纯牛（羊）乳	无公害灭菌调味乳
色 泽	呈均匀一致的乳白色，或微黄色	呈均匀一致的乳白色或具有调味乳应有的色泽
滋味和气味	具有牛乳或羊乳固有的滋味和气味、无异味	具有调味乳应有的滋味和气味
组织状态	均匀的液体，无凝块，无黏稠现象，允许有少量沉淀	

4.3 理化指标

理化指标应符合表2的规定。

表2 理化指标

项 目		无公害巴氏杀菌、灭菌纯牛（羊）乳			无公害灭菌调味乳		
		全脂	部分脱脂	脱脂	全脂	部分脱脂	脱脂
脂肪/%		≥3.1	1.0~2.0	≤0.5	≥2.5	0.8~1.6	≤0.4
蛋白质/%	≥	2.9			2.3		
非脂乳固体/%	≥	8.1			6.5		
酸度/°T	≤	18.0			—		
杂质度/（mg/kg）	≤	2					
净含量及负偏差		净含量见标识；负偏差应符合《定量包装商品计量监督规定》					

4.4 卫生指标

卫生指标应符合表3的规定。

表3 卫生要求

项 目		指 标
汞（以 Hg 计）/（mg/kg）	≤	0.01
砷（以 As 计）/（mg/kg）	≤	0.2
铅（以 Pb 计）/（mg/kg）	≤	0.05
铬（以 Cr^{6+} 计）/（mg/kg）	≤	0.3
硝酸盐（以 $NaNO_3$ 计）/（mg/kg）	≤	8.0
亚硝酸盐（以 $NaNO_2$ 计）/（mg/kg）	≤	0.2
六六六/（mg/kg）	≤	0.05
滴滴涕/（mg/kg）	≤	0.02
黄曲霉毒素 M_1/（μg/kg）	≤	0.2
抗生素		不得检出
马拉硫磷/（mg/kg）	≤	0.1
倍硫磷/（mg/kg）	≤	0.01
甲胺磷/（mg/kg）	≤	0.2

4.5 微生物指标

微生物指标应符合表 4 的规定。

表 4　微生物要求

项　目		巴氏杀菌乳	灭菌乳
菌落总数/（cfu/mL）	≤	30 000	商业无菌
大肠菌群/（MPN/100 mL）	≤	90	
致病菌（指肠道致病菌和致病性球菌）		不得检出	
霉菌和酵母/（cfu/mL）	≤	—	—

4.6 食品添加剂和食品营养强化剂的添加量

食品添加剂和食品营养强化剂的添加量应符合 GB 14880 和 GB 2760 的规定。

5　试验方法

5.1 感官检验

5.1.1　色泽和组织状态：取适量试样于 50 mL 烧杯中，在自然光下观察色泽和组织状态。

5.1.2　滋味和气味：打开样品包装先闻气味，然后用温开水漱口，读取体积数。

5.2 理化检验

5.2.1　净含量：按 JJF1070 检验。

5.2.2　蛋白质：按 GB/T 5413.1—1997 检验。

5.2.3　脂肪、非脂乳固体、酸度：按 GB/T 5409—1985 检验。

5.2.4　杂质度：按 GB/T 5413.30—1997 检验。

5.3 卫生检验

5.3.1　汞：按 GB/T 5009.17—1996 检验；

5.3.2　砷：按 GB/T 5009.11—1996 检验；

5.3.3　铅：按 GB/T 5009.12—1996 检验；

5.3.4　铬：按 GB/T 14962 检验；

5.3.5　硝酸盐、亚硝酸盐：按 GB/T 5413.32—1997 检验；

5.3.6　六六六、滴滴涕：按 GB/T 5009.19—1996 检验；

5.3.7　黄曲霉毒素 M_1：按 GB/T 5009.24—1996 检验；

5.3.8　抗生素：按 GB/T 5409—1985 检验；

5.3.9　马拉硫磷：按 GB/T 5009.36—1996 检验；

5.3.10　倍硫磷：按 GB/T 5009.20—1996 检验；

5.3.11　甲胺磷：按 GB/T 14876—1994 检验。

5.4 微生物检验

5.4.1　菌落总数：按 GB 4789.3 和 GB 4789.18 检验；

5.4.2　大肠菌群：按 GB 4789.3 和 GB 4789.18 检验；

5.4.3　致病菌：按 GB 4789.4、GB 4789.5、GB 4789.10、GB 4789.11 和 GB 4789.18

检验；

5.4.4　商业无菌：按 GB 4789.26 检验；

5.4.5　霉菌和酵母：按 GB 4789.15 和 GB 4789.18 检验。

5.5　食品添加剂和食品营养强化剂：按相应国家标准检验。

6　检验规则

6.1　组批

以同一班次生产的同一品种且包装完好的产品为一货批。

6.2　抽样

每次抽样量为批产量的千分之三，不足 1000 件时抽取三件。随机抽取产品不少于 20 个最小包装。

6.3　检验分类

检验分为出厂检验和型式检验

6.3.1　出厂检验：

每批产品需由厂质量检验部门进行检验，合格后方可出厂，出厂检验项目包括感官要求、净含量、标签、理化要求、菌落总数和大肠菌群。

6.3.2　型式检验：

正常生产时，每半年至少进行一次型式检验。型式检验项目包括本标准"4.2""4.3""4.4""4.5"和"4.6"中的要求。有下列情况之一时，亦应进行型式检验：

　　a）新产品试制鉴定时；

　　b）主要原料、配方及工艺有变动时；

　　c）长期停产后恢复生产时；

　　d）出厂检验与上次型式检验有较大差异时；

　　e）国家质量监督部门提出进行型式检验的要求时。

6.4　判定规则

检验结果全部符合标准要求，则判定该批产品为合格品。当检验结果中出现不合格项目（微生物项目除外）时，可在同一批产品中再次随机加倍取样。对不合格项目进行复验，若仍不合格则判该批产品为不合格品，当微生物项目出现不合格时，即判该批产品为不合格，不允许复验。

7　标签、包装、运输、贮存

7.1　标签

7.1.1　运输包装上应注明：产品名称、生产单位名称、地址、品种规格、数量、生产日期、保质期并按 GB/T 191—2000 的要求标注必要的包装储运图示标志。

7.1.2　销售包装标签按 GB 7718 的规定标示。还应标明产品的种类（按本标准第 3 章）和蛋白质、脂肪、非脂乳固体（或乳糖、或全脂固体）的含量。

7.2　包装

所有包装材料应符合食品卫生要求。

7.3 运输

运输产品时应避免日晒、雨淋，不得与有毒、有害、有异味或影响产品质量的物品混装运输。巴氏杀菌乳运输时应使用冷藏车。

7.4 贮存

灭菌乳常温贮存，应干燥、通风良好。不得与有毒、有害、有异味或对产品产生不良影响的物品同处贮存。

巴氏杀菌乳及酸牛乳的贮存温度为 2~6℃ 。

食品安全地方标准 巴氏杀菌水牛乳

标 准 号：DBS 45/012—2014

发布日期：2014-12-30　　　　　　　　　　　实施日期：2015-02-01

发布单位：广西壮族自治区卫生和计划生育委员会

前　　言

本标准按 GB/T 1.1—2009 的格式编写。

本标准由广西壮族自治区卫生和计划生育委员会提出。

本标准代替 DB45/T 390—2007《巴氏杀菌水牛乳》。

本标准与 DB45/T 390—2007 相比，主要变化如下：

——修改了"理化指标"；

——"污染物限量"直接引用 GB 2762 的规定；

——"真菌毒素限量"直接引用 GB 2761 的规定；

——"农药最大残留限量"直接引用 GB 2763 及国家有关规定；

——"兽药残留限量"符合国家有关规定；

——修改了"微生物指标"的表示方式。

本标准起草单位：广西壮族自治区水牛研究所、广西壮族自治区标准技术研究院。

本标准起草人：曾庆坤、杨炳壮、曾云清、孙宁、林波、李玲、王欢。

1　范围

本标准规定了巴氏杀菌水牛乳的术语和定义、技术要求、生产加工过程的卫生要求、检验方法、检验规则及标签、标志、包装、运输、贮存和保质期。

本标准适用于全脂、部分脱脂、脱脂巴氏杀菌水牛乳。

2　规范性引用文件

下列文件对于本文件的应用是必不可少的。凡是注日期的引用文件，仅所注日期的版本适用于本文件。凡是不注日期的引用文件，其最新版本（包括所有的修改单）适用于本文件。

GB/T 191　包装储运图示标志

GB 2761　食品安全国家标准　食品中真菌毒素限量

GB 2762　食品安全国家标准　食品中污染物限量

GB 2763　食品安全国家标准　食品中农药最大残留限量

GB 4789.1　食品安全国家标准　食品微生物学检验　总则

GB 4789.2　食品安全国家标准　食品微生物学检验　菌落总数测定

GB 4789.3　食品安全国家标准　食品微生物学检验　大肠菌群计数

GB 4789.4　食品安全国家标准　食品微生物学检验　沙门氏菌检验

GB 4789.10　食品安全国家标准　食品微生物学检验　金黄色葡萄球菌检验

GB 4789.18　食品安全国家标准　食品微生物学检验　乳与乳制品检验

GB 5009.5　食品安全国家标准　食品中蛋白质的测定

GB 5413.3　食品安全国家标准　婴幼儿食品和乳品中脂肪的测定

GB 5413.34　食品安全国家标准　乳和乳制品酸度的测定

GB 5413.39　食品安全国家标准　乳和乳制品中非脂乳固体的测定

GB 7718　食品安全国家标准　预包装食品标签通则

GB 12693　食品安全国家标准　乳制品良好生产规范

GB 28050　食品安全国家标准　预包装食品营养标签通则

DBS 45/011　广西食品安全地方标准　生水牛乳

3　术语和定义

巴氏杀菌水牛乳

以生水牛乳为原料，经全脱脂、部分脱脂或不脱脂，使用巴氏杀菌工艺制成的液体产品。

4　技术要求

4.1　原料要求

原料水牛乳应符合 DBS 45/011 的规定。

4.2　感官要求

应符合表1的规定。

表 1　感官要求

项　目	要　求
色泽	呈乳白色
滋味、气味	具有水牛乳固有的滋味、气味，无异味
组织状态	呈均匀一致液体，无凝块、无沉淀、正常视力下无可见异物

4.3　理化指标

应符合表2的规定。

表2 理化指标

项 目	指 标		
脂肪/（g/100 g）	全脂	部分脱脂	脱脂
	≥5.5	2.5～4.5	≤0.5
蛋白质/（g/100 g） ≥	3.8		
非脂乳固体/（g/100 g） ≥	9.2		
酸度/（°T）	10～18		

4.4 污染物限量

应符合 GB 2762 的规定。

4.5 真菌毒素限量

应符合 GB 2761 的规定。

4.6 农药最大残留限量和兽药残留限量

4.7 农药最大残留限量应符合 GB 2763 及国家有关规定。

4.8 兽药残留限量应符合国家有关规定。

4.9 微生物限量

应符合表3的规定。

表3 微生物限量

项 目	采样方案[a]及限量/（CFU/mL）			
	n	c	m	M
菌落总数	5	2	50 000	100 000
大肠菌群	5	2	1	5
金黄色葡萄球菌	5	0	0/25 mL	—
沙门氏菌	5	0	0/25 mL	—

[a]样品的分析及处理按 GB 4789.1 和 GB 4789.18 执行。

5 生产加工过程的卫生要求

应符合 GB 12693 的规定。

6 检验方法

6.1 感官

取适量试样置于 50 mL 烧杯中，在自然光下观察色泽和组织状态。闻其气味，用温开水漱口，品尝滋味。

6.2 理化指标

6.2.1 蛋白质

按 GB 5009.5 规定的方法测定。

6.2.2 脂肪

按 GB 5413.3 规定的方法测定。

6.2.3 非脂乳固体

按 GB 5413.39 规定的方法测定。

6.2.4 酸度

按 GB 5413.34 规定的方法测定。

6.3 污染物限量

按 GB 2762 规定的方法检验。

6.4 真菌毒素限量

按 GB 2761 规定的方法检验。

6.5 农药最大限量

按 GB 2763 及国家有关规定的方法检验。

6.6 兽药残留

按国家有关规定的方法检验。

6.7 微生物指标

6.7.1 菌落总数

按 GB 4789.2 规定的方法检验。

6.7.2 大肠菌群

按 GB 4789.3 平板计数法规定的方法检验。

6.7.3 金黄色葡萄球菌

按 GB 4789.10 定性法规定的方法检验。

6.7.4 沙门氏菌

按 GB 4789.4 规定的方法检验。

7 检验规则

7.1 组批

以同一班次，同一生产线生产的同品种、同规格且包装完好的产品为一批。

7.2 抽样方法及数量

每批产品按生产批次及数量比例随机抽样，抽样数量应满足检验要求。

7.3 出厂检验

7.3.1 每批产品均应进行出厂检验。

7.3.2 出厂检验项目包括感官要求、脂肪、蛋白质、非脂乳固体、酸度、菌落总数、大肠菌群、净含量。

7.4 型式检验

7.4.1 型式检验每半年应进行一次，有下列情况之一时亦应进行型式检验：

——产品正式投产时；

——更换设备或长期停产再恢复生产时；

——出厂检验结果与上次型式检验结果有较大差异时；

——工艺变化可能影响产品质量时。

7.4.2　型式检验项目包括本标准第 4 章除 4.1 原料要求以外的全部要求。

7.5　判定规则

检验项目全部符合本标准规定，判定该批产品合格。若微生物检验有不符合本标准规定的，即判定产品为不合格，不得复检。其他指标若有一项及以上不符合本标准规定，允许按相关规定进行复检。复检结果全部符合本标准要求时，产品判为合格。如果复检结果仍有不符合本标准规定，则判定产品为不合格。

8　标签、标志、包装、运输、贮存和保质期

8.1　标签和标志

8.1.1　产品标签应符合 GB 7718 和 GB 28050 的规定。

8.1.2　外包装标志应符合 GB/T 191 的规定。

8.1.3　应在产品包装主要展示面上紧邻产品名称的位置，使用不小于产品名称字号且字体高度不小于主要展示面高度五分之一的汉字标注"鲜水牛乳"或"鲜水牛奶"。

8.2　包装

8.2.1　包装材料应符合国家有关规定。

8.2.2　净含量按国家有关规定执行。

8.3　运输

产品运输应使用冷藏车（温度控制在 2~6℃）。不得与有毒、有害、有异味或影响产品质量的物品混装运输。

8.4　贮存

贮存场地应清洁、卫生、干燥。产品堆码应离地、离墙，不得与有毒、有害、有异味、易挥发、易腐蚀等物品同库存放。贮存温度为 2~6℃。

8.5　保质期

企业可以根据自身产品质量状况确定保质期。

食品安全地方标准 巴氏杀菌驼乳

标 准 号：DBS 65/011—2017

发布日期：2017-07-04　　　　　　　　　　　　实施日期：2017-07-04

发布单位：新疆维吾尔自治区卫生和计划生育委员会

前　　言

本标准由新疆维吾尔自治区卫生和计划生育委员会提出。

本标准起草单位：乌鲁木齐市奶业协会、新疆维吾尔自治区乳品质量监测中心、乌鲁木齐市动物疾病控制与诊断中心、巴里坤神驼生物科技有限责任公司。

本标准主要起草人：何晓瑞、徐敏、徐啸天、李景芳、陆东林、李强。

本标准为首次发布。

1　范围

本标准适用于全脂、脱脂和部分脱脂巴氏杀菌驼乳。

2　规范性引用文件

本标准中引用的文件对于本标准的应用是必不可少的。凡是注日期的引用文件，仅所注日期的版本适用于本标准。凡是不注日期的引用文件，其最新版本（包括所有的修改单）适用于本标准。

3　术语和定义

3.1　巴氏杀菌驼乳

仅以生驼乳为原料，经巴氏杀菌等工序制得的液体产品。

4　技术要求

4.1　原料要求

生驼乳应符合 DBS 65/××的规定。

4.2　感官要求

应符合表 1 的规定。

表1 感官要求

项 目	要 求	检验方法
色泽	呈乳白色	取适量试样于 50 mL 烧杯中，在自然光下观察色泽和组织状态。闻其气味，用温开水漱口，品尝滋味
滋味、气味	具有驼乳固有的香味，无异味	
组织状态	呈均匀一致液体，无凝块、无沉淀、无正常视力可见异物	

4.3 理化指标

应符合表2的规定。

表2 理化指标

项 目		指 标	检验方法
脂肪[a]/（g/100 g）	≥	4.0	GB 5009.6
蛋白质/（g/100 g）	≥	3.5	GB 5009.5
非脂乳固体/（g/100 g）	≥	8.5	GB 5413.39
酸度/（°T）		16~24	GB 5009.239

[a]仅适用于全脂巴氏杀菌驼乳。

4.4 污染物限量和真菌毒素限量

应符合表3的规定。

表3 污染物限量和真菌毒素限量

项 目		指 标	检验方法
铅（以 Pb 计）/（mg/kg）	≤	0.05	GB 5009.12
总砷（以 As 计）/（mg/kg）	≤	0.1	GB 5009.11
总汞（以 Hg 计）/（mg/kg）	≤	0.01	GB 5009.17
铬（以 Cr 计）/（mg/kg）	≤	0.3	GB 5009.123
黄曲霉毒素 M_1/（μg/kg）	≤	0.5	GB 5009.24

4.5 微生物限量

应符合表4的规定。

表4 微生物限量

项 目	采样方案[a]及限量（若非指定，均以 CFU/g 或 CFU/mL 表示）				检验方法
	n	c	m	M	
菌落总数	5	2	50 000	100 000	GB 4789.2
大肠菌群	5	2	1	5	GB 4789.3 平板计数法

（续表）

项　目	采样方案[a]及限量（若非指定，均以 CFU/g 或 CFU/mL 表示）				检验方法
	n	c	m	M	
金黄色葡萄球菌	5	0	0/25 g（mL）	—	GB 4789.10 定性检验
沙门氏菌	5	0	0/25 g（mL）	—	GB 4789.4

[a]样品的分析及处理按 GB 4789.1 和 GB 4789.18 执行。

5　生产过程中的卫生要求

应符合 GB 12693 的规定。

6　其他

应在产品包装主要展示面上紧邻产品名称的位置，使用不小于产品名称字号且字体高度不小于主要展示面高度五分之一的汉字标注"鲜驼奶"或"鲜驼乳"。

食品安全地方标准 巴氏杀菌驴乳

标 准 号：DBS 65/018—2017
发布日期：2017-07-04 实施日期：2017-07-04
发布单位：新疆维吾尔自治区卫生和计划生育委员会

前 言

本标准由新疆维吾尔自治区卫生和计划生育委员会提出。

本标准起草单位：乌鲁木齐市奶业协会、新疆维吾尔自治区乳品质量监测中心、乌鲁木齐市动物疾病控制与诊断中心、巴里坤神驼生物科技有限责任公司。

本标准主要起草人：何晓瑞、徐啸天、徐敏、陆东林、李景芳、叶东东、赵建勇。

本标准为首次发布。

1 范围

本标准适用于全脂、脱脂和部分脱脂巴氏杀菌驴乳。

2 规范性引用文件

本标准中引用的文件对于本标准的应用是必不可少的。凡是注日期的引用文件，仅所注日期的版本适用于本标准。凡是不注日期的引用文件，其最新版本（包括所有的修改单）适用于本标准。

3 术语和定义

3.1 巴氏杀菌驴乳

仅以生驴乳为原料，经巴氏杀菌等工序制得的液体产品。

4 技术要求

4.1 原料要求

生驴乳应符合 DBS 65/××的规定。

4.2 感官要求

应符合表 1 的规定。

表 1　感官要求

项　目	要　求	检验方法
色泽	呈乳白色或白色	取适量试样置于 50 mL 烧杯中，在自然光下观察色泽和组织状态。闻其气味，用温开水漱口，品尝滋味
滋味、气味	具有驴乳固有的香味和甜味，无异味	
组织状态	呈均匀一致液体，无凝块、无沉淀、无正常视力可见异物	

4.3　理化指标

应符合表 2 的规定。

表 2　理化指标

项　目		指　标	检验方法
脂肪[a]/（g/100 g）	>	0.5	GB 5009.6
蛋白质/（g/100 g）	≥	1.5	GB 5009.5
乳糖/（g/100 g）	≥	5.6	GB 5413.5
非脂乳固体/（g/100 g）	≥	7.8	GB 5413.39
酸度/（°T）	≤	6	GB 5009.239

[a] 仅适用于全脂巴氏杀菌驴乳。

4.4　污染物限量和真菌毒素限量

应符合表 3 的规定。

表 3　污染物限量和真菌毒素限量

项　目		指　标	检验方法
铅（Pb）/（mg/kg）	≤	0.05	GB 5009.12
总砷（As）/（mg/kg）	≤	0.1	GB 5009.11
总汞（Hg）/（mg/kg）	≤	0.01	GB 5009.17
铬（Cr）/（mg/kg）	≤	0.3	GB 5009.123
黄曲霉毒素 M_1/（μg/kg）	≤	0.5	GB 5009.24

4.5　微生物限量

应符合表 4 的规定。

表 4　微生物限量

项　目	采样方案[a]及限量（若非指定，均以 CFU/g 或 CFU/mL 表示）				检验方法
	n	c	m	M	
菌落总数	5	2	50 000	100 000	GB 4789.2
大肠菌群	5	2	1	5	GB 4789.3 平板计数法

（续表）

项 目	采样方案[a]及限量（若非指定，均以 CFU/g 或 CFU/mL 表示）				检验方法
	n	c	m	M	
金黄色葡萄球菌	5	0	0/25 g（mL）	—	GB 4789.10 定性检验
沙门氏菌	5	0	0/25 g（mL）	—	GB 4789.4

[a]样品的分析及处理按 GB 4789.1 和 GB 4789.18 执行。

5 生产过程中的卫生要求

应符合 GB12693 的规定。

6 其他

6.1 应在产品包装主要展示面上紧邻产品名称的位置，使用不小于产品名称字号且字体高度不小于主要展示面高度五分之一的汉字标注"鲜驴奶"或"鲜驴乳"。

6.2 标签中应标注乳糖含量。

【团体标准】
巴氏杀菌水牛乳、灭菌水牛乳和调制水牛乳
Pasteurized buffalo milk, sterilized buffalo milk and modified buffalo milk

标 准 号：RHB 702—2012
发布日期：2012-12-31   实施日期：2012-12-31
发布单位：中国乳制品工业协会

前　言

水牛乳是我国南方重要的乳业资源，其蛋白质、脂肪、干物质含量高，为充分发挥和有效利用水牛乳的资源优势，提高产品质量，引导和规范水牛乳产业的健康发展，特制定本行业规范。

本规范按照 GB/T 1.1—2009 的编写规则起草。

本规范由中国乳制品工业协会提出并归口。

本规范由广西皇氏甲天下乳业股份有限公司、广西水牛研究所、云南皇氏来思尔乳业有限责任公司、广西石埠乳业有限责任公司、广西灵山百强水牛奶乳业有限公司起草。

本规范主要起草人：谢秉锵、孙宁、李仁芳、杨炳壮、杨子彪、张祖韬、吴守允。

1　范围

本规范规定了巴氏杀菌水牛乳、灭菌水牛乳和调制水牛乳的术语和定义、技术要求、检验方法、生产加工过程的卫生要求及标志、包装、运输和贮存。

本规范适用于全脂、部分脱脂、脱脂的巴氏杀菌水牛乳、灭菌水牛乳和调制水牛乳。

2　规范性引用文件

下列文件对于本规范的应用是必不可少的。凡是注日期的引用文件，仅所注日期的版本适用于本规范。凡是不注日期的引用文件，其最新版本（包括所有的修改单）适用于本规范。

GB/T 191　包装储运图示标志

GB 2760　食品安全国家标准　食品添加剂使用标准

GB 2716　食品安全国家标准　食品中真菌毒素限量

GB 2762　食品中污染物限量

GB 4789.1　食品安全国家标准　食品微生物学检验　总则

GB 4789.2　食品安全国家标准　食品微生物学检验　菌落总数测定

GB 4789.3　食品安全国家标准　食品微生物学检验　大肠菌群计数

GB 4789.4　食品安全国家标准　食品微生物学检验　沙门氏菌检验

GB 4789.10　食品安全国家标准　食品微生物学检验　金黄色葡萄球菌检验

GB 4789.18　食品安全国家标准　食品微生物学检验　乳与乳制品检验

GB/T 4789.26　食品卫生微生物学检验　罐头食品商业无菌检验

GB 5009.5　食品安全国家标准　食品中蛋白质的测定

GB 5413.3　食品安全国家标准　婴幼儿食品和乳品中脂肪的测定

GB 5413.34　食品安全国家标准　乳和乳制品酸度的测定

GB 5413.39　食品安全国家标准　乳和乳制品中非脂乳固体的测定

GB 7718　食品安全国家标准　预包装食品标签通则

GB 12693　食品安全国家标准　乳制品良好生产规范

GB 14880　食品安全国家标准　食品营养强化剂使用标准

GB 28050　食品安全国家标准　预包装食品营养标签通则

RHB 701　生水牛乳

JJF 1070　定量包装商品净含量计量检验规则

国家质量监督检验检疫总局令 ［2005］ 第 75 号《定量包装商品计量监督管理办法》

3　术语和定义

3.1　巴氏杀菌水牛乳　pasteurized buffalo milk

以生水牛乳为原料，全脂或部分脱脂或脱脂，经巴氏杀菌等工艺制成的液体产品。

3.2　灭菌水牛乳　sterilized buffalo milk

以生水牛乳为原料，全脂或部分脱脂或脱脂，在连续流动的状态下，加热到至少132℃并保持很短时间的灭菌，再经无菌灌装等工艺制成的液体产品。

3.3　调制水牛乳　modified buffalo milk

以不低于 80％ 的生水牛乳为主要原料，全脂或部分脱脂或脱脂，添加其他原料或食品添加剂或营养强化剂，采用适当的杀菌或灭菌等工艺制成的液体产品。

4　技术要求

4.1　原料要求

4.1.1　生水牛乳：应符合 RHB 701 的规定。

4.1.2　其他原料：应符合相应的安全标准和/或有关规定。

4.2　感官要求

应符合表 1 的规定。

表 1 感官要求

项　目	巴氏杀菌水牛乳、灭菌水牛乳	调制水牛乳	检验方法
色泽	呈乳白色	呈调制水牛乳应有的色泽	取适量试样置于 50 mL 烧杯中，在自然光下观察色泽和组织状态。闻其气味，用温开水漱口，品尝滋味
滋味、气味	具有水牛乳固有的香味，无异味	具有调制水牛乳固有的香味，无异味	
组织状态	呈均匀一致液体，无凝块、无沉淀、无正常视力可见异物	呈均匀一致液体，无凝块、可有与配方相符的辅料沉淀物，无正常视力可见异物	

4.3 理化指标

应符合表 2 的规定。

表 2 理化指标

项　目	指　标						检验方法
	巴氏杀菌水牛乳、灭菌水牛乳			调制水牛乳			
	全脂	部分脱脂	脱脂	全脂	部分脱脂	脱脂	
脂肪/（g/100 g）	≥5.5	0.6~4.5	≤0.5	≥4.4	0.5~3.6	≤0.4	GB 5413.3
蛋白质/（g/100 g） ≥	3.8			3.1			GB 5009.5
非脂乳固体/（g/100 g） ≥	8.8			—			GB 5413.39
酸度/（°T）	13~19			—			GB 5413.34

4.4 污染物限量

应符合 GB 2762 的规定。

4.5 真菌毒素限量

应符合 GB 2761 的规定。

4.6 微生物限量

4.6.1 采用巴氏杀菌工艺生产的产品应符合表 3 的规定。

表 3 巴氏杀菌产品微生物限量

项　目	采用方案[a] 及限量（若非指定，均以 CFU/g 或 CFU/mL 表示）				检验方法
	n	c	m	M	
菌落总数	5	2	50 000	100 000	GB 4789.2
大肠菌群	5	2	1	5	GB 4789.3 平板计数法
金黄色葡萄球菌	5	0	0/25 g（mL）	—	GB 4789.10 定性检验
沙门氏菌	5	0	0/25 g（mL）	—	GB 4789.4

[a] 样品的分析及处理按 GB 4789.1 和 GB 4789.18 执行。

4.6.2 采用灭菌工艺生产的产品应符合商业无菌的要求，并按 GB/T 4789.26 规定的方法检验。

4.7　食品添加剂和营养强化剂

4.7.1　食品添加剂和营养强化剂的质量应符合相应的安全标准和有关规定。

4.7.2　食品添加剂和营养强化剂的品种、使用范围和使用量应符合 GB 2760 和 GB 14880 的规定。

4.8　净含量及其检验

应符合《定量包装商品计量监督管理办法》的规定，净含量检验按 JJF 1070 的规定执行。

5　生产加工过程的卫生要求

应符合 GB 12693 的规定。

6　标志、包装、运输和贮存

6.1　标志

6.1.1　产品标签标示应符合 GB 7718 和 GB 28050 的规定，外包装标志应符合 GB/T 191 的规定。

6.1.2　巴氏杀菌水牛乳应在产品包装主要展示面上紧邻产品名称的位置，使用不小于产品名称字号且字体高度不小于主要展示面高度五分之一的汉字标注"鲜水牛乳/奶"。

6.1.3　灭菌水牛乳应在产品包装主要展示面上紧邻产品名称的位置，使用不小于产品名称字号且字体高度不小于主要展示面高度五分之一的汉字标注"纯水牛乳/奶"。

6.2　包装

产品应采用符合安全标准的包装材料包装。

6.3　运输和贮存

6.3.1　贮存场所及运输工具应清洁、卫生、干燥，防止日晒、雨淋，不得与有毒、有害、有异味或影响产品质量的物品同库存放或混装运输。

6.3.2　巴氏杀菌产品需要冷藏，贮存和运输的温度为 2~6℃。

6.3.3　产品保质期由生产企业根据包装材质、工艺条件自行确定。

巴氏杀菌牦牛乳、灭菌牦牛乳和调制牦牛乳
Pasteurized yak milk, sterilized yak milk and modified yak milk

标 准 号：RHB 802—2012
发布日期：2012-12-31   实施日期：2012-12-31
发布单位：中国乳制品工业协会

前　言

牦牛乳是我国特有的特种乳资源，其干物质含量高，营养物质丰富，为发挥和有效利用牦牛乳的资源优势，引导和规范牦牛乳产业的健康发展，特制定本行业规范。

本规范按照 GB/T 1.1—2009 的编写规则起草。

本规范由中国乳制品工业协会提出并归口。

本规范由西藏高原之宝牦牛乳业股份有限公司、青海省青海圣湖乳业有限责任公司、四川省若尔盖高原之宝牦牛乳业股份有限公司、青海省高原牧歌乳制品有限责任公司、西藏大学农牧学院起草。

本规范主要起草人：向贵万、杨朝文、余萍、陶生俭、蒋文波。

1　范围

本规范规定了巴氏杀菌牦牛乳、灭菌牦牛乳和调制牦牛乳的术语和定义、技术要求、检验方法、生产加工过程的卫生要求及标志、包装、运输和贮存。

本规范适用于全脂、部分脱脂、脱脂的巴氏杀菌牦牛乳、灭菌牦牛乳和调制牦牛乳。

2　规范性引用文件

下列文件对于本规范的应用是必不可少的。凡是注日期的引用文件，仅所注日期的版本适用于本规范。凡是不注日期的引用文件，其最新版本（包括所有的修改单）适用于本规范。

  GB/T 191　包装储运图示标志

  GB 2760　食品安全国家标准　食品添加剂使用标准

  GB 2761　食品安全国家标准　食品中真菌毒素限量

  GB 2762　食品中污染物限量

  GB 4789.1　食品安全国家标准　食品微生物学检验　总则

  GB 4789.2　食品安全国家标准　食品微生物学检验　菌落总数测定

  GB 4789.3　食品安全国家标准　食品微生物学检验　大肠菌群计数

  GB 4789.4　食品安全国家标准　食品微生物学检验　沙门氏菌检验

  GB 4789.10　食品安全国家标准　食品微生物学检验　金黄色葡萄球菌检验

GB 4789.18　食品安全国家标准　食品微生物学检验　乳与乳制品检验

GB/T 4789.26　食品卫生微生物学检验　罐头食品商业无菌检验

GB 5009.5　食品安全国家标准　食品中蛋白质的测定

GB 5413.3　食品安全国家标准　婴幼儿食品和乳品中脂肪的测定

GB 5413.34　食品安全国家标准　乳和乳制品酸度的测定

GB 5413.39　食品安全国家标准　乳和乳制品中非脂乳固体的测定

GB 7718　食品安全国家标准　预包装食品标签通则

GB 12693　食品安全国家标准　乳制品良好生产规范

GB 14880　食品安全国家标准　食品营养强化剂使用标准

GB 28050　食品安全国家标准　预包装食品营养标签通则

RHB 801　生牦牛乳

JJF 1070　定量包装商品净含量计量检验规则

国家质量监督检验检疫总局令［2005］第 75 号《定量包装商品计量监督管理办法》

3　术语和定义

3.1　巴氏杀菌牦牛乳　pasteurized yak milk

以生牦牛乳为原料，全脂或部分脱脂或脱脂，经巴氏杀菌工艺制成的液体产品。

3.2　灭菌牦牛乳　sterilized yak milk

3.2.1　超高温灭菌牦牛乳　ultra high-temperature yak milk

以生牦牛乳为原料，全脂或部分脱脂或脱脂，在连续流动的状态下，加热到至少 132℃并保持很短时间的灭菌，再经无菌灌装等工艺制成的液体产品。

3.2.2　保持灭菌牦牛乳　retort sterilized yak milk

以生牦牛乳为原料，全脂或部分脱脂或脱脂，无论是否经过预热处理，在灌装并密封之后经灭菌制成的液体产品。

3.3　调制牦牛乳　modified yak milk

以不低于 80% 的生牦牛乳或复原牦牛乳为主要原料，全脂或部分脱脂或脱脂，添加其他原料、食品添加剂或营养强化剂，采用适当的杀菌或灭菌等工艺制成的液体产品。

4　技术要求

4.1　原料要求

4.1.1　生牦牛乳：应符合 RHB 801 的规定。

4.1.2　复原牦牛乳：以牦牛乳粉为原料，原产地复原而得。

4.1.3　其他原料：应符合相应的安全标准和/或有关规定。

4.2　感官要求

应符合表 1 的规定。

表1 感官要求

项　目	要　求	检验方法
要求	呈乳白色或微黄色或调制乳应有的色泽	取适量试样置于 50 mL 烧杯中，在自然光下观察色泽和组织状态。闻其气味，用温开水漱口，品尝滋味
滋味、气味	具有牦牛乳固有的香味或调制乳应有的香味，无异味	
组织状态	呈均匀一致液体，无凝块、无沉淀、无正常视力可见异物，灭菌牦牛乳可有少量脂肪上浮	

4.3　理化指标

应符合表2的规定。

表2　理化指标

项　目		指　标					检验方法
	巴氏杀菌水牛乳、灭菌水牛乳			调制水牛乳			
	全脂	部分脱脂	脱脂	全脂	部分脱脂	脱脂	
脂肪/（g/100 g）	≥5.0	0.6~4.9	≤0.5	≥4.0	0.5~3.9	≤0.4	GB 5413.3
蛋白质/（g/100 g）　≥	3.8			3.1			GB 5009.5
非脂乳固体/（g/100 g）　≥	9.0						GB 5413.39
酸度/（°T）	14~18						GB 5413.34

4.4　污染物限量

应符合 GB 2762 的规定。

4.5　真菌毒素限量

应符合 GB 2761 的规定。

4.6　微生物限量

4.6.1　采用巴氏杀菌工艺生产的产品应符合表3的规定。

表3　巴氏杀菌产品微生物限量

项　目	采样方案[a]及限量（若非指定，均以 CFU/g 或 CFU/mL 表示）				检验方法
	n	c	m	M	
菌落总数	5	2	10 000	30 000	GB 4789.2
大肠菌群	5	2	1	5	GB 4789.3 平板计数法
金黄色葡萄球菌	5	0	0/25 g（mL）	—	GB 4789.10 定性检验
沙门氏菌	5	0	0/25 g（mL）	—	GB 4789.4

[a]样品的分析及处理按 GB 4789.1 和 GB 4789.18 执行。

4.6.2　采用灭菌工艺生产的产品应符合商业无菌的要求，并按 GB/T 4789.26 规定的方法检验。

4.7　食品添加剂和营养强化剂

4.7.1　食品添加和管养强化剂的质量应符合相应的安全标准和有关规定。

4.7.2　食品添加剂和营养强化剂的品种、使用范围和使用量应符合 GB 2760 和 GB 14880 的规定。

4.8　净含量及其检验

应符合《定量包装商品计量监督管理办法》的规定，净含量检验按 JJF 1070 的规定执行。

5　生产加工过程的卫生要求

应符合 GB 12693 的规定。

6　标志、包装、运输和贮存

6.1　标志

6.1.1　产品标签标示应符合 GB 7718 和 GB 28050 的规定，外包装标志符合 GB/T 191 的规定。

6.1.2　巴氏杀菌牦牛乳应在产品包装主要展示面上紧邻产品名称的位置，使用不小于产品称字号且字体高度不小于主要展示面高度五分之一的汉字标示"鲜牦牛乳/奶"。

6.1.3　灭菌牦牛乳应在产品包装主要展示面上紧邻产品名称的位置，使用不小于产品名称字号且字体高度不小于主要展示面高度五分之一的汉字标示"纯牦牛乳/奶"。

6.1.4　全部用牦牛乳粉生产的产品应在产品名称紧邻部位标明"复原牦牛乳/奶"；在生牦牛乳中添加部分牦牛乳粉生产的产品应在产品名称紧邻部位标明"含××%复原牦牛乳/奶"。

　　注："××%"是指所添加乳粉占产品中全乳固体的质量分数。

6.1.5　"复原牦牛乳/奶"与产品名称应标识在包装容器的同一主要展示版面；标识的"复原牦牛乳/奶"字样应醒目，其字号不小于产品名称的字号，字体高度不小于主要展示版面高度的五分之一。

6.2　包装

产品应采用符合安全标准的包装材料包装。

6.3　运输和贮存

6.3.1　贮存场所及运输工具应清洁、卫生、干燥，防止日晒、雨淋，不得与有毒、有害、有异味或影响产品质量的物品同库存放或混装运输。

6.3.2　巴氏杀菌产品需要冷藏，运输和贮存的温度为 2~6℃。

6.3.3　保质期

产品保质期由生产企业根据包装材质、工艺条件自行确定。

第三章

灭 菌 乳

【现行有效】

食品安全国家标准 灭菌乳
National food safety standard
Sterilized milk

标 准 号：GB 25190—2010

发布日期：2010-03-26　　　　　　　　　　　实施日期：2010-12-01

发布单位：中华人民共和国卫生部

前　　言

本标准代替 GB 19645—2005《巴氏杀菌、灭菌乳卫生标准》及 GB 5408.2—1999《灭菌乳》中的部分指标，GB 5408.2—1999《灭菌乳》中涉及本标准的指标以本标准为准。

本标准与 GB 19645—2005 相比，主要变化如下：

——将《巴氏杀菌、灭菌乳卫生标准》分为《巴氏杀菌乳》《灭菌乳》《调制乳》三个标准，本标准为《灭菌乳》；

——修改了"范围"的描述；

——明确了"术语和定义"；

——修改了"感官指标"；

——取消了脱脂、部分脱脂产品的脂肪要求；

——增加了羊乳的蛋白质要求；

——将"理化指标"中酸度值的限量要求修改为范围值；

——取消了"兽药残留指标"；

——取消了"农药残留指标"；

—— "污染物限量"直接引用 GB 2762 的规定；

—— "真菌毒素限量"直接引用 GB 2761 的规定；

——取消了"食品添加剂"的要求；

——修改了"标识"的规定。

本标准所代替标准的历次版本发布情况为：

——GB 19645—2005。

1　范围

本标准适用于全脂、脱脂和部分脱脂灭菌乳。

2　规范性引用文件

本标准中引用的文件对于本标准的应用是必不可少的。凡是注日期的引用文件，仅所注日期的版本适用于本标准。凡是不注日期的引用文件，其最新版本（包括所有的修改单）适用于本标准。

3 术语和定义

3.1 超高温灭菌乳 ultra high-temperature milk

以生牛（羊）乳为原料，添加或不添加复原乳，在连续流动的状态下，加热到至少132℃并保持很短时间的灭菌，再经无菌灌装等工序制成的液体产品。

3.2 保持灭菌乳 retort sterilized milk

以生牛（羊）乳为原料，添加或不添加复原乳，无论是否经过预热处理，在灌装并密封之后经灭菌等工序制成的液体产品。

4 技术要求

4.1 原料要求

4.1.1 生乳：应符合 GB 19301 的规定。

4.1.2 乳粉：应符合 GB 19644 的规定。

4.2 感官要求：应符合表 1 的规定。

表 1 感官要求

项 目	要 求	检验方法
色 泽	呈乳白色或微黄色	取适量试样置于 50 mL 烧杯中，在自然光下观察色泽和组织状态。闻其气味，用温开水漱口，品尝滋味
滋味、气味	具有乳固有的香味，无异味	
组织状态	呈均匀一致液体，无凝块、无沉淀、无正常视力可见异物	

4.3 理化指标：应符合表 2 的规定。

表 2 理化指标

项 目		指 标	检验方法
脂肪[a]/（g/100 g）	≥	3.1	GB 5413.3
蛋白质/（g/100 g）			
牛乳	≥	2.9	GB 5009.5
羊乳	≥	2.8	
非脂乳固体/（g/100 g）	≥	8.1	GB 5413.39
酸度/（°T）			
牛乳/（g/100 g）		12~18	GB 5413.34
羊乳/（g/100 g）		6~13	

[a] 仅适用于全脂灭菌乳。

4.4 污染物限量：应符合 GB 2762 的规定。

4.5 真菌毒素限量：应符合 GB 2761 的规定。

4.6 微生物要求：应符合商业无菌的要求，按 GB/T 4789.26 规定的方法检验。

5 其他

5.1 仅以生牛（羊）乳为原料的超高温灭菌乳应在产品包装主要展示面上紧邻产品名称的位置，使用不小于产品名称字号且字体高度不小于主要展示面高度五分之一的汉字标注"纯牛（羊）奶"或"纯牛（羊）乳"。

5.2 全部用乳粉生产的灭菌乳应在产品名称紧邻部位标明"复原乳"或"复原奶"；在生牛（羊）乳中添加部分乳粉生产的灭菌乳应在产品名称紧邻部位标明"含××%复原乳"或"含××%复原奶"。

　　注："××%"是指所添加乳粉占灭菌乳中全乳固体的质量分数。

5.3 "复原乳"或"复原奶"与产品名称应标识在包装容器的同一主要展示版面；标识的"复原乳"或"复原奶"字样应醒目，其字号不小于产品名称的字号，字体高度不小于主要展示版面高度的五分之一。

【历史标准】
巴氏杀菌、灭菌乳卫生标准（已废止）

标准号：**GB 19645—2005**

参考 91~94 页。

灭菌乳（已废止）
Sterilized milk

标准号：**GB 5408.2—1999**

发布日期：1999–12–17　　　　　　　　　　实施日期：2000–05–01

发布单位：国家质量技术监督局

前　言

本标准中的"4.1.2 食品添加剂和食品营养强化剂""4.3.1 净含量""4.4 卫生指标""4.5 食品添加剂和食品营养强化剂的添加量"和"7.1.1 强制标注内容"是强制性条文；其余条文是推荐性条文。

本标准由国家轻工业局提出。

本标准由全国乳品标准化中心归口。

本标准由黑龙江省乳品工业研究所负责起草。

本标准主要起草人：王芸、王心祥。

1　范围

本标准规定了灭菌乳的产品分类、技术要求、试验方法和标签、包装、运输、贮存要求。

本标准适用于以牛乳（或羊乳）或复原乳为主料，不添加或添加辅料，经灭菌制成的液体产品。

2　引用标准

下列标准所包含的条文，通过在本标准中引用而构成为本标准的条文。本标准出版时，所示版本均为有效。所有标准都会被修订，使用本标准的各方应探讨使用下列标准最新版本的可能性。

GB 191—1990　包装储运图示标志

GB 2760—1996　食品添加剂使用卫生标准

GB 4789.26—1994　食品卫生微生物学检验　罐头食品商业无菌检验

GB/T 5009.24—1996　食品中黄曲霉毒素 M_1 和 B_1 的测定方法

GB/T 5409—1985　牛乳检验方法

GB/T 5413.1—1997　婴幼儿配方食品和乳粉　蛋白质的测定

GB/T 5413.30—1997　乳与乳粉　杂质度的测定

GB/T 5413.32—1997　乳粉　硝酸盐、亚硝酸盐的测定

GB 7718—1994　食品标签通用标准

GB 14880—1994　食品营养强化剂使用卫生标准

3　产品分类

3.1　灭菌纯牛（羊）乳：以牛乳（或羊乳）或复原乳为原料，脱脂或不脱脂，不添加辅料，经超高温瞬时灭菌、无菌罐装或保持灭菌制成的产品。

3.2　灭菌调味乳：以牛乳（或羊乳）或复原乳为主料，脱脂或不脱脂，添加辅料，经超高温瞬时灭菌、无菌罐装或保持灭菌制成的产品。

4　技术要求

4.1　原料要求

4.1.1　原料：应符合相应国家标准或行业标准的规定。

4.1.2　食品派加剂和食品营养强化剂：应选用 GB 2760 和 GB 14880 中允许使用的品种，并应符合相应的国家标难或行业标准的规定；不得添加防腐剂。

4.2　感官特性

应符合表 1 的规定。

表 1

项　目	灭菌纯牛（羊）乳	灭菌调味乳
色　泽	呈均匀一致的乳白色或微黄色	呈均匀一致的乳白色或具有调味乳应有的色泽
滋味和气味	具有牛乳或羊乳固有的滋味和气味，无异味	具有调味乳应有的滋味和气味
组织状态	均匀的液体，无凝块，无黏稠现象，允许有少量沉淀	

4.3　理化指标

4.3.1　净含量

单件定量包装商品的净含量负偏差不得超过表 2 的规定；同批产品的平均净含量不得低于标签上标明的净含量。

表2

净含量/ mL	负偏差允许值	
	相对偏差/%	绝对偏差/mL
100~200	4.5	—
200~300	—	9
300~500	3	—
500~1 000	—	15
1 000~10 000	1.5	—

4.3.2 蛋白质、脂肪、非脂乳固体、酸度和杂质度

应符合表3的规定。

表3

项 目	灭菌纯牛（羊）乳			灭菌调味乳		
	全脂	部分脱脂	脱脂	全脂	部分脱脂	脱脂
脂肪/%	≥3.1	1.0~2.0	≤0.5	≥2.5	0.8~1.6	≤0.4
蛋白质/% ≥	2.9			2.3		
非脂乳固体/% ≥	8.1			6.5		
酸度/°T ≤	18.0			—		
杂质度/(mg/kg) ≤	2					

4.4 卫生指标

应符合表4的规定。

表4

项 目	灭菌纯牛（羊）乳	灭菌调味乳
硝酸盐（以 $NaNO_3$ 计）/（mg/kg） ≤	11.0	
亚硝酸盐（以 $NaNO_2$ 计）/（mg/kg） ≤	0.2	
黄曲霉毒素 M_1/（μg/kg） ≤	0.5	
微生物	商业无菌	

4.5 食品添加剂和食品营养强化剂的添加量

应符合 GB 2760 和 GB 14880 的规定。

5 灭菌要求

可采用下列方式之一灭菌。

5.1 超高温瞬时灭菌： 流动的乳液经135℃以上灭菌数秒，在无菌状态下包装。

5.2 保持灭菌（二次灭菌）：将乳液预先杀菌（或不杀菌），包装于密闭容器内，在不低于110℃温度下灭菌 10 min 以上。

6 试验方法

6.1 感官检验

6.1.1 色泽和组织状态：取适量试样于 50 mL 烧杯中，在自然光下观察色泽和组织状态。

6.1.2 滋味和气味：打开样品包装先闻气味，然后用温开水漱口，再品尝样品的滋味。

6.2 理化检验

6.2.1 净含量：将单件定量包装的内容物完全移入量筒中，读取体积数。

6.2.2 蛋白质：按 GB/T 5413.1 检验，取样量为 10 g。

6.2.3 脂肪：按 GB/T 5409 检验。

6.2.4 非脂乳固体：按 GB/T 5409 检验。

6.2.5 酸度：按 GB/T 5409 检验。

6.2.6 杂质度：按 GB/T 5413.30 检验。

6.3 卫生检验

6.3.1 硝酸盐、亚硝酸盐：按 GB/T 5413.32 检验。

6.3.2 黄曲霉毒素 M_1：按 GB/T 5009.24 检验。

6.3.3 微生物：按 GB 4789.26 检验。

7 标签、包装、运输、贮存

7.1 标签

7.1.1 强制标注内容

7.1.1.1 产品标签按 GB 7718 的规定标示。还应标明产品的种类（按本标准第 3 章）和蛋白质、脂肪、非脂乳固体的含量。

7.1.1.2 以复原乳为原料的产品应标明为"复原乳"。

7.1.1.3 外包装箱标志应符合 GB 191 的规定。

7.1.2 推荐标注内容

在产品标签上标明灭菌方式（按本标准第 5 章）。产品名称也可以标为"×××奶"。

7.2 包装

所有包装材料应符合食品卫生要求。

7.3 运输

运输产品时应避免日晒、雨淋。不得与有毒、有害、有异味的物品混装运输。

7.4 贮存

产品应贮存在干燥、通风良好的场所。不得与有毒、有害、有异味，或对产品产生不良影响的物品同处贮存。

【行业标准】

无公害食品 灭菌乳

标 准 号：NY 5141—2002
发布日期：2002-07-25   实施日期：2002-09-01
发布单位：中华人民共和国农业部

前　言

本标准中的"4 要求"和"7.1 标签"是强制性条文；其他条文是推荐性条文。

本标准由中华人民共和国农业部提出。

本标准起草单位：农业部食品质量监督检验测试中心（上海）。

本标准主要起草人：郭本恒、钱莉、刘霄玲、张春林、谢可杰、殷成文、骆志刚、张传毅。

1　范围

本标准规定了灭菌乳的产品分类、技术要求、试验方法、检验规则和标签、包装、运输、贮存要求。

本标准适用于以生鲜牛（羊）乳为原料，不添加或添加辅料，经过灭菌制成的液体产品。

2　规定性引用文件

下列文件中的条款通过本标准的引用而成为本标准的条款。凡是注日期的引用文件，其随后所有的修改单（不包括勘误的内容）或修订版均不适用于本标准，然而，鼓励根据本标准达成协议的各方研究是否可使用这些文件的最新版本。凡是不注日期的引用文件，其最新版本适用于本标准。

GB 191　包装储运图示标志

GB 2760　食品添加剂使用卫生标准

GB 4789.26　食品微生物学检验　罐头食品商业无菌检验

GB/T 5009.11　食品中总砷的测定方法

GB/T 5009.12　食品中铅的测定方法

GB/T 5009.17　食品中总汞的测定方法

GB/T 5009.19　食品中六六六、滴滴涕残留量的测定方法

GB/T 5009.24　食品中黄曲霉毒素 M_1 和 B_1 的测定方法

GB/T 5009.46 乳与乳制品卫生标准的分析方法

GB/T 5409 牛乳的检验方法

GB/T 5413.1 婴幼儿配方食品和乳粉 蛋白质的测定

GB/T 5413.30 乳与乳粉 杂质度的测定

GB/T 5413.32 乳粉 硝酸盐、亚硝酸盐的测定

GB 7718 食品标签通用标准

GB 14880 食品营养强化剂使用卫生标准

GB/T 14962 食品中铬的测定方法

GB/T 17331 食品中有机磷和氨基甲酸酯类农药多种残留的测定

JJF 1070 定量包装商品净含量计量检验规则

NY 5045 无公害食品 生鲜牛乳

3 产品分类

3.1 无公害灭菌纯牛（羊）乳

以生鲜牛（羊）乳为原料，不添加任何辅料，经超高温瞬时或高压灭菌，无菌灌装或高压灭菌制成的产品。

3.2 无公害灭菌调味乳

以生鲜牛（羊）乳为主料，添加规定的辅料，经超高温瞬时或高压灭菌，无菌灌装或高压灭菌制成的产品。

4 要求

4.1 原料要求

4.1.1 原料：应符合 NY 5045 标准及相关标准的规定。

4.1.2 食品添加剂和食品营养强化剂

应选用 GB 2760 和 GB 14880 中允许使用的品种，并应符合相应的国家标准或行业标准的规定；不得添加防腐剂。

4.2 感官要求

应符合表1的规定。

表 1

项目	灭菌纯牛（羊）乳	灭菌调味乳
色泽	呈均匀一致的乳白色或微黄色	呈均匀一致的乳白色或具有调味乳应有的色泽
滋味和气味	具有牛乳或羊乳固有滋味和气味，无异味	具有调味乳应有滋味和气味
组织状态	均匀的液体，无凝块，无黏稠现象，允许有少量沉淀	

4.3 理化要求

4.3.1 净含量

单件定量包装商品的净含量负偏差不得超过表 2 的规定；同批产品的平均净含量不得低于标准标明的净含量。

表 2

净含量/mL	负偏差允许值	
	相对偏差/%	绝对偏差/mL
100~200	4.5	—
200~300	—	9
300~500	3	—
500~1 000	—	15
1 000~10 000	1.5	—

4.3.2 脂肪、蛋白质、非脂乳固体、酸度和杂质度

应符合表 3 的规定。

表 3

项 目	灭菌纯牛（羊）乳			灭菌调味乳		
	全脂	部分脱脂	脱脂	全脂	部分脱脂	脱脂
脂肪/%	≥3.1	1.0~2.0	≤0.5	≥2.5	0.8~1.6	≤0.4
蛋白质/%	≥2.9			≥2.3		
非脂乳固体/%	≥8.1			≥6.5		
酸度/°T	≤18.0			—		
杂质度/（mg/kg）	≤2			—		

4.4 卫生要求

应符合表 4 的规定。

表 4

项目	灭菌纯牛（羊）乳	灭菌调味乳
汞（以 Hg 计）/（mg/kg）		≤0.01
砷（以 As 计）/（mg/kg）		≤0.2
铅（以 Pb 计）/（mg/kg）		≤0.05
铬（以 Cr^{6+} 计）/（mg/kg）		≤0.3
硝酸盐（以 $NaNO_3$ 计）/（mg/kg）		≤8.0
亚硝酸盐（以 $NaNO_2$ 计）/（mg/kg）		≤0.2
黄曲霉毒素 M_1/（μg/kg）		≤0.2
六六六/（mg/kg）		≤0.01

（续表）

项目	灭菌纯牛（羊）乳	灭菌调味乳
滴滴涕/（mg/kg）		≤0.02
甲胺磷/（mg/kg）		≤0.01
倍硫磷/（mg/kg）		≤0.05
久效磷/（mg/kg）		≤0.002
甲拌磷/（mg/kg）		≤0.05
杀扑磷/（mg/kg）		≤0.001
抗生素		阴性

注：农药、兽药禁用限用，按国家有关规定执行。

4.5 微生物要求

应符合商业无菌的要求。

4.6 食品添加剂和食品营养强化剂的添加量

应符合 GB 2760 和 GB 14880 的规定。

5 检验方法

5.1 感官检验

5.1.1 色泽和组织状态：取适量试样于 50 mL 烧杯中，在自然光下观察色泽和组织状态。

5.1.2 滋味和气味：打开样品包装先闻气味，然后用温开水漱口，再品尝样品的滋味。

5.2 理化检验

5.2.1 净含量：按 JJF 1070 测定。

5.2.2 蛋白质：按 GB/T 5413.1 检验，取样量为 10 g。

5.2.3 脂肪：按 GB/T 5409 检验。

5.2.4 非脂乳固体：按 GB/T 5409 检验。

5.2.5 酸度：按 GB/T 5409 检验。

5.2.6 杂质度：按 GB/T 5413.30 检验。

5.3 卫生检验

5.3.1 汞：按 GB/T 5009.17 检验。

5.3.2 砷：按 GB/T 5009.11 检验。

5.3.3 铅：按 GB/T 5009.12 检验。

5.3.4 铬：按 GB/T 14962 检验。

5.3.5 硝酸盐、亚硝酸盐：按 GB/T 5413.32 检验。

5.3.6 黄曲霉毒素 M_1：按 GB/T 5009.24 检验。

5.3.7 六六六、滴滴涕：按 GB/T 5009.19 检验。

5.3.8 倍硫磷、久效磷、杀扑磷、甲拌磷、甲胺磷：按 GB/T 17331 检验。

5.3.9　抗生素：按 GB/T 5409 检验。

5.4　微生物检验

微生物检验按 GB 4789.26 进行。

6　检验规则

6.1　组批规则

以同一班次，同一生产线的同品种、同规格且包装完好的产品为一组批。

6.2　型式检验

型式检验是对本标准规定的全部要求进行检验，有下列情形之一者应对产品质量进行型式检验。

  a）新产品试制鉴定时；

  b）正式生产后，如原料、工艺有较大变化，可能影响生产质量时；

  c）产品长期停产后，恢复生产时；

  d）交收检验结果与上次型式检验有较大差异时；

  e）国家质量监督机构提出进行例行检验的要求时。

6.3　交收检验

产品应经生产企业按本标准检验合格，签发合格证后方可出厂。

6.4　判定规则

6.4.1　一项指标试验不合格，则该批产品判为不合格。

6.4.2　对检验结果有争议时，应对留存样进行复检，或在同批产品中重新加倍抽样，对不合格项目进行复检，以复检结果为准。

6.4.3　感官、净含量及微生物要求不得复检。

7　标签、包装、运输、贮存

7.1　标签

7.1.1　产品标签按 GB 7718 的规定标示，还应标明产品的种类（按本标准第 3 章）和蛋白质、脂肪、非脂乳固体的含量。

7.1.2　外包装箱标志应符合 GB 191 的规定。

7.1.3　推荐标注内容

在产品标签上标明杀菌方式（按本标准第 5 章）。产品名称也可以标为"×××奶"。

7.2　包装

所有包装材料应符合食品卫生要求。

7.3　运输

运输产品时应避免日晒、雨淋。不得与有毒、有害、有异味的物品混装运输。

7.4　贮存

产品应贮存在干燥、通风良好的场所。不得与有毒、有害、有异味，或对产品产生不良影响的物品同处贮存。

无公害食品　液态乳

标　准　号：**NY 5140—2005**

参考 108~118 页。

绿色食品　乳制品

标　准　号：**NY/T 657—2012**

参考 125~138 页。

绿色食品　乳制品（已废止）

标　准　号：**NY/T 657—2007**

参考 139~153 页。

绿色食品　乳制品（已废止）

标　准　号：**NY/T 657—2002**

参考 154~160 页。

【地方标准】

无公害食品　巴氏杀菌乳、灭菌乳（已废止）

标 准 号：DB 12/149—2003

参考 165～170 页。

食品安全地方标准　灭菌水牛乳

标 准 号：DBS 45/037—2017

发布日期：2017-02-11　　　　　　　　　实施日期：2017-06-01

发布单位：广西壮族自治区卫生与计划生育委员会

前　　言

本标准按照 GB/T 1.1—2009 的格式编写。

本标准由广西壮族自治区卫生和计划生育委员会提出。

本标准起草单位：广西壮族自治区水牛研究所。

本标准起草人：曾庆坤、杨炳壮、李玲、冯玲、黄丽、农皓如、杨攀、唐艳、诸葛莹、谢芳。

1　范围

本标准规定了灭菌水牛乳的术语和定义、产品分类、要求、食品添加剂、生产加工过程的卫生要求、检验方法、检验规则、标签、标志、包装、运输、贮存和保质期。

本标准适用于以生水牛乳为原料，经净乳、均质、脱脂（不脱脂或部分脱脂）、灭菌所得的水牛乳。

2　规范性引用文件

下列文件对于本文件的应用是必不可少的。凡是注日期的引用文件，仅所注日期的版本适用于本文件。凡是不注日期的引用文件，其最新版本（包括所有的修改单）适用于本文件。

GB/T 191　包装储运图示标志

GB 2760　食品安全国家标准　食品添加剂使用标准

GB 2761　食品安全国家标准　食品中真菌毒素限量

GB 2762　食品安全国家标准　食品中污染物限量

GB 4789.1　食品安全国家标准　食品微生物学检验　总则

GB 4789.18　食品安全国家标准　食品微生物学检验　乳与乳制品检验

GB 4789.26　食品安全国家标准　食品微生物学检验　商业无菌检验

GB 5009.5　食品安全国家标准　食品中蛋白质的测定

GB 5413.3　食品安全国家标准　婴幼儿食品和乳品中脂肪的测定

GB 5413.34　食品安全国家标准　乳和乳制品酸度的测定

GB 5413.39　食品安全国家标准　乳和乳制品中非脂乳固体的测定

GB 7718　食品安全国家标准　预包装食品标签通则

GB 12693　食品安全国家标准　乳制品良好生产规范

GB 28050　食品安全国家标准　预包装食品营养标签通则

DBS 45/011　广西食品安全地方标准　生水牛乳

3　术语和定义

3.1　超高温灭菌水牛乳

以生水牛乳为原料，全脂或部分脱脂或脱脂，在连续流动的状态下，加热到至少132℃并保持很短时间的灭菌，再经无菌灌装等工序制成的液体产品。

3.2　保持灭菌水牛乳

以生水牛乳为原料，全脂或部分脱脂或脱脂，无论是否经过预热处理，在灌装和密封之后经灭菌等工序制成的液体产品。

4　产品分类

产品类型根据脂肪含量分为全脂灭菌水牛乳、部分脱脂灭菌水牛乳和脱脂灭菌水牛乳。

5　要求

5.1　原料要求

生水牛乳应符合 DBS 45/011 的规定。

5.2　感官要求

应符合表1的规定。

表1　感官要求

项　目	要　求
色泽	呈乳白色
滋味、气味	具有水牛乳固有的香味，无异味
组织状态	呈均匀一致液体，无凝块、无沉淀、正常视力下无可见异物

5.3　理化指标

应符合表2的规定。

表 2　理化指标

项　目	指　标		
	全脂灭菌水牛乳	部分脱脂灭菌水牛乳	脱脂灭菌水牛乳
脂肪/（g/100 g）	≥5.5	2.5~4.5	≤0.5
蛋白质/（g/100 g）　≥	3.8		
非脂乳固体/（g/100 g）　≥	9.2		
酸度/（°T）	12~18		

5.4　污染物限量

应符合 GB 2762 的规定。

5.5　真菌毒素限量

应符合 GB 2761 的规定。

5.6　微生物限量

应符合商业无菌的要求。

6　食品添加剂

食品添加剂应符合 GB 2760 的规定。

7　生产加工过程的卫生要求

应符合 GB 12693 的规定。

8　检验方法

8.1　感官

取适量试样置于 50 mL 洁净透明的烧杯中，在自然光下观察色泽、组织状态。闻其气味，用温开水漱口，品尝滋味。

8.2　理化指标

8.2.1　蛋白质

按 GB 5009.5 规定的方法测定。

8.2.2　脂肪

按 GB 5413.3 规定的方法测定。

8.2.3　非脂乳固体

按 GB 5413.39 规定的方法测定。

8.2.4　酸度

按 GB 5413.34 规定的方法测定。

8.3　污染物

按 GB 2762 规定的方法检验。

8.4　真菌毒素

按 GB 2761 规定的方法检验。

8.5 微生物

8.5.1 样品的采集及处理

按 GB 4789.1 和 GB 4789.18 执行。

8.5.2 商业无菌

按 GB 4789.26 规定的方法检验。

8.6 食品添加剂

按 GB 2760 及相应国家规定的方法测定。

9 检验规则

9.1 组批

以同一原料，同一班次，同一工艺配方，同一生产线生产的同品种、同规格，包装完好的产品为一组批。

9.2 抽样方法及数量

每批产品按生产批次及数量比例随机抽样，抽样数量应满足检验要求。

9.3 判定规则

9.3.1 全部项目检验结果符合本标准规定时，判定该批产品合格。

9.3.2 若微生物检验结果不符合本标准规定时，判该批产品不合格，不得复检；除微生物项目外，其他项目不符合本标准时，允许按相关规定进行复检。复检结果全部符合本标准要求时，该批产品判为合格。如果复检结果仍有不符合本标准规定，则判定该批产品为不合格。

10 标签、标志、包装、运输、贮存和保质期

10.1 标签和标志

10.1.1 产品标签应符合 GB 7718 和 GB 28050 的规定。

10.1.2 产品外包装储运图示标志应符合 GB/T 191 的规定。

10.1.3 应根据灭菌方式在产品包装上标注"超高温灭菌水牛乳/奶"或"保持灭菌水牛乳/奶"。

10.1.4 应在产品包装主要展示面上紧邻产品名称的位置，使用不小于产品名称字号且字体高度不小于主要展示面高度五分之一的汉字标注"纯水牛奶"或"纯水牛乳"。

10.2 包装

10.2.1 包装材料或容器应符合国家有关食品安全标准及有关规定。

10.2.2 净含量按国家有关规定执行。

10.3 运输

10.3.1 运输工具应清洁、卫生、干燥、无异味、无污染。

10.3.2 运输过程中应防止挤压、防晒、防雨、防潮，不得与有毒、有害、有异味、有腐蚀性或影响产品质量的物品混装运输。

10.4 贮存

10.4.1 贮存场地应清洁、卫生、阴凉、干燥、通风。

10.4.2 产品堆码应离地、离墙，不得与有毒、有害、有异味、易挥发、易腐蚀等物品同库存放。

10.5 保质期

产品保质期由企业根据生产工艺条件及包装材质等自行确定。

食品安全地方标准 灭菌驼乳

标 准 号：DBS 65/012—2017

发布日期：2017-07-04　　　　　　　　　　　　实施日期：2017-07-04

发布单位：新疆维吾尔自治区卫生和计划生育委员会

前　言

本标准由新疆维吾尔自治区卫生和计划生育委员会提出。

本标准起草单位：乌鲁木齐市奶业协会、新疆维吾尔自治区乳品质量监测中心、乌鲁木齐市动物疾病控制与诊断中心、新疆旺源驼奶实业有限公司、新疆骆甘霖生物有限公司、新疆金驼投资股份有限公司。

本标准主要起草人：何晓瑞、徐敏、申玉飞、李景芳、陆东林。

本标准为首次发布。

1 范围

本标准适用于全脂、脱脂和部分脱脂灭菌驼乳。

2 规范性引用文件

本标准中引用的文件对于本标准的应用是必不可少的。凡是注日期的引用文件，仅所注日期的版本适用于本标准。凡是不注日期的引用文件，其最新版本（包括所有的修改单）适用于本标准。

3 术语和定义

3.1 超高温灭菌驼乳

以生驼乳为原料，添加或不添加复原乳，在连续流动的状态下，加热到至少132℃并保持很短时间的灭菌，再经灭菌等工序制得的液体产品。

3.2 保持灭菌驼乳

以生驼乳为原料，添加或不添加复原乳，无论是否经过预热处理，在灌装并密封之后经灭菌等工序制得的液体产品。

4 技术要求

4.1 原料要求

4.1.1　生驼乳：应符合 DBS 65/××的规定。

4.1.2　驼乳粉：应符合 DBS 65/××的规定。

4.2 感官要求

应符合表 1 的规定。

表 1 感官要求

项 目	要 求	检验方法
色泽	呈乳白色或微黄色	取适量试样于 50 mL 烧杯中，在自然光下观察色泽和组织状态。闻其气味，用温开水漱口，品尝滋味
气味	具有驼乳固有的香味，无异味	
组织状态	呈均匀一致液体，无凝块、无沉淀、无正常视力可见异物	

4.3 理化指标

应符合表 2 的规定。

表 2 理化指标

项 目		指 标	检验方法
脂肪[a]/（g/100 g）	≥	4.0	GB 5009.6
蛋白质/（g/100 g）	≥	3.5	GB 5009.5
非脂乳固体/（g/100 g）	≥	8.5	GB 5413.39
酸度/（°T）		16~24	GB 5009.239

[a]仅适用于全脂灭菌驼乳。

4.4 污染物限量和真菌毒素限量

应符合表 3 的规定。

表 3 污染物限量和真菌毒素限量

项 目		指 标	检验方法
铅（以 Pb 计）/（mg/kg）	≤	0.05	GB 5009.12
总砷（以 As 计）/（mg/kg）	≤	0.1	GB 5009.11
总汞（以 Hg 计）/（mg/kg）	≤	0.01	GB 5009.17
铬（以 Cr 计）/（mg/kg）	≤	0.3	GB 5009.123
黄曲霉毒素 M_1/（μg/kg）	≤	0.5	GB 5009.24

4.5 微生物要求

应符合商业无菌的要求，按 GB 4789.26 规定的方法检验。

5 生产过程中的卫生要求

应符合 GB 12693 的规定。

6 其他

6.1 仅以生驼乳为原料的超高温灭菌驼乳应在产品包装主要展示面上紧邻产品名称的位

置，使用不小于产品名称字号且字体高度不小于主要展示面高度五分之一的汉字标注"纯驼奶"或"纯驼乳"。

6.2　全部用驼乳粉生产的灭菌驼乳应在产品名称紧邻部位标明"复原驼乳"或"复原驼奶"，在生驼乳中添加部分驼乳粉生产的灭菌驼乳应在产品名称紧邻部位标明"含××%复原驼乳"或"含××%复原驼奶"。

　　注："含××%"是指添加驼乳粉占灭菌驼乳中全乳固体的质量分数。

6.3　"复原驼乳"或"复原驼奶"与产品名称应标识在包装容器的同一主要展示版面；标识的"复原驼乳"或"复原驼奶"字样应醒目，其字号不小于产品名称的字号，字体高度不小于主要展示版面高度的五分之一。

【团体标准】

巴氏杀菌水牛乳、灭菌水牛乳和调制水牛乳

标 准 号：**RHB 702—2012**

参考 182~185 页。

巴氏杀菌牦牛乳、灭菌牦牛乳和调制牦牛乳

标 准 号：**RHB 802—2012**

参考 186~189 页。

第四章

复原乳

巴氏杀菌乳和 UHT 灭菌乳中复原乳的鉴定
Identification of reconstituted milk in pasteurized and UHT milk

标　准　号：NY/T 939—2016
发布日期：2016-03-23　　　　　　　　　实施日期：2016-04-01
发布单位：中华人民共和国农业部

前　　言

本标准按照 GB/T 1.1—2009 给出的规则起草。

与 NY/T 939—2005 相比，主要变化如下：

——修改了巴氏杀菌乳中复原乳鉴定的指标值；

——修改了 UHT 灭菌乳中复原乳鉴定的指标值；

——修改了糠氨酸测定前处理方法；

——增加了糠氨酸的 UPLC 测定方法；

——修改了乳果糖的测定方法。

本标准由农业部畜牧业司提出。

本标准由全国畜牧业标准化技术委员会（SAC/TC 274）归口。

本标准起草单位：中国农业科学院北京畜牧兽医研究所、农业部奶产品质量安全风险评估实验室（北京）、农业部奶及奶制品质量监督检验测试中心（北京）。

本标准主起草人：郑楠、文芳、王加启、李松励、张养东、赵圣国、李明、杨晋辉、陈冲冲、王晓晴、陈美霞、汪慧、兰欣怡、黄萌萌、卜登攀、魏宏阳、李树聪、于建国、周凌云。

1　范围

本标准规定了巴氏杀菌乳和 UHT 灭菌乳中复原乳的鉴定方法。

本标准适用于巴氏杀菌乳和 UHT 灭菌乳。

2　规范性引用文件

下列文件对于本文件的应用是必不可少的。凡是注日期的引用文件，仅注日期的版本适用于本文件。凡是不注日期的引用文件，其最新版本（包括所有的修改单）适用于本文件。

GB 5009.5　食品安全国家标准　食品中蛋白质的测定

GB/T 6682　分析实验室用水规格和试验方法

GB/T 10111　随机数的产生及其在产品质量抽样检验中的应用程序

3 术语和定义

下列术语和定义适用于本文件。

3.1 生乳 raw milk

从符合国家有关要求的健康奶畜乳房中，挤出的无任何成分改变的常乳。

3.2 复原乳 reconstituted milk

将干燥的或者浓缩的乳制品与水按比例混匀后获得的乳液。

3.3 热处理 heat treatment

采用加热技术且强度不低于巴氏杀菌，抑制微生物生长或杀灭微生物，同时控制受热对象物理化学性状只发生有限变化的操作。

3.4 巴氏杀菌 pasteurization

为有效杀灭病原性微生物而采用的加工方法，即经低温长时间（63~65℃，保持30min）或经高温短时间（72~76℃，保持15s；或80~85℃，保持10~15s）的处理方式。

3.5 巴氏杀菌乳 pasteurized milk

仅以生牛乳为原料，经巴氏杀菌等工序制得的液体产品，其乳果糖含量应小于100mg/L。

3.6 超高温瞬时灭菌 ultra high-temperature, UHT

为有效杀灭微生物和抑制耐热芽孢而采用加工方法，即在连续流动状态下加热到至少132℃并保持很短时间的热处理方式。

3.7 超高温瞬时灭菌乳（UHT灭菌乳）ultra high-temperature milk

以生牛乳与原料，添加或不添加复原乳，经超高温瞬时灭菌，再经无菌灌装等工序制成的液体产品。生牛乳经UHT灭菌处理后，乳果糖含量应小于600mg/L。

3.8 糠氨酸 furosine

牛乳在加热过程中，氨基酸、蛋白质与乳糖通过美拉德反应生成ε-N-脱氧乳果糖基-L-赖氨酸（ε-N-deoxylactolusyl-L-lysine），经酸水解转换成更稳定的糠氨酸（ε-N-2-furoylmethyl-L-lysine，ε-N-2呋喃甲基-L-赖氨酸）。

3.9 乳果糖 lactulose

牛乳在加热过程中，乳糖在酪蛋白游离氨基的催化下，碱基异构而形成的一种双糖。其化学名称为4-o-β-D吡喃半乳糖基-D-果糖，可作为评价牛奶热处理效应的指标。

4 试验方法

4.1 糠氨酸含量的测定

4.1.1 原理

试样经盐酸水解后测定蛋白质含量，水解液经稀释后用高效液相色谱（HPLC）或超高效液相色谱（UPLC）在紫外（波长280nm）检测器下进行分析，外标法定量。

4.1.2 试剂和材料

除非另有说明，本方法所用试剂均为分析纯，水为GB/T 6682规定的实验室一级水。

4.1.2.1 甲醇（CH_3OH）：色谱纯。

4.1.2.2 浓盐酸（HCl，密度为 1.19 g/mL）。

4.1.2.3 三氟乙酸：色谱纯。

4.1.2.4 乙酸铵。

4.1.2.5 糠氨酸：$C_{12}H_{17}N_2O_4 \cdot xHCl$。

4.1.2.6 盐酸溶液（3 mol/L）：在 7.5 mL 水中加入 2.5 mL 浓盐酸，混匀。

4.1.2.7 盐酸溶液（10.6 mol/L）：在 12 mL 水中加入 88 mL 浓盐酸，混匀。

4.1.2.8 乙酸铵溶液（6 g/L）：准确称量 6 g 乙酸铵溶于水中，定容至 1 L，过 0.22 μm 水相滤膜，超声脱气 10 min。

4.1.2.9 乙酸铵（6 g/L）含 0.1% 三氟乙酸溶液：准确称量 6 g 乙酸铵溶于部分水中，加入 1 mL 三氟乙酸，定容至 1 L，过 0.22 μm 水相滤膜，超声脱气 10 min。

4.1.2.10 糠氨酸标准储备溶液（500.0 mg/L）：将糠氨酸标准品按标准品证书提供的肽纯度系数（Net Peptide Content）换算后，用 3 mol/L 盐酸溶液配制成标准储备溶液。−20℃ 条件下可储存 24 个月。

示例：糠氨酸标准品证书上标注肽纯度系数为 69.1%，则称取 7.24 mg 糠氨酸标准品，用 3 mol/L 盐酸溶液溶解并定容至 10 mL，标准储备溶液的浓度为 500.0 mg/L。

4.1.2.11 糠氨酸标准工作溶液（2.0 mg/L）：移取 100 μL 糠氨酸标准储备溶液于 25 mL 容量瓶，以 3 mol/L 盐酸溶液定容。此标准工作溶液浓度即为 2.0 mg/L。

4.1.2.12 水相滤膜：0.22 μm。

4.1.3 仪器

4.1.3.1 高效液相色谱仪：配有紫外检测器或二极管阵列检测器。

4.1.3.2 超高效液相色谱仪：配有紫外检测器或二极管阵列检测器。

4.1.3.3 干燥箱：110℃±2℃。

4.1.3.4 密封耐热试管：容积为 20 mL。

4.1.3.5 天平：感量为 0.01 mg，1 mg。

4.1.3.6 凯氏定氮仪。

4.1.4 采样

用于检测的巴氏杀菌乳储存和运输温度为 2~6℃，UHT 灭菌乳储存和运输温度须不高于 25℃。

按 GB/T 10111 的规定取不少于 250 mL 样品，样品不应受到破坏或者在转运和储藏期间发生变化。监督抽检或仲裁检验等采样应到加工厂抽取成品库的待销产品，1 周内测定。

4.1.5 分析步骤

4.1.5.1 试样水解液的制备

吸取 2.00 mL 试样，置于密闭耐热试管中，加入 6.00 mL 10.6 mol/L 盐酸溶液，混匀。密闭试管，置于干燥箱，在 110℃ 下加热水解 12~23 h。加热约 1 h 后，轻轻摇动试管。加热结束后，将试管从干燥箱中取出，冷却后用滤纸过滤，滤液供测定。

4.1.5.2 试样水解液中蛋白质含量的测定

移取 2.00 mL 试样水解液，按 GB 5009.5 的规定测定试样溶液中的蛋白质含量。

4.1.5.3　试样水解液中糠氨酸含量的测定

移取 1.00 mL 试样水解液，加入 5.00 mL 的 6 g/L 乙酸铵溶液，混匀，过 0.22 μm 水相滤膜，滤液供上机测定。根据实验室配备的液相色谱仪器，按以下两种方法之一测定：

a）HPLC 法测定

1）色谱参考条件

色谱柱：C_{18} 硅胶色谱柱，250 mm×4.6 mm，5 μm 粒径，或相当者。

柱温：32℃。

流动相：0.1% 三氟乙酸溶液为流动相 A，甲醇为流动相 B。

洗脱梯度：见表 1。

表 1　洗脱梯度

序号	时间/min	流速/（mL/min）	流动相 A/%	流动相 B/%
1	—	1.00	100.0	0.0
2	16.00	1.00	86.8	13.2
3	16.50	1.00	0.0	100.0
4	25.00	1.00	100.0	0.0
5	30.00	1.00	100.0	0.0

2）测定

利用流动相 A 和流动相 B 的混合液（50∶50）以 1 mL/min 的流速平衡色谱系统。然后，用初始流动相平衡系统直至基线平稳。注入 10 μL 3 mol/L 盐酸溶液，以检测溶剂的纯度。注入 10 μL 待测溶液测定糠氨酸含量。色谱图参见附录 A。

b）UPLC 法测定

1）色谱参考条件

色谱柱：HSS T3 高强度硅胶颗粒色谱柱，100 mm×2.1 mm，1.8 μm 粒径，或相当者。

柱温：35℃。

流动相：6 g/L 乙酸铵含 0.1% 三氟乙酸水溶液为流动相 A，甲醇为流动相 B，纯水为流动相 C。

洗脱条件：流动相 A，等度洗脱，0.4 mL/min。

2）测定

宜使用流动相纯水和甲醇，依次冲洗色谱系统；仪器使用前，使用流动相纯水过渡，用流动相 A 以 0.4 mL/min 的流速平衡色谱柱。注入 0.5 μL 3 mol/L 盐酸溶液，以检测溶剂的纯度。注入 0.5 μL 待测溶液测定糠氨酸含量。色谱图参见附录 A。

4.1.6　结果计算

4.1.6.1　试样中糠氨酸含量

糠氨酸含量以质量分数 F 计，数值以毫克每百克蛋白质（mg/100 g 蛋白质）表示，按式（1）计算。

$$F = \frac{A_t \times C_{std} \times D \times 100}{A_{std} \times m}$$ ……………… （1）

式中：

A_t——测试样品中糠氨酸峰面积的数值；

A_{std}——糠氨酸标准溶液中糠氨酸峰面积的数值；

C_{std}——糠氨酸标准溶液的浓度，单位为毫克每升（mg/L）；

D——测定时稀释倍数（$D=6$）；

m——样品水解液中蛋白质浓度，单位为克每升（g/L）。

计算结果保留至小数点后一位。

4.1.6.2 巴氏杀菌乳杀菌结束时糠氨酸含量

巴氏杀菌乳杀菌结束时，糠氨酸含量以 FT 计，数值以毫克每百克蛋白质（mg/100 g 蛋白质）表示，按式（2）计算。

$$FT = F$$ ……………… （2）

计算结果保留至小数点后一位。

4.1.6.3 UHT 灭菌乳灭菌结束时糠氨酸含量

UHT 灭菌乳灭菌结束时糠氨酸含量以 FT 计，数值以毫克每百克蛋白质（mg/100 g 蛋白质）表示，按公式（3）计算。

$$FT = F - 0.7 \times t$$ ……………… （3）

式中：

0.7——常温下样品每储存一天产生的糠氨酸含量，单位为毫克每百克蛋白质（mg/100 g 蛋白质）；

t——样品在常温下储存天数。

计算结果保留至小数点后一位。

4.1.7 精密度

在重复性条件下获得的两次独立测试结果的绝对差值不大于算术平均值的 10%。

在重现性条件下获得的两次独立测试结果的绝对差值不大于算术平均值的 20%。

4.1.8 检出限

HPLC 法和 UPLC 法的检出限均为 1.0 mg/100 g 蛋白质。

4.2 乳果糖含量的测定

4.2.1 原理

试样经 β-D-半乳糖苷酶（β-D-galactosidase）水解后产生半乳糖（galactose）和果糖（fructose），通过酶法测定产生的果糖量计算乳果糖含量。

试样中加入硫酸锌和亚铁氰化钾溶液，沉淀脂肪和蛋白质。滤液中加入 β-D-半乳糖苷酶，在 β-D-半乳糖苷酶作用下乳糖水解为半乳糖和葡萄糖（glucose），乳果糖水解为半乳糖和果糖：

$$乳糖 + H_2O \xrightarrow{\text{β-D-半乳糖苷酶}} 半乳糖 + 葡萄糖$$

$$乳果糖+H_2O \xrightarrow{\beta-D-半乳糖苷酶} 半乳糖+果糖$$

再加入葡萄糖氧化酶（glucose oxidase，GOD），将大部分葡萄糖氧化为葡萄糖酸：

$$葡萄糖+H_2O+O_2 \xrightarrow{葡萄糖氧化酶} 葡萄糖酸+H_2O_2$$

上述反应生成的过氧化氢，可以加入过氧化氢酶除去：

$$2H_2O_2 \xrightarrow{过氧化氢酶} 2H_2O+O_2$$

少量未被氧化的葡萄糖和乳果糖水解生成的果糖，在己糖激酶（hexokinase，HK）的催化作用下与腺苷三磷酸酯（Adenosine Trihoshate，ATP）反应，分别生成葡萄糖-6-磷酸酯（glucose-6-phosphate）和果糖-6-磷酸酯（fructose-6-phosphate）：

$$葡萄糖+ATP \xrightarrow{己糖激酶} 葡萄糖-6-磷酸酯+ADP$$

$$果糖+ATP \xrightarrow{己糖激酶} 果糖-6-磷酸酯+ADP$$

反应生成的葡萄糖-6-磷酸酯在葡萄糖-6-磷酸脱氢酶（glucose-6-phosphate dehydrogenase，G-6-PD）催化作用下，与氧化型辅酶Ⅱ，即烟酰胺腺嘌呤二核苷酸磷酸（nicotinamide adenine dinucleotide phosphatc，NADP$^+$）反应生成还原型辅酶Ⅱ，即还原型烟酰胺腺嘌呤二核苷酸磷酸（NADPH）：

$$葡萄糖-6-磷酸酯+NADP^+ \xrightarrow{葡萄糖-6-磷酸脱氢酶} 6-磷酸葡萄糖酸盐+NADPH+H^+$$

反应生成的 NADPH 可在波长 340nm 处测定。但是，果糖-6-磷酸酯需用磷酸葡萄糖异构酶（phosphoglucose isomerase，PGI）转化为葡萄糖-6-磷酸酯：

$$果糖-6-磷酸酯 \xrightarrow{磷酸葡萄糖异构酶} 葡萄糖-6-磷酸酯$$

生成的葡萄糖-6-磷酸酯再与 NADP$^+$ 反应，并于波长 340nm 处测定吸光值。通过两次测定结果之差计算乳果糖含量。样品原有的果糖，可通过空白样品的测定扣除。空白样品的测定与样品测定步骤完全相同，只是不加 β-D-半乳糖苷酶。

4.2.2 试剂和材料

除非另有说明，本方法所用试剂均为分析纯，水为 GB/T 6682 规定的实验室一级水。

4.2.2.1 灭菌水。

4.2.2.2 过氧化氢（H_2O_2，质量分数为 30%）。

4.2.2.3 辛醇（$C_8H_{18}O$）。

4.2.2.4 碳酸氢钠（$NaHCO_3$）。

4.2.2.5 硫酸锌（$ZnSO_4 \cdot 7H_2O$）。

4.2.2.6 亚铁氰化钾（$K_4[Fe(CN)_6] \cdot 3H_2O$）。

4.2.2.7 氢氧化钠（NaOH）。

4.2.2.8 硫酸铵[$(NH_4)_2SO_4$]。

4.2.2.9 磷酸氢二钠（Na_2HPO_4）。

4.2.2.10 磷酸二氢钠（$NaH_2PO_4 \cdot H_2O$）。

4.2.2.11 硫酸镁（$MgSO_4 \cdot 7H_2O$）。

4.2.2.12 三乙醇胺盐酸盐 [$N(CH_2CH_2OH)_3HCl$]。

4.2.2.13　β-D-半乳糖苷酶（EC 3.2.1.23）：from Aspergillus oryzae，活性为 12.6 IU/mg。

4.2.2.14　葡萄糖氧化酶（EC 1.1.3.4）：from Aspergillus niger，活性为 200 IU/mg。

4.2.2.15　过氧化氢酶（EC 1.11.1.6）：from beef liver，活性为 65 000 IU/mg。

4.2.2.16　己糖激酶（EC 2.7.1.1）：from baker's yeast，活性为 140 IU/mg。

4.2.2.17　葡萄糖-6-磷酸脱氢酶（EC 1.1.1 49）：from baker's yeast，活性为 140 IU/mg。

4.2.2.18　磷酸葡萄糖异构酶（EC 5.3.1.9）：from yeast，活性为 350 IU/mg。

4.2.2.19　5'-腺苷三磷酸二钠盐（5'-ATP-Na$_2$）。

4.2.2.20　烟酰胺腺嘌呤二核苷酸磷酸二钠盐（β-NADP-Na$_2$）。

4.2.2.21　硫酸锌溶液（168 g/L）：称取 300 g 硫酸锌溶于 800 mL 水中，定容至 1 L。

4.2.2.22　亚铁氰化钾溶液（130 g/L）：称取 150 g 亚铁氰化钾溶于 800 mL 水中，定容至 1 L。

4.2.2.23　氢氧化钠溶液（0.33 mol/L）：将 1.32 g 氢氧化钠溶于 100 mL 水中。

4.2.2.24　氢氧化钠溶液（1 mol/L）：将 4 g 氢氧化钠溶于 100 mL 水中。

4.2.2.25　硫酸铵溶液（3.2 mol/L）：将 42.24 g 硫酸铵溶于 100 mL 水中。

4.2.2.26　缓冲液 A（pH 为 7.5）：称 4.8 g 磷酸氢二钠、0.86 g 磷酸二氢钠和 0.1 g 硫酸镁溶解于 80 mL 水中，用 1 mol/L 氢氧化钠溶液调整 pH 到 7.5±0.1（20℃），定容到 100 mL。

4.2.2.27　缓冲液 B（pH 为 7.6）：称取 14.00 g 三乙醇胺盐酸盐和 0.25 g 硫酸镁溶解于 80 mL 水中，用 1 mol/L 氢氧化钠溶液调整 pH 到 7.6±0.1（20℃），定容到 100 mL。

4.2.2.28　缓冲液 C：量取 40.0 mL 缓冲液 B，用水定容到 100 mL，摇匀。

4.2.2.29　β-D-半乳糖苷酶悬浮液（150 mg/mL）：用 3.2 mol/L 硫酸铵溶液将活性为 12.6 IU/mg 的 β-D-半乳糖苷酶制备成浓度为 150 mg/mL 的悬浮液。现用现配，配制时切勿振荡。

4.2.2.30　葡萄糖氧化酶悬浮液（20 mg/mL）：用灭菌水将活性为 200 IU/mg 的葡萄糖氧化酶制备成浓度为 20 mg/mL 的悬浮溶液。现用现配。

4.2.2.31　过氧化氢酶悬浮液（20 mg/mL）：用灭菌水将活性为 65 000 IU/mg 的过氧化氢酶制备成浓度为 20 mg/mL 的悬浮液。4℃保存，用前振荡使之均匀。

4.2.2.32　己糖激酶/葡萄糖-6-磷酸脱氢酶悬浮液：在 1 mL 3.2 mol/L 硫酸铵溶液中加入 2 mg 活性为 140 IU/mg 的己糖激酶和 1 mg 活性为 140 IU/mg 的葡萄糖-6-磷酸脱氢酶，轻轻摇动成悬浮液。-20℃保存。

4.2.2.33　磷酸葡萄糖异构酶悬浮液（2 mg/mL）：用 3.2 mol/L 硫酸铵溶液将活性为 350 IU/mg 的磷酸葡萄糖异构酶制备成浓度为 2 mg/mL 的悬浮液。4℃保存。

4.2.2.34　5'-腺苷三磷酸（ATP）溶液：将 50 mg 5'-腺苷三磷酸二钠盐和 50 mg 碳酸氢钠溶于 1 mL 水中。-20℃保存。

4.2.2.35　烟酰胺腺嘌呤二核苷酸磷酸（NADP）溶液：将 10 mg 烟酰胺腺嘌呤二核苷酸磷酸二钠盐溶于 1 mL 水中。-20℃保存。

4.2.3　仪器

4.2.3.1　恒温培养箱：40℃±2℃，50℃±2℃。

4.2.3.2　分光光度计：340nm。

4.2.4　采样

同4.1.4。

4.2.5　分析步骤

4.2.5.1　纯化

量取20.0 mL样品到200 mL锥形瓶，依次加入20.0 mL水、7.0 mL亚铁氰化钾溶液、7.0 mL硫酸锌溶液和26.0 mL缓冲液A。每加入一种溶液后，充分振荡均匀。全部溶液加完后，静置10 min，过滤，弃去最初的1~2 mL滤液，收集滤液。

4.2.5.2　水解乳糖和乳果糖

吸取5.00 mL滤液置于10 mL容量瓶中，加200 μL的β-D-半乳糖苷酶悬浮液。混匀后加盖，在50℃恒温培养箱中培养1 h。

4.2.5.3　葡萄糖氧化

在水解后的试液中依次加入2.0 mL缓冲液C，100 μL葡萄糖氧化酶悬浮液，1滴辛醇，0.5 mL 0.33 mol/L氢氧化钠溶液，50 μL过氧化氢和50 μL过氧化氢酶悬浮液。每加一种试剂后，应轻轻摇匀。全部溶液加完后，在40℃恒温培养箱中培养3 h。冷却后用水定容至10 mL，过滤。弃去最初的1~2 mL滤液，收集滤液。

4.2.5.4　空白

依照4.2.5.2到4.2.5.3步骤处理空白溶液，但不加β-D-半乳糖苷酶悬浮液。

4.2.5.5　测定

见表2。

表2　测定步骤

步骤	空白	样品
比色皿中依次加入		
缓冲液B	1.00 mL	1.00 mL
ATP溶液	0.100 mL	0.100 mL
NADP溶液	0.100 mL	0.100 mL
滤液	1.00 mL	1.00 mL
水	1.00 mL	1.00 mL
混合均匀后，静置3 min		
加入己糖激酶/葡萄糖-6-磷酸脱氢酶悬浮液	20 μL	20 μL
混合均匀，等反应停止后（约10 min），记录吸光值	A_{b1}	A_{s1}
加入磷酸葡萄糖异构酶悬浮液	20 μL	20 μL
混合均匀，等反应停止后（10~15 min），记录吸光值	A_{b2}	A_{s2}

注：1. 以上反应均在同一比色皿中完成。

2. 如果吸光值超过1.3，则减少滤液体积，增加水体积以保持总体积不变。

4.2.6　结果计算

4.2.6.1　吸光值差

样品吸光值差ΔA_s，按式（4）计算。

$$\Delta A_s = A_{s2} - A_{s1} \qquad \cdots\cdots\cdots\cdots\cdots (4)$$

空白吸光值差 ΔA_b 按式（5）计算。

$$\Delta A_b = A_{b2} - A_{b1} \qquad \cdots\cdots\cdots\cdots\cdots (5)$$

样品净吸光值差 ΔA_L 按式（6）计算。

$$\Delta A_L = \Delta A_s - \Delta A_b \qquad \cdots\cdots\cdots\cdots\cdots (6)$$

4.2.6.2　乳果糖含量

乳果糖的含量以质量浓度 L 计，数值以毫克每升（mg/L）表示，按公式（7）计算。

$$L = \frac{M_L \times V_1 \times 8}{\varepsilon \times d \times V_2} \times \Delta A_L \qquad \cdots\cdots\cdots\cdots\cdots (7)$$

式中：

ΔA_L ——样品净吸光值差；

M_L ——乳果糖的摩尔质量（342.3 g/mol）；

ε ——NADPH 在 340nm 处的摩尔吸光值（6.3 L·mmol^{-1}·cm^{-1}）；

V_1 ——比色皿液体总体积（3.240 mL）；

V_2 ——比色皿中滤液的体积，单位为毫升（mL）；

d ——比色皿光通路长度（1.00 cm）；

8——稀释倍数。

计算结果保留至小数点后一位。

4.2.7　精密度

在重复性条件下获得的两次独立测试结果的绝对差值不大于算术平均值的10%。

在重现性条件下获得的两次独立测试结果的绝对差值不大于算术平均值的20%。

4.2.8　检出限

检出限为 4.2 mg/L。

4.3　乳果糖/糠氨酸比值的计算

样品中乳果糖/糠氨酸比值以 R 计，按式（8）计算。

$$R = \frac{L}{FT} \qquad \cdots\cdots\cdots\cdots\cdots (8)$$

计算结果保留至小数点后两位。

5　复原乳的鉴定

5.1　巴氏杀菌乳

当 L<100.0 mg/L 时，判定如下：

a）当 12.0 mg/100 g 蛋白质<FT≤25.0 mg/100 g 蛋白质时，若 R<0.50，则判定为含有复原乳。

b）当 FT>25.0 mg/100 g 蛋白质时，若 R<1.00，则判定为含有复原乳。

5.2　UHT 灭菌乳

当 L<600.0 mg/L、FT>190.0 mg/100 g 蛋白质时，若 R<1.80，则判定为含有复原乳。

附 录 A

（资料性附录）

糠氨酸液相色谱图

A.1 高效液相色谱法（HPLC）色谱

见图 A.1—图 A.2。

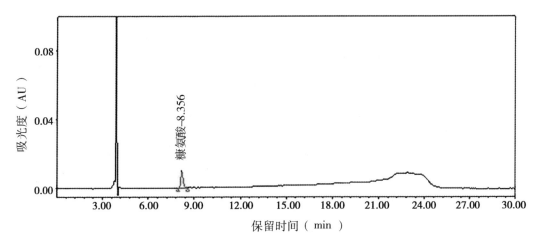

图 A.1 2 mg/L 糠氨酸标准溶液 HPLC 色谱

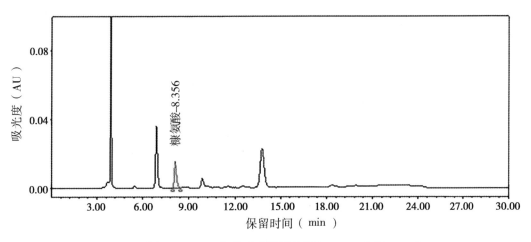

图 A.2 UHT 灭菌乳中糠氨酸测定 HPLC 色谱

A.2　超高效液相色谱法（UPLC）色谱图

见图 A.3—图 A.4。

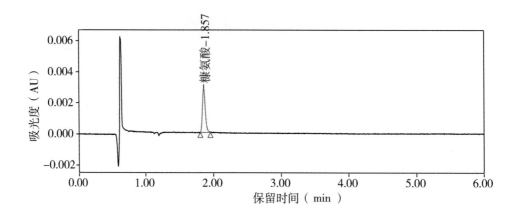

图 A.3　2 mg/L 糠氨酸标准溶液 UPLC 色谱图

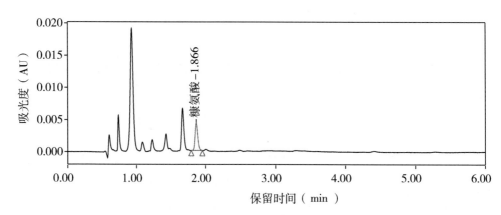

图 A.4　UHT 灭菌乳中糠氨酸测定 UPLC 色谱图

巴氏杀菌乳和 UHT 灭菌乳中复原乳的鉴定（已废止）
Identification of reconstituted milk in pasteurized and UHT milk

标　准　号：NY/T 939—2005
发布日期：2005-09-30　　　　　　　　实施日期：2005-09-30
发布单位：中华人民共和国农业部

前　　言

本标准的第 4 章为强制性条文，其余为推荐性条文。

本标准的附录 A 和附录 B 为资料性附录。

本标准由中华人民共和国农业部提出。

本标准由全国畜牧业标准化技术委员会归口。

本标准起草单位：中国农业科学院畜牧研究所。

本标准主要起草人：王加启、卜登攀、魏宏阳、李树聪、于建国、郭宗辉、付宝华、周凌云、刘世军、黄萌萌、刘光磊。

1　范围

本标准规定了巴氏杀菌乳和 UHT 灭菌乳中复原乳的鉴定和相应的检测方法。

本标准适用于巴氏杀菌乳和 UHT 灭菌乳中复原乳的鉴定。

2　规范性引用文件

下列文件中的条款通过本标准的引用而成为本标准的条款。凡是注日期的引用文件，其随后所有的修改单（不包括勘误的内容）或修订版均不适用于本标准，然而，鼓励根据本标准达成协议的各方研究是否可使用这些文件的最新版本。凡是不注日期的引用文件，其最新版本适用于本标准。

GB/T 5413.1　婴幼儿配方食品和乳粉　蛋白质的测定

GB/T 6682—1992　分析实验室用水规格和试验方法

ISO 5538：1987　乳和乳制品　取样　品质检验

3　术语和定义

下列术语和定义适用于本标准。

3.1　生乳 raw milk

从健康奶畜挤下的常乳，仅经过冷却，可能经过过滤，但未经过巴氏杀菌、低于巴氏杀菌的热处理、净乳和其他的杀菌处理。

3.2　复原乳 reconstituted milk

炼乳或/和全脂乳粉与水勾兑成的原料乳。

3.3 巴氏杀菌 pasteurilization

经低温长时间（62～65℃，保持 30 min）或经高温短时间（72～76℃，保持 15s；或 80～85℃，保持 10～15s）的处理方式。

3.4 超高温瞬时灭菌 UHT

经 135℃ 以上保持数秒的处理方式。

生乳经 UHT 灭菌处理后，乳果糖含量应该低于 600 mg/L。

4 复原乳的鉴定

4.1 巴氏杀菌乳

当巴氏杀菌乳每 100 g 蛋白质中糠氨酸含量大于 12 mg 时，则鉴定为含有复原乳。

4.2 UHT 灭菌乳

当 UHT 灭菌乳发生下列情况之一时，则鉴定为含有复原乳：

a）$W-0.7 \times t > 190$；

式中：

W——待测 UHT 灭菌乳样品中每 100 g 蛋白质中糠氨酸的含量，单位为毫克（mg）；

t——待测 UHT 灭菌乳贮存时间，单位为天（d）；

0.7——待测 UHT 灭菌乳每贮存一天每 100 g 蛋白质中产生的糠氨酸量，单位为毫克（mg）。

b）当 UHT 灭菌结束时乳每 100 g 蛋白质中糠氨酸含量为 140～190 mg 时，乳果糖含量（mg/L）与糠氨酸含量（每 100 g 蛋白质所含毫克数）比值小于 2。

5 试验方法

5.1 糠氨酸含量的测定

5.1.1 原理

牛奶在加热过程中会发生梅拉德反应，使蛋白质和糖生成特定产物之一——糠氨酸（ε-N-2-呋喃甲基-L-赖氨酸）。糠氨酸的含量利用高效液相色谱紫外（280nm）检测器测定，依据糠氨酸标准物质定量。

5.1.2 试剂与材料

除非另有说明，在分析中仅用分析纯试剂和 GB/T 6682—1992 中一级水。

5.1.2.1 甲醇（CH_3OH）：色谱纯，用 0.45 μm 滤膜真空脱气过滤。

5.1.2.2 高纯度氮气：99.99%。

5.1.2.3 3 mol/L 盐酸溶液。

5.1.2.4 10.6 mol/L 盐酸溶液。

5.1.2.5 三氟乙酸（色谱纯）溶液：体积分数为 0.1%。

5.1.2.6 糠氨酸（furosine）（ε-N-2-呋喃甲基-L-赖氨酸）标准贮备溶液：将糠氨酸标准物用 3 mol/L 盐酸溶液（5.1.2.3）配制成 200 μg/mL 的标准贮备液，该标准贮备溶液在-20℃可贮存 24 个月。

5.1.2.7 糠氨酸标准工作溶液：取 0.1 mL 标准贮备溶液（5.1.2.6），用 3 mol/L 盐酸溶液（5.1.2.3）定容至 10 mL，配制成 2 μg/mL 的糠氨酸标准工作溶液。

5.1.3　仪器和设备

5.1.3.1　检测实验室常用仪器设备。

5.1.3.2　高效液相色谱仪，带有梯度系统，UV-检测器。

5.1.3.3　凯氏定氮仪。

5.1.3.4　C_{18} 萃取柱，500 mg。

5.1.3.5　硅胶色谱柱：颗粒大小 5 μm，柱直径 4.6 mm，长 250 mm。

5.1.3.6　干燥箱：110℃±2℃。

5.1.3.7　带螺盖耐热试管或者其他能够密封的耐热试管：容积为 20 mL。

5.1.3.8　注射器：10 mL。

5.1.4　采样

取代表样 250 mL 送往实验室，样品不应受到破坏或者在转运和贮藏期间发生变化。采样参照 ISO 5538：1987 执行。

5.1.5　分析步骤

5.1.5.1　试样水解液的制备

吸取 2.00 mL 试样，置于带密闭的耐热试管（5.1.3.7）中，加入 6 mL 的 10.6 mol/L 盐酸溶液（5.1.2.4），混匀。向试管中缓慢通入高纯度氮气（5.1.2.2）1~2 min，密闭试管，然后将其置于干燥箱（5.1.3.6）中，在 110℃下加热水解 23~24 h。加热约 1 h 后，轻轻摇动试管。

加热结束后，将试管从干燥箱中取出，冷却后干过滤，保留滤液供测定。

5.1.5.2　试样水解液中蛋白质含量的测定

吸取 2.00 mL 试样水解液（5.1.5.1），按 GB/T 5413.1 测定试样溶液中蛋白质含量。

5.1.5.3　试样水解液中糠氨酸含量的测定

5.1.5.3.1　试样水解液的纯化

将 C_{18} 萃取柱（5.1.3.4）安装在注射器上，先后分别用 5 mL 甲醇和 10 mL 水润湿萃取柱，保持萃取柱湿润状态。吸取 0.500 mL 试样水解液于萃取柱，用注射器（5.1.3.8）缓慢推入 C_{18} 萃取柱内。吸取 3 mol/L 盐酸溶液洗脱萃取柱中的样品至 3 mL。

5.1.5.3.2　测定

a）色谱条件：C_{18} 硅胶色谱柱，250 mm×4.6 mm，5 μm 粒径，柱温 32℃。

b）洗脱液：0.1% 三氟乙酸溶液（5.1.2.5）为洗脱液 A，甲醇（5.1.2.1）为洗脱液 B。

c）洗脱梯度：见表 1。

表 1　洗脱梯度

序号	时间/min	流量/（mL/min）	洗脱液 A/%	洗脱液 B/%
1	—	1.00	100.0	0.0
2	16.00	1.00	86.8	13.2

（续表）

序号	时间 /min	流量 /（mL/min）	洗脱液 A /%	洗脱液 B /%
3	16.50	1.50	100.0	0.0
4	30.00	1.00	0.0	100.0

d）测定：利用洗脱液 A 和洗脱液 B 的混合液（50∶50），以 1 mL/min 的流速平衡色谱系统。注入 20~50 μL 的 3 mol/L 盐酸溶液平衡柱子，以检查溶剂的纯度。注入 10 μL 待测溶液测定糠氨酸含量。每测定 10 个样品后测定一次标准工作溶液（5.1.2.7），以校准仪器。糠氨酸的出峰时间应该在 8~10 min（参见附录 A 和附录 B）。

5.1.6 结果计算

糠氨酸含量以样品质量分数 W 计，数值以每 100 g 蛋白质中所含毫克数表示，按如下公式计算：

$$W = \frac{b \times D}{m} \times 100 \qquad\qquad \cdots\cdots\cdots\cdots\cdots\cdots\text{（1）}$$

式中：

W——样品中每 100 g 蛋白质中糠氨酸的含量，单位为毫克（mg）；

b——样品水解液中糠氨酸浓度，单位为微克每毫升（μg/mL）；

D——测定时稀释倍数（$D=6$）；

m——样品水解液中蛋白质浓度，单位为毫克每毫升（mg/mL）。

计算结果精确到小数点后一位。

5.1.7 精密度

在重复性条件下获得两次独立测定结果的绝对差值不得超过算术平均值的 5%。

5.2 乳果糖含量的测定

5.2.1 原理

牛奶在加热处理过程中，部分乳糖异构为乳果糖，经 β-D-半乳糖苷酶水解后生成半乳糖和果糖，通过酶法测定产生的果糖量计算牛乳中乳果糖含量。

5.2.2 试剂与材料

除非另有说明，在分析中仅用分析纯试剂和 GB/T 6682—1992 中一级水。

5.2.2.1 碳酸氢钠（$NaHCO_3$）

5.2.2.2 过氧化氢（H_2O_2），质量分数为 30%

5.2.2.3 辛醇（$C_8H_{18}O$）

5.2.2.4 灭菌水

5.2.2.5 300 g/L 硫酸锌溶液

5.2.2.6 150 g/L 亚铁氰化钾溶液

5.2.2.7 0.33 mol/L 氢氧化钠溶液（NaOH）

5.2.2.8 1 mol/L 氢氧化钠溶液（NaOH）

5.2.2.9 缓冲液 A：pH 值=7.5

称 4.8 g 磷酸氢二钠（Na_2HPO_4），0.86 g 磷酸二氢钠（$NaH_2PO_4 \cdot H_2O$）和 0.1 g 硫酸镁（$MgSO_4 \cdot 7H_2O$）溶解于 80 mL 水中，用 1 mol/L 氢氧化钠溶液调整 pH 值到 7.5±0.1（20℃），稀释到 100 mL，摇匀。

5.2.2.10　缓冲液 B：pH 值=7.6

称取 14.00 g 三乙醇胺 [$N(CH_2CH_2OH)_3HCl$] 和 0.25 g 硫酸镁（$MgSO_4 \cdot 7H_2O$）溶解于 80 mL 水中。用 1 mol/L 氢氧化钠溶液（5.2.2.8）调整 pH 值到 7.6±0.1（20℃），稀释到 100 mL，摇匀。

5.2.2.11　缓冲液 C

将 40.0 mL 缓冲液 B 用水稀释到 100 mL，摇匀。

5.2.2.12　β-D-半乳糖苷酶悬浮液

用 3.2 mol/L 硫酸铵溶液将活性为 30 IU/mg 的 β-D-半乳糖苷酶（EC.3.2.1.23）制备成浓度为 5 mg/mL 的悬浮液。

5.2.2.13　葡萄糖氧化酶悬浮液

用灭菌水将活性为 200 IU/mg 的葡萄糖氧化酶（EC.1.1.3.4）制备成浓度为 20 mg/mL 悬浮溶液。

5.2.2.14　过氧化氢酶悬浮液

用灭菌水将活性为 65000 IU/mg 的过氧化氢酶（EC.1.11.1.6）制备成浓度为 20 mg/mL 的悬浮液。

5.2.2.15　己糖激酶/葡萄糖-6-磷酸脱氢酶悬浮液

在 1 mL 浓度为 3.2 mol/L 硫酸铵溶液中加入 2 mg 活性为 140 IU/mg 的己糖激酶（EC.2.7.1.1）和 1 mg 活性为 140 IU/mg 的葡萄糖-6-磷酸脱氢酶（EC.1.11.1.6），轻摇均匀，成悬浮液。

5.2.2.16　磷酸葡萄糖异构酶悬浮液

用 3.2 mol/L 硫酸铵溶液将活性为 350 IU/mg 的磷酸葡萄糖异构酶（EC.5.3.1.9）制备成浓度为 2 mg/mL 的悬浮液。

5.2.2.17　ATP 溶液

将 50 mg 5'-ATP-Na_2 和 50 mg 碳酸氢钠（5.2.2.1）溶于 1 mL 水中。

5.2.2.18　NADP 溶液

将 10 mg β-NADP-Na_2 溶于 1 mL 水中。

5.2.3　仪器和设备

5.2.3.1　检测实验室常用仪器设备。

5.2.3.2　水浴或干燥箱：温度能维持在 40℃±2℃。

5.2.3.3　分光光度计，能在 340nm 波长处检测。

5.2.4　采样

同 5.1.4。

5.2.5　分析步骤

5.2.5.1　试液制备

量取 50.0 mL 样品到 100 mL 容量瓶中，用水稀释到刻度后混匀。

5.2.5.2 纯化

吸取 10.0 mL 试液（5.2.5.1）于 50 mL 锥形瓶中，依次加入 1.75 mL 亚铁氰化钾溶液（5.2.2.6）、1.75 mL 硫酸锌溶液（5.2.2.5）和 6.5 mL 缓冲液 A（5.2.2.9）。每加入一种溶液后，充分振荡均匀。全部溶液加完后，静置 10 min，过滤，弃去最初的 1~2 mL 滤液，收集滤液。

5.2.5.3 水解乳糖和乳果糖

吸取 5.00 mL 滤液于 10 mL 容量瓶中，加入 50 μL 的 β-D-半乳糖苷酶悬浮液（5.2.2.12），混匀后加盖。在 40℃ 水浴或干燥箱培养至少 10 h。

5.2.5.4 葡萄糖氧化

依次加入 2.0 mL 缓冲液 C（5.2.2.11）、100 μL 葡萄糖氧化酶悬浮液（5.2.2.13）、1 滴辛醇（5.2.2.3）、0.5 mL 浓度为 0.33 mol/L 氢氧化钠溶液（5.2.2.7）、50 μL 过氧化氢（5.2.2.2）和 0.1 mL 过氧化氢酶悬浮液（5.2.2.14），每加入一种试剂均要摇匀。全部溶液加完后，在 40℃ 水浴或干燥箱中培养 3 h。冷却后稀释至 10 mL，过滤，弃去最初的 1~2 mL 滤液，收集滤液。

5.2.5.5 空白

依照 5.2.5.1 到 5.2.5.4 步骤处理空白溶液，但不加 β-D-半乳糖苷酶悬浮液（5.2.2.12）。

5.2.5.6 测定

测定步骤见表 2。

表 2 测定步骤

步骤	空白	样品
比色皿中依次加入：		
缓冲液 B（5.2.2.10）	1.00 mL	1.00 mL
ATP 溶液（5.2.2.17）	0.100 mL	0.100 mL
NADP 溶液（5.2.2.18）	0.100 mL	0.100 mL
滤液（5.2.5.4）	1.00 mL	1.00 mL
水	1.00 mL	1.00 mL
混合均匀后，静置 3 min		
加入己糖激酶/葡萄糖-6-磷酸脱氢酶悬浮液（5.2.2.15）	20 μL	20 μL
混合均匀，等反应停止后（约 10 min），记录吸光值	A_{b1}	A_{s1}
加入磷酸葡萄糖异构酶悬浮液（5.2.2.16）	20 μL	20 μL
混合均匀，等反应停止后（10~15 min），记录吸光值	A_{b2}	A_{b2}

注 1：以上反应均在同一比色皿中完成。

注 2：如果 1 mL 滤液吸光值增加超过 1.3，则减少样品滤液取样体积，注意增加水以保证比色皿中反应液总体积不变。

5.2.6 结果计算

5.2.6.1 吸光值差

样品吸光值差 ΔA_s 的计算：

$$\Delta A_s = (A_{s2} - A_{s1}) \qquad \cdots\cdots\cdots\cdots\cdots (2)$$

空白吸光值差 ΔA_b 的计算：

$$\Delta A_b = (A_{b2} - A_{b1}) \qquad \cdots\cdots\cdots\cdots\cdots (3)$$

样品净吸光值差 ΔAL 的计算：

$$\Delta AL = \Delta A_s - \Delta A_b \qquad \cdots\cdots\cdots\cdots\cdots (4)$$

5.2.6.2 乳果糖含量

乳果糖的含量以样品的质量浓度 c 计，数值以毫克每升（mg/L）表示，按下列公式计算：

$$c = \frac{ML \times V_1 \times 400}{\varepsilon \times d \times V_2 \times V} \times \Delta AL \qquad \cdots\cdots\cdots\cdots\cdots (5)$$

式中：

ΔAL——样品净吸光值差；

ML——乳果糖的摩尔质量（342.3 g/mol）；

ε——NADPH 在 340nm 处的摩尔吸光值（6.3 L·mmol^{-1}·cm^{-1}）；

V_1——比色皿液体总体积，$V_1 = 3.240$ mL；

V_2——比色皿中滤液的体积，$V_2 = 1.00$ mL；

d——比色皿光通路长度，$d = 1.00$ cm；

V——测试样体积（L）。

计算结果精确到小数点后一位。

5.2.7 精密度

在重复性条件下获得两次独立测定结果的绝对差值不得超过算术平均值的 5%。

附 录 A
（资料性附录）
糠氨酸标准物的分离图谱

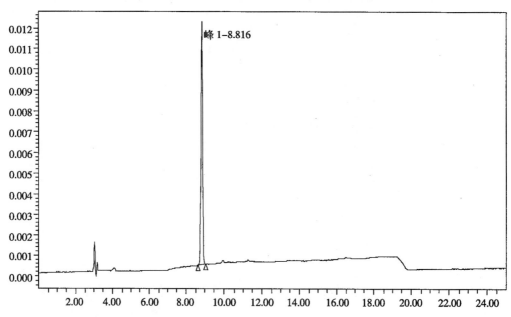

注：横轴表示保留时间，单位为分钟（min）；纵轴表示吸光度（AU）；峰 1 表示糠氨酸峰。

附　录　B
（资料性附录）
巴氏杀菌乳样品中糠氨酸的分离图谱

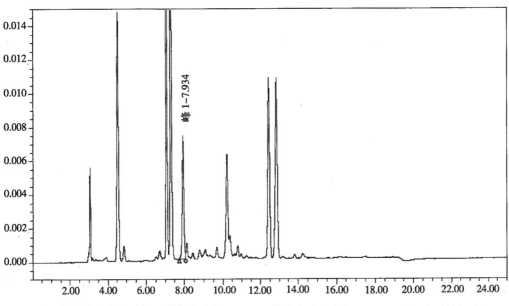

峰1-7.934

注：横轴表示保留时间，单位为分钟（min）；纵轴表示吸光度（AU）；峰1表示糠氨酸峰。

◀ 第五章

引用标准

【污染物限量】
食品安全国家标准　食品中污染物限量

标　准　号：**GB 2762—2017**
发布日期：**2017-03-17**　　　　　　　　　实施日期：**2017-09-17**
发布单位：**中华人民共和国国家卫生和计划生育委员会、国家食品药品监督管理总局**

前　　言

本标准代替 GB 2762—2012《食品安全国家标准　食品中污染物限量》。

本标准与 GB 2762—2012 相比，主要变化如下：

——删除了稀土限量要求；

——修改了应用原则；

——增加了螺旋藻及其制品中铅限量要求；

——调整了黄花菜中镉限量要求；

——增加了特殊医学用途配方食品、辅食营养补充品、运动营养食品、孕妇及乳母营养补充食品中污染物限量要求；

——更新了检验方法标准号；

——增加了无机砷限量检验要求的说明；

——修改了附录 A。

1　范围

本标准规定了食品中铅、镉、汞、砷、锡、镍、铬、亚硝酸盐、硝酸盐、苯并[a]芘、N-二甲基亚硝胺、多氯联苯、3-氯-1,2-丙二醇的限量指标。

2　术语和定义

2.1　污染物

食品在从生产（包括农作物种植、动物饲养和兽医用药）、加工、包装、贮存、运输、销售，直至食用等过程中产生的或由环境污染带入的、非有意加入的化学性危害物质。

本标准所规定的污染物是指除农药残留、兽药残留、生物毒素和放射性物质以外的污染物。

2.2　可食用部分

食品原料经过机械手段（如谷物碾磨、水果剥皮、坚果去壳、肉去骨、鱼去刺、贝去壳等）去除非食用部分后，所得到的用于食用的部分。

注1：非食用部分的去除不可采用任何非机械手段（如粗制植物油精炼过程）。

注2：用相同的食品原料生产不同产品时，可食用部分的量依生产工艺不同而异。如

用麦类加工麦片和全麦粉时，可食用部分按100%计算；加工小麦粉时，可食用部分按出粉率折算。

2.3 限量

污染物在食品原料和（或）食品成品可食用部分中允许的最大含量水平。

3 应用原则

3.1 无论是否制定污染物限量，食品生产和加工者均应采取控制措施，使食品中污染物的含量达到最低水平。

3.2 本标准列出了可能对公众健康构成较大风险的污染物，制定限量值的食品是对消费者膳食暴露量产生较大影响的食品。

3.3 食品类别（名称）说明（附录A）用于界定污染物限量的适用范围，仅适用于本标准。当某种污染物限量应用于某一食品类别（名称）时，则该食品类别（名称）内的所有类别食品均适用，有特别规定的除外。

3.4 食品中污染物限量以食品通常的可食用部分计算，有特别规定的除外。

3.5 限量指标对制品有要求的情况下，其中干制品中污染物限量以相应新鲜食品中污染物限量结合其脱水率或浓缩率折算。脱水率或浓缩率可通过对食品的分析、生产者提供的信息以及其他可获得的数据信息等确定。有特别规定的除外。

4 指标要求

4.1 铅

4.1.1 食品中铅限量指标见表1。

表1 食品中铅限量指标

食品类别（名称）	限量（以Pb计）/（mg/kg）
谷物及其制品^a[麦片、面筋、八宝粥罐头、带馅（料）面米制品除外]	0.2
麦片、面筋、八宝粥罐头、带馅（料）面米制品	0.5
蔬菜及其制品	
新鲜蔬菜（芸薹类蔬菜、叶菜蔬菜、豆类蔬菜、薯类除外）	0.1
芸薹类蔬菜、叶菜蔬菜	0.3
豆类蔬菜、薯类	0.2
蔬菜制品	1.0
水果及其制品	
新鲜水果（浆果和其他小粒水果除外）	0.1
浆果和其他小粒水果	0.2
水果制品	1.0
食用菌及其制品	1.0
豆类及其制品	

（续表）

食品类别（名称）	限量（以 Pb 计）/（mg/kg）
豆类	0.2
豆类制品（豆浆除外）	0.5
豆浆	0.05
藻类及其制品（螺旋藻及其制品除外）	1.0（干重计）
螺旋藻及其制品	2.0（干重计）
坚果及籽类（咖啡豆除外）	0.2
咖啡豆	0.5
肉及肉制品	
肉类（畜禽内脏除外）	0.2
畜禽内脏	0.5
肉制品	0.5
水产动物及其制品	
鲜、冻水产动物（鱼类、甲壳类、双壳类除外）	1.0（去除内脏）
鱼类、甲壳类	0.5
双壳类	1.5
水产制品（海蜇制品除外）	1.0
海蜇制品	2.0
乳及乳制品（生乳、巴氏杀菌乳、灭菌乳、发酵乳、调制乳、乳粉、非脱盐乳清粉除外）	0.3
生乳、巴氏杀菌乳、灭菌乳、发酵乳、调制乳	0.05
乳粉、非脱盐乳清粉	0.5
蛋及蛋制品（皮蛋、皮蛋肠除外）	0.2
皮蛋、皮蛋肠	0.5
油脂及其制品	0.1
调味品（食用盐、香辛料类除外）	1.0
食用盐	2.0
香辛料类	3.0
食糖及淀粉糖	0.5
淀粉及淀粉制品	
食用淀粉	0.2
淀粉制品	0.5
焙烤食品	0.5
饮料类（包装饮用水、果蔬汁类及其饮料、含乳饮料、固体饮料除外）	0.3 mg/L
包装饮用水	0.01 mg/L
果蔬汁类及其饮料［浓缩果蔬汁（浆）除外］、含乳饮料	0.05 mg/L
浓缩果蔬汁（浆）	0.5 mg/L

（续表）

食品类别（名称）	限量（以 Pb 计）/（mg/kg）
固体饮料	1.0
酒类（蒸馏酒、黄酒除外）	0.2
蒸馏酒、黄酒	0.5
可可制品、巧克力和巧克力制品以及糖果	0.5
冷冻饮品	0.3
特殊膳食用食品	
婴幼儿配方食品（液体产品除外）	0.15（以粉状产品计）
液体产品	0.02（以即食状态计）
婴幼儿辅助食品	
婴幼儿谷类辅助食品（添加鱼类、肝类、蔬菜类的产品除外）	0.2
添加鱼类、肝类、蔬菜类的产品	0.3
婴幼儿罐装辅助食品（以水产及动物肝脏为原料的产品除外）	0.25
以水产及动物肝脏为原料的产品	0.3
特殊医学用途配方食品（特殊医学用途婴儿配方食品涉及的品种除外）	
10 岁以上人群的产品	0.5（以固态产品计）
1 岁~10 岁人群的产品	0.15（以固态产品计）
辅助营养补充品	0.5
运动营养食品	
固态、半固态或粉状	0.5
液态	0.05
孕妇及乳母营养补充食品	0.5
其他类	
果冻	0.5
膨化食品	0.5
茶叶	5.0
干菊花	5.0
苦丁茶	2.0
蜂产品	
蜂蜜	1.0
花粉	0.5

ᵃ稻谷以糙米计。

4.1.2　检验方法：按 GB 5009.12 规定的方法测定。

4.2　镉

4.2.1　食品中镉限量指标见表 2。

表 2　食品中镉限量指标

食品类别（名称）	限量（以 Cd 计）/（mg/kg）
谷物及其制品	
谷物（稻谷ᵃ除外）	0.1
谷物碾磨加工品（糙米、大米除外）	0.1
稻谷ᵃ、糙米、大米	0.2
蔬菜及其制品	
新鲜蔬菜（叶菜蔬菜、豆类蔬菜、块根和块茎蔬菜、茎类蔬菜、黄花菜除外）	0.05
叶菜蔬菜	0.2
豆类蔬菜、块根和块茎蔬菜、茎类蔬菜（芹菜除外）	0.1
芹菜、黄花菜	0.2
水果及其制品	
新鲜水果	0.05
食用菌及其制品	
新鲜食用菌（香菇和姬松茸除外）	0.2
香菇	0.5
食用菌制品（姬松茸制品除外）	0.5
豆类及其制品	
豆类	0.2
坚果及籽类	
花生	0.5
肉及肉制品	
肉类（畜禽内脏除外）	0.1
畜禽肝脏	0.5
畜禽肾脏	1.0
肉制品（肝脏制品、肾脏制品除外）	0.1
肝脏制品	0.5
肾脏制品	1.0
水产动物及其制品	
鲜、冻水产动物	
鱼类	0.1
甲壳类	0.5
双壳类、腹足类、头足类、棘皮类	2.0（去除内脏）
水产制品	
鱼类罐头（凤尾鱼、旗鱼罐头除外）	0.2
凤尾鱼、旗鱼罐头	0.3
其他鱼类制品（凤尾鱼、旗鱼制品除外）	0.1
凤尾鱼、旗鱼制品	0.3

（续表）

食品类别（名称）	限量（以 Cd 计）/（mg/kg）
蛋及蛋制品	0.05
调味品	
食用盐	0.5
鱼类调味品	0.1
饮料类	
包装饮用水（矿泉水除外）	0.005 mg/L
矿泉水	0.003 mg/L

　ᵃ稻谷以糙米计。

4.2.2　检验方法：按 GB 5009.15 规定的方法测定。

4.3　汞

4.3.1　食品中汞限量指标见表 3。

表 3　食品中汞限量指标

食品类别（名称）	限量（以 Hg 计）/（mg/kg）	
	总汞	甲基汞ᵃ
水产动物及其制品（肉食性鱼类及其制品除外）	—	0.5
肉食性鱼类及其制品	—	1.0
谷物及其制品		
稻谷ᵇ、糙米、大米、玉米、玉米面（渣、片）、小麦、小麦粉	0.02	—
蔬菜及其制品		
新鲜蔬菜	0.01	—
食用菌及其制品	0.1	—
肉及肉制品		
肉类	0.05	—
乳及乳制品		
生乳、巴氏杀菌乳、灭菌乳、调制乳、发酵乳	0.01	—
蛋及蛋制品		
鲜蛋	0.05	—
调味品		
食用盐	0.1	—
饮料类		
矿泉水	0.001 mg/L	—
特殊膳食用食品		
婴幼儿罐装辅助食品	0.02	—

　ᵃ水产动物及其制品可先测定总汞，当总汞水平不超过甲基汞限量值时，不必测定甲基汞；否则，
需再测定甲基汞。

　ᵇ稻谷以糙米计。

4.3.2 检验方法：按 GB 5009.17 规定的方法测定。

4.4 砷

4.4.1 食品中砷限量指标见表 4。

表 4 食品中砷限量指标

食品类别（名称）	限量（以 As 计）/（mg/kg）	
	总砷	无机砷[b]
谷物及其制品		
谷物（稻谷[a]除外）	0.5	—
谷物碾磨加工品（糙米、大米除外）	0.5	—
稻谷[a]、糙米、大米	—	0.2
水产动物及其制品（鱼类及其制品除外）	—	0.5
鱼类及其制品	—	0.1
蔬菜及其制品		
新鲜蔬菜	0.5	
食用菌及其制品	0.5	—
肉及肉制品	0.5	—
乳及乳制品		
生乳、巴氏杀菌乳、灭菌乳、调制乳、发酵乳	0.1	—
乳粉	0.5	—
油脂及其制品	0.1	—
调味品（水产调味品、藻类调味品和香辛料类除外）	0.5	—
水产调味品（鱼类调味品除外）	—	0.5
鱼类调味品	—	0.1
食糖及淀粉糖	0.5	—
饮料类		
包装饮用水	0.01 mg/L	—
可可制品、巧克力和巧克力制品以及糖果		
可可制品、巧克力和巧克力制品	0.5	—
特殊膳食用食品		
婴幼儿辅助食品		
婴幼儿谷类辅助食品（添加藻类的产品除外）	—	0.2
添加藻类的产品	—	0.3
婴幼儿罐装辅助食品（以水产及动物肝脏为原料的产品除外）	—	0.1
以水产及动物肝脏为原料的产品	—	0.3

（续表）

食品类别（名称）	限量（以 As 计）/（mg/kg）	
	总砷	无机砷[b]
辅食营养补充品	—	—
运动营养食品		
固态、半固态或粉状	0.5	—
液态	0.2	—
孕妇及乳母营养补充食品	0.5	—

  [a]稻谷以糙米计。

  [b]对于制定无机砷限量的食品可先测定其总砷，当总砷水平不超过无机砷限量值时，不必测定无机砷；否则，需再测定无机砷。

4.4.2　检验方法：按 GB5009.11 规定的方法测定。

4.5　锡

4.5.1　食品中锡限量指标见表 5。

表 5　食品中锡限量指标

食品类别（名称）	限量（以 Sn 计）/（mg/kg）
食品（饮料类、婴幼儿配方食品、婴幼儿辅助食品除外）[a]	250
饮料类	150
婴幼儿配方食品、婴幼儿辅助食品	50

  [a]仅限于采用镀锡薄板容器包装的食品。

4.5.2　检验方法：按 GB 5009.16 规定的方法测定。

4.6　镍

4.6.1　食品中镍限量指标见表 6。

表 6　食品中镍限量指标

食品类别（名称）	限量（以 Ni 计）/（mg/kg）
油脂及其制品	
氢化植物油及氢化植物油为主的产品	1.0

4.6.2　检验方法：按 GB 5009.138 规定的方法测定。

4.7　铬

4.7.1　食品中铬限量指标见表 7。

表7　食品中铬限量指标

食品类别（名称）	限量（以 Cr 计）/（mg/kg）
谷物及其制品	
谷物[a]	1.0
谷物碾磨加工品	1.0
蔬菜及其制品	
新鲜蔬菜	0.5
豆类及其制品	
豆类	1.0
肉及肉制品	1.0
水产动物及其制品	2.0
乳及乳制品	
生乳、巴氏杀菌乳、灭菌乳、调制乳、发酵乳	0.3
乳粉	2.0

　[a]稻谷以糙米计。

4.7.2　检验方法：按 GB 5009.123 规定的方法测定。

4.8　亚硝酸盐、硝酸盐

4.8.1　食品中亚硝酸盐、硝酸盐限量指标见表8。

表8　食品中亚硝酸盐、硝酸盐限量指标

食品类别（名称）	限量/（mg/kg）	
	亚硝酸盐（以 $NaNO_2$ 计）	硝酸盐（以 $NaNO_3$ 计）
蔬菜及其制品		
腌渍蔬菜	20	—
乳及乳制品		
生乳	0.4	—
乳粉	2.0	—
饮料类		
包装饮用水（矿泉水除外）	0.005 mg/L（以 NO_2^- 计）	—
矿泉水	0.1 mg/L（以 NO_2^- 计）	45 mg/L（以 NO_3^- 计）
特殊膳食用食品		
婴幼儿配方食品		
婴儿配方食品	2.0[a]（以粉状产品计）	100（以粉状产品计）

（续表）

食品类别（名称）	限量/（mg/kg）	
	亚硝酸盐 （以 NaNO₂ 计）	硝酸盐（以 NaNO₃ 计）
较大婴儿和幼儿配方食品	2.0ᵃ（以粉状产品计）	100ᵇ（以粉状产品计）
特殊医学用途婴儿配方食品	2.0（以粉状产品计）	100（以粉状产品计）
婴幼儿辅助食品		
婴幼儿谷类辅助食品	2.0ᶜ	100ᵇ
婴幼儿罐装辅助食品	4.0ᶜ	200ᵇ
特殊医学用途配方食品（特殊医学用途婴儿配方食品涉及的品种除外）	2ᵈ（以固态产品计）	100ᵇ（以固态产品计）
辅食营养补充品	2ᵃ	100ᵇ
孕妇及乳母营养补充食品	2ᶜ	100ᵇ

　ᵃ仅适用于乳基产品。

　ᵇ不适合于添加蔬菜和水果的产品。

　ᶜ不适合于添加豆类的产品。

　ᵈ仅适用于乳基产品（不含豆类成分）。

4.8.2　检验方法：饮料类按 GB 8538 规定的方法测定，其他食品按 GB 5009.33 规定的方法测定。

4.9　苯并［a］芘

4.9.1　食品中苯并［a］芘限量指标见表9。

表 9　食品中苯并［a］芘限量指标

食品类别（名称）	限量/（μg/kg）
谷物及其制品	
稻谷ᵃ、糙米、大米、小麦、小麦粉、玉米、玉米面（渣、片）	5.0
肉及肉制品	
熏、烧、烤肉类	5.0
水产动物及其制品	
熏、烤水产品	5.0
油脂及其制品	10

　ᵃ稻谷以糙米计。

4.9.2　检验方法：按 GB 5009.27 规定的方法测定。

4.10 *N*-二甲基亚硝胺

4.10.1 食品中 *N*-二甲基亚硝胺限量指标见表 10。

表 10 食品中 *N*-二甲基亚硝胺限量指标

食品类别（名称）	限量/（μg/kg）
肉及肉制品	
肉制品（肉类罐头除外）	3.0
熟肉干制品	3.0
水产动物及其制品	
水产制品（水产品罐头除外）	4.0
干制水产品	4.0

4.10.2 检验方法：按 GB 5009.26 规定的方法测定。

4.11 多氯联苯

4.11.1 食品中多氯联苯限量指标见表 11。

表 11 食品中多氯联苯限量指标

食品类别（名称）	限量[a]/（mg/kg）
水产动物及其制品	0.5

[a] 多氯联苯以 PCB28、PCB52、PCB101、PCB118、PCB138、PCB153 和 PCB180 总和计。

4.11.2 检验方法：按 GB 5009.190 规定的方法测定。

4.12 3-氯-1,2-丙二醇

4.12.1 食品中 3-氯-1,2-丙二醇限量指标见表 12。

表 12 食品中 3-氯-1,2-丙二醇限量指标

食品类别（名称）	限量/（mg/kg）
调味品[a]	
液态调味品	0.4
固态调味品	1.0

[a] 仅限于添加酸水解植物蛋白的产品。

4.12.2 检验方法：按 GB 5009.191 规定的方法测定。

附 录 A
食品类别（名称）说明

A.1 食品类别（名称）说明见表 A.1。

表 A.1 食品类别（名称）说明

水果及其制品	新鲜水果（未经加工的、经表面处理的、去皮或预切的、冷冻的水果）
	  浆果和其他小粒水果
	  其他新鲜水果（包括甘蔗）
	水果制品
	  水果罐头
	  醋、油或盐渍水果
	  果酱（泥）
	  蜜饯凉果（包括果丹皮）
	  发酵的水果制品
	  煮熟的或油炸的水果
	  水果甜品
	  其他水果制品

蔬菜及其制品（包括薯类、不包括食用菌）	新鲜蔬菜（未经加工的、经表面处理的、去皮或预切的、冷冻的蔬菜）
	  芸薹类蔬菜
	  叶菜蔬菜（包括芸薹类叶菜）
	  豆类蔬菜
	  块根和块茎蔬菜（例如薯类、胡萝卜、萝卜、生姜等）
	  茎类蔬菜（包括豆芽菜）
	  其他新鲜蔬菜（包括瓜果类、鳞茎类和水生类、芽菜类及竹笋、黄花菜等多年生蔬菜）
	蔬菜制品
	  蔬菜罐头
	  腌渍蔬菜（例如酱渍、盐渍、糖醋渍蔬菜等）
	  蔬菜泥（酱）
	  发酵蔬菜制品
	  经水煮或油炸的蔬菜
	  其他蔬菜制品

食用菌及其制品	新鲜食用菌（未经加工的、经表面处理的、预切的、冷冻的食用菌）
	  香菇
	  姬松茸
	  其他新鲜食用菌
	食用菌制品
	  食用菌罐头
	  腌渍食用菌（例如酱渍、盐渍、糖醋渍食用菌等）
	  经水煮或油炸食用菌
	  其他食用菌制品

谷物及其制品（不包括焙烤制品）	谷物 　稻谷 　玉米 　小麦 　大麦 　其他谷物［例如粟（谷子）、高粱、黑麦、燕麦、荞麦等］ 谷物碾磨加工品 　糙米 　大米 　小麦粉 　玉米面（渣、片） 　麦片 　其他去壳谷物（例如小米、高粱米、大麦米、黍米等） 谷物制品 　大米制品（例如米粉、汤圆粉及其他制品等） 　小麦粉制品 　　生湿面制品（例如面条、饺子皮、馄饨皮、烧麦皮等） 　　生干面制品 　　发酵面制品 　　面糊（例如用于鱼和禽肉的拖面糊）、裹粉、煎炸粉 　　面筋 　　其他小麦粉制品 　玉米制品 　其他谷物制品［例如带馅（料）面米制品、八宝粥罐头等］
豆类及其制品	豆类（干豆、以干豆磨成的粉） 豆类制品 　非发酵豆制品（例如豆浆、豆腐类、豆干类、腐竹类、熟制豆类、大豆蛋白膨化食品、大豆素肉等） 　发酵豆制品（例如腐乳类、纳豆、豆豉、豆豉制品等） 　豆类罐头
藻类及其制品	新鲜藻类（未经加工的、经表面处理的、预切的、冷冻的藻类） 　螺旋藻 　其他新鲜藻类 藻类制品 　藻类罐头 　经水煮或油炸的藻类 　其他藻类制品
坚果及籽类	生干坚果及籽类 　木本坚果（树果） 　油料（不包括谷物种子和豆类） 　饮料及甜味种子（例如可可豆、咖啡豆等） 坚果及籽类制品 　熟制坚果及籽类（带壳、脱壳、包衣） 　坚果及籽类罐头 　坚果及籽类的泥（酱）（例如花生酱等） 　其他坚果及籽类制品（例如腌渍的果仁等）

（续表）

	肉类（生鲜、冷却、冷冻肉等）
肉及肉制品	畜禽肉
	畜禽内脏（例如肝、肾、肺、肠等）
	肉制品（包括内脏制品）
	预制肉制品
	调理肉制品（生肉添加调理料）
	腌腊肉制品类（例如咸肉、腊肉、板鸭、中式火腿、腊肠等）
	熟肉制品
	肉类罐头
	酱卤肉制品类
	熏、烧、烤肉类
	油炸肉类
	西式火腿（熏烤、烟熏、蒸煮火腿）类
	肉灌肠类
	发酵肉制品类
	其他熟肉制品

	鲜、冻水产动物
水产动物及其制品	鱼类
	非肉食性鱼类
	肉食性鱼类（例如鲨鱼、金枪鱼等）
	甲壳类
	软体动物
	头足类
	双壳类
	棘皮类
	腹足类
	其他软体动物
	其他鲜、冻水产动物
	水产制品
	水产品罐头
	鱼糜制品（例如鱼丸等）
	腌制水产品
	鱼子制品
	熏、烤水产品
	发酵水产品
	其他水产制品

	生乳
乳及乳制品	巴氏杀菌乳
	灭菌乳
	调制乳
	发酵乳
	炼乳
	乳粉
	乳清粉和乳清蛋白粉（包括非脱盐乳清粉）
	干酪
	再制干酪
	其他乳制品（包括酪蛋白）

（续表）

蛋及蛋制品	鲜蛋 蛋制品 　卤蛋 　糟蛋 　皮蛋 　咸蛋 　其他蛋制品
油脂及其制品	植物油脂 动物油脂（例如猪油、牛油、鱼油、稀奶油、奶油、无水奶油等） 油脂制品 　氢化植物油及以氢化植物油为主的产品（例如人造奶油、起酥油等） 　调和油 　其他油脂制品
调味品	食用盐 味精 食醋 酱油 酿造酱 调味料酒 香辛料类 　香辛料及粉 　香辛料油 　香辛料酱（何如芥末酱、青芥酱等） 　其他香辛料加工品 水产调味品 　鱼类调味品（例如鱼露等） 　其他水产调味品（例如蚝油、虾油等） 复合调味料（例如固体汤料、鸡精、鸡粉、蛋黄酱、沙拉酱、调味清汁等） 其他调味品
饮料类	包装饮用水 　矿泉水 　纯净水 　其他包装饮用水 果蔬汁类及其饮料（例如苹果汁、苹果醋、山楂汁、山楂醋等） 　果蔬汁（浆） 　浓缩果蔬汁（浆） 　其他果蔬汁（肉）饮料（包括发酵型产品） 蛋白饮料 　含乳饮料（例如发酵型含乳饮料、配制型含乳饮料、乳酸菌饮料等） 　植物蛋白饮料 　复合蛋白饮料 　其他蛋白饮料 碳酸饮料 茶饮料 咖啡类饮料 植物饮料 风味饮料 固体饮料［包括速溶咖啡、研磨啡啡（烘培咖啡）］ 其他饮料

（续表）

酒类	蒸馏酒（例如白酒、白兰地、威士忌、伏特加、朗姆酒等） 配制酒 发酵酒（例如葡萄酒、黄酒、啤酒等）
食糖及淀粉糖	食糖 　白糖及白糖制品（例如白砂糖、绵白糖、冰糖、方糖等） 　其他糖和糖浆（例如红糖、赤砂糖、冰片糖、原糖、糖蜜、部分转化糖、槭树糖浆等） 乳糖 淀粉糖（例如果糖、葡萄糖、饴糖、部分转化糖等）
淀粉及淀粉制品（包括谷物、豆类和块根植物提取的淀粉）	食用淀粉 淀粉制品 　粉丝、粉条 　藕粉 　其他淀粉制品（例如虾味片等）
焙烤食品	面包 糕点（包括月饼） 饼干（例如夹心饼干、威化饼干、蛋卷等） 其他焙烤食品
可可制品、巧克力和巧克力制品以及糖果	可可制品，巧克力和巧克力制品（包括代可可脂巧克力及制品） 糖果（包括胶基糖果）
冷冻饮品	冰淇淋、雪糕类 风味冰、冰棍类 食用冰 其他冷冻饮品
特殊膳食用食品	婴幼儿配方食品 　婴儿配方食品 　较大婴儿和幼儿配方食品 　特殊医学用途婴儿配方食品 婴幼儿辅助食品 　婴幼儿谷类辅助食品 　婴幼儿罐装辅助食品 特殊医学用途配方食品（特殊医学用途婴儿配方食品涉及的品种除外） 其他特殊膳食用食品（例如辅食营养补充品、运动营养食品、孕妇及乳母营养补充食品等）
其他类（除上述食品以外的食品）	果冻 膨化食品 蜂产品（例如蜂蜜、花粉等） 茶叶 干菊花 苦丁茶

【真菌毒素限量】
食品安全国家标准 食品中真菌毒素限量

标 准 号：GB 2761—2017

发布日期：2017-03-17 实施日期：2017-09-17

发布单位：中华人民共和国国家卫生和计划生育委员会、国家食品药品监督管理总局

前 言

本标准代替 GB 2761—2011《食品安全国家标准 食品中真菌毒素限量》。

本标准与 GB 2761—2011 相比，主要变化如下：

——修改了应用原则；

——增加了葡萄酒和咖啡中赭曲霉毒素 A 限量要求；

——增加了特殊医学用途配方食品、辅食营养补充品、运动营养食品、孕妇及乳母营养补充食品中真菌毒素限量要求；

——删除了表 1 中酿造酱后括号注解；

——更新了检验方法标准号；

——修改了附录 A。

1 范围

本标准规定了食品中黄曲霉毒素 B_1、黄曲霉毒素 M_1，脱氧雪腐镰刀菌烯醇、展青霉素、赭曲霉毒素 A 及玉米赤霉烯酮的限量指标。

2 术语和定义

2.1 真菌毒素

真菌在生长繁殖过程中产生的次生有毒代谢产物。

2.2 可食用部分

食品原料经过机械手段（如谷物碾磨、水果剥皮、坚果去壳、肉去骨、鱼去刺、贝去壳等）去除非食用部分后，所得到的用于食用的部分。

注 1：非食用部分的去除不可采用任何非机械手段（如粗制植物油精炼过程）。

注 2：用相同的食品原料生产不同产品时，可食用部分的量依生产工艺不同而异。如用麦类加工麦片和全麦粉时，可食用部分按 100% 计算；加工小麦粉时，可食用部分按出粉率折算。

2.3 限量

真菌毒素在食品原料和（或）食品成品可食用部分中允许的最大含量水平。

3 应用原则

3.1 无论是否制定真菌毒素限量，食品生产和加工者均应采取控制措施，使食品中真菌毒素的含量达到最低水平。

3.2 本标准列出了可能对公众健康构成较大风险的真菌毒素，制定限量值的食品是对消费者膳食暴露量产生较大影响的食品。

3.3 食品类别（名称）说明（附录 A）用于界定真菌毒素限量的适用范围，仅适用于本标准。当某种真菌毒素限量应用于某一食品类别（名称）时，则该食品类别（名称）内的所有类别食品均适用，有特别规定的除外。

3.4 食品中真菌毒素限量以食品通常的可食用部分计算，有特别规定的除外。

4 指标要求

4.1 黄曲霉毒素 B_1

4.1.1 食品中黄曲霉毒素 B_1 限量指标见表1。

表1 食品中黄曲霉毒素 B_1 限量指标

食品类别（名称）	限量/（μg/kg）
谷物及其制品	
玉米、玉米面（渣、片）及玉米制品	20
稻谷[a]、糙米、大米	10
小麦、大麦、其他谷物	5.0
小麦粉、麦片、其他去壳谷物	5.0
豆类及其制品	
发酵豆制品	5.0
坚果及籽类	
花生及其制品	20
其他熟制坚果及籽类	5.0
油脂及其制品	
植物油脂（花生油、玉米油除外）	10
花生油、玉米油	20
调味品	
酱油、醋、酿造酱	5.0
特殊膳食用食品	
婴幼儿配方食品	
婴儿配方食品[b]	0.5（以粉状产品计）
较大婴儿和幼儿配方食品[b]	0.5（以粉状产品计）
特殊医学用途婴儿配方食品	0.5（以粉状产品计）

（续表）

食品类别（名称）	限量/（μg/kg）
婴幼儿辅助食品	
婴幼儿谷类辅助食品	0.5
特殊医学用途配方食品[b]（特殊医学用途婴儿配方食品涉及的品种除外）	0.5（以固态产品计）
辅食营养补充品[c]	0.5
运动营养食品[b]	0.5
孕妇及乳母营养补充食品[c]	0.5

[a] 稻谷以糙米计。

[b] 以大豆及大豆蛋白制品为主要原料的产品。

[c] 只限于含谷类、坚果和豆类的产品。

4.1.2　检验方法：按 GB 5009.22 规定的方法测定。

4.2　黄曲霉毒素 M_1

4.2.1　食品中黄曲霉毒素 M_1 限量指标见表2。

表 2　食品中黄曲霉毒素 M_1 限量指标

食品类别（名称）	限量/（μg/kg）
乳及乳制品[a]	0.5
特殊膳食用食品	
婴幼儿配方食品	
婴儿配方食品[b]	0.5（以粉状产品计）
较大婴儿和幼儿配方食品[b]	0.5（以粉状产品计）
特殊医学用途婴儿配方食品	0.5（以粉状产品计）
特殊医学用途配方食品[b]（特殊医学用途婴儿配方食品涉及的品种除外）	0.5（以固态产品计）
辅食营养补充品[c]	0.5
运动营养食品[b]	0.5
孕妇及乳母营养补充食品[c]	0.5

[a] 乳粉按生乳折算。

[b] 以乳类及乳蛋白制品为主要原料的产品。

[c] 只限于含乳类的产品。

4.2.2　检验方法：按 GB 5009.24 规定的方法测定。

4.3　脱氧雪腐镰刀菌烯醇

4.3.1　食品中脱氧雪腐镰刀菌烯醇限量指标见表3。

表 3 食品中脱氧雪腐镰刀菌烯醇限量指标

食品类别（名称）	限量/（μg/kg）
谷物及其制品	
玉米、玉米面（渣、片）	1 000
小麦、大麦、麦片、小麦粉	1 000

4.3.2 检验方法：按 GB 5009.111 规定的方法测定。

4.4 展青霉素

4.4.1 食品中展青霉素限量指标见表 4。

表 4 食品中展青霉素限量指标

食品类别（名称）*	限量/（μg/kg）
水果及其制品	
水果制品（果丹皮除外）	50
饮料类	
果蔬汁类及其饮料	50
酒类	50

*仅限于以苹果、山楂为原料制成的产品。

4.4.2 检验方法：按 GB 5009.185 规定的方法测定。

4.5 赭曲霉毒素 A

4.5.1 食品中赭曲霉毒素 A 限量指标见表 5。

表 5 食品中赭曲霉毒素 A 限量指标

食品类别（名称）	限量/（μg/kg）
谷物及其制品	
谷物[a]	5.0
谷物碾磨加工品	5.0
豆类及其制品	
豆类	5.0
酒类	
葡萄酒	2.0
坚果及籽类	
烘焙咖啡豆	5.0
饮料类	
研磨咖啡（烘焙咖啡）	5.0
速溶咖啡	10.0

[a]稻谷以糙米计。

4.5.2　检验方法：按 GB 5009.96 规定的方法测定。

4.6　玉米赤霉烯酮

4.6.1　食品中玉米赤霉烯酮限量指标见表 6。

表 6　食品中玉米赤霉烯酮限量指标

食品类别（名称）	限量/（μg/kg）
谷物及其制品	
小麦、小麦粉	60
玉米、玉米面（渣、片）	60

4.6.2　检验方法：按 GB 5009.209 规定的方法测定。

附　录　A
食品类别（名称）说明

A.1　食品类别（名称）说明见表 A.1。

表 A.1　食品类别（名称）说明

水果及其制品	新鲜水果（未经加工的、经表面处理的、去皮或预切的、冷冻的水果） 　浆果和其他小粒水果 　其他新鲜水果（包括甘蔗） 水果制品 　水果罐头 　水果干类 　醋、油或盐渍水果 　果酱（泥） 　蜜饯凉果（包括果丹皮） 　发酵的水果制品 　煮熟的或油炸的水果 　水果甜品 　其他水果制品
谷物及其制品（不包括焙烤制品）	谷物 　稻谷 　玉米 　小麦 　大麦 　其他谷物［例如粟（谷子）、高粱、黑麦、燕麦、荞麦等］ 谷物碾磨加工品 　糙米 　大米 　小麦粉 　玉米面（渣、片） 　麦片 　其他去壳谷物（例如小米、高粱米、大麦米、黍米等） 谷物制品 　大米制品（例如米粉、汤圆粉及其他制品等） 　小麦粉制品 　　生湿面制品（例如面条、饺子皮、馄饨皮、烧麦皮等） 　　生干面制品 　　发酵面制品 　　面糊（例如用于鱼和禽肉的拖面糊）、裹粉、煎炸粉 　　面筋 　　其他小麦粉制品 　玉米制品 　其他谷物制品［例如带馅（料）面米制品、八宝粥罐头等］

豆类及其制品	豆类（干豆、以干豆磨成的粉）
	豆类制品
	  非发酵豆制品（例如豆浆、豆腐类、豆干类、腐竹类、熟制豆类、大豆蛋白膨化食品、大豆素肉等）
	  发酵豆制品（例如腐乳类、纳豆、豆豉、豆豉制品等）
	  豆类罐头

坚果及籽类	生干坚果及籽类
	  木本坚果（树果）
	  油料（不包括谷物种子和豆类）
	  饮料及甜味种子（例如可可豆、咖啡豆等）
	坚果及籽类制品
	  熟制坚果及籽类（带壳、脱壳、包衣）
	  坚果及籽类罐头
	  坚果及籽类的泥（酱）（例如花生酱等）
	  其他坚果及籽类制品（例如腌制的果仁等）

乳及乳制品	生乳 巴氏杀菌乳 灭菌乳 调制乳 发酵乳 炼乳 乳粉 乳清粉和乳清蛋白粉（包括非脱盐乳清粉） 干酪 再制干酪 其他乳制品（包括酪蛋白）

油脂及其制品	植物油脂
	动物油脂（例如猪油、牛油、鱼油、稀奶油、奶油、无水奶油等）
	油脂制品
	  氢化植物油及以氢化植物油为主的产品（例如人造奶油、起酥油等）
	  调和油
	  其他油脂制品

调味品	食用盐
	味精
	食醋
	酱油
	酿造酱
	调味料酒
	香辛料类
	  香辛料及粉
	  香辛料油
	  香辛料酱（例如芥末酱、青芥酱等）
	  其他香辛料加工品
	水产调味品
	  鱼类调味品（例如鱼露等）
	  其他水产调味品（例如蚝油、虾油等）
	复合调味料（例如固体汤料、鸡精、鸡粉、蛋黄酱、沙拉酱、调味清汁等）
	其他调味品

（续表）

饮料类	包装饮用水 　矿泉水 　纯净水 　其他包装饮用水 果蔬汁类及其饮料（例如苹果汁、苹果醋、山楂汁、山楂醋等） 　果蔬汁（浆） 　浓缩果蔬汁（浆） 　其他果蔬汁（肉）饮料（包括发酵型产品） 蛋白饮料 　含乳饮料（例如发酵型含饮料、配制型含乳饮料、乳酸菌饮料等） 　植物蛋白饮料 　复合蛋白饮料 　其他蛋白饮料 碳酸饮料 茶饮料 咖啡类饮料 植物饮料 风味饮料 固体饮料 [（包括速溶咖啡、研磨咖啡（烘焙咖啡）] 其他饮料
酒类	蒸馏酒（例如白酒、白兰地、威士忌、伏特加、朗姆酒等） 配制酒 发酵酒（例如葡萄酒、黄酒、啤酒等）
特殊膳食用食品	婴幼儿配方食品 　婴儿配方食品 　较大婴儿和幼儿配方食品 　特殊医学用途婴儿配方食品 婴幼儿辅助食品 　婴幼儿谷类辅助食品 　婴幼儿罐装辅助食品 特殊医学用途配方食品（特殊医学用途婴儿配方食品涉及的品种除外） 其他特殊膳食用食品（例如辅食营养补充品、运动营养食品、孕妇及乳母营养补充食品等）

【农药残留限量】

食品安全国家标准　食品中农药最大残留限量

National food safety standard—Maximum residue limits for pesticides in food

标 准 号：GB 2763—2016
发布日期：2016-12-18　　　　　　　　　　实施日期：2017-06-18
发布单位：中华人民共和国国家卫生和计划生育委员会、中华人民共和国农业部、国家食品药品监督管理总局

前　　言

本标准按照 GB/T 1.1—2009 给出的规则起草。

本标准代替 GB 2763—2014 *《食品安全国家标准　食品中农药最大残留限量》，与 GB 2763—2014 相比的主要技术变化为：

——对原标准中吡草醚、氟唑磺隆、甲咪唑烟酸、氟吡菌胺、克百威、三唑酮和三唑醇等 7 种农药残留物定义，敌草快等 5 种农药每日允许摄入量等信息进行了核实修订；

——增加了 2,4-滴异辛酯等 46 种农药；

——增加了 490 项农药最大残留限量标准；

——增加 11 项检测方法标准，删除 10 项检测方法标准，变更 28 项检测方法标准；

——修改了丙环唑等 8 种农药的英文通用名；

——将苯噻酰草胺、灭锈胺和代森铵的限量值由临时限量修改为正式限量；

——对规范性附录 A 进行了修订，增加了干制蔬菜 3 种食品名称，修改 1 项作物名称；

——增加了规范性附录 B《豁免制定食品中最大残留限量标准的农药名单》。

* GB 2763/2012 实施后，以下标准作废，具体名单如下：

——GB 2763—2012《食品安全国家标准　食品中农药最大残留限量》；

——GB 2763—2005《食品中农药最大残留限量》；

——GB 2763—2005《食品中农药最大残留限量》第 1 号修改单；

——GB 2715—2005《粮食卫生标准》中的 4.3.3 农药最大残留限量；

——GB 25193—2010《食品中百菌清等 12 种农药最大残留限量》；

——GB 26130—2010《食品中百草枯等 54 种农药最大残留限量》；

——GB 28260—2011《食品中阿维菌素等 85 种农药最大残留限量》；

——NY 660—2003《茶叶中甲萘威、丁硫克百威、多菌灵、残杀威和抗蚜威的最大残留限量》；

——NY 661—2003《茶叶中氟氯氰菊酯和氟氰戊菊酯的最大残留限量》；

　　——NY 662—2003《花生仁中甲草胺、克百威、百菌清、苯线磷及异丙甲草胺最大残留限量》；

　　——NY 773—2004《水果中啶虫脒最大残留限量》；

　　——NY 774—2004《叶菜中氯氰菊酯、氯氟氰菊酯、醚菌酯、甲氰菊酯、氟胺氰菊酯、氟氯氰菊酯、四聚乙醛、二甲戊乐灵、氟苯脲、阿维菌素、虫酰肼、氟虫腈、丁硫克百威最大残留限量》；

　　——NY 775—2004《玉米中烯唑醇、甲草胺、溴苯腈、氰草津、麦草畏、二甲戊乐灵、氟乐灵、克百威、顺式氰戊菊酯、噻吩磺隆、异丙甲草胺最大残留限量》；

　　——NY 831—2004《柑橘中苯螨特、噻嗪酮、氯氰菊酯、苯硫威、甲氰菊酯、唑螨酯、氟苯脲最大残留限量》；

　　——NY 1500.1.1～1500.30.4—2007《农药品中农药最大残留限量》；

　　——NY 1500.13.3～4，1500.31.1～49.2—2008《蔬菜、水果中甲胺磷等20种农药最大残留限量》；

　　——NY 1500.41.3～1500.41.6—2009，NY 1500.5～1500.92—2009《农药最大残留限量》。

1　范围

　　本标准规定了食品中2,4-滴等433种农药4140项最大残留限量。

　　本标准适用于与限量相关的食品。

　　食品类别及测定部位（附录A）用于界定农药最大残留限量应用范围，仅适用于本标准。

　　如某种农药的最大残留限量应用于某一食品类别时，在该食品类别下的所有食品均适用，有特别规定的除外。

　　豁免制定食品中最大残留限量标准的农药名单（附录B）用于界定不需要制定食品中农药最大残留限量的范围。

2　规范性引用文件

　　本标准中引用的文件对本标准的应用是必不可少的。凡是注日期的引用文件，仅所注日期的版本适用于本文件。凡是不注日期的引用文件，其最新版本（包括所有的修改单）适用于本文件。

　　GB 23200.2　食品安全国家标准　除草剂残留量检测方法　第2部分：气相色谱—质谱法测定粮谷及油籽中二苯醚类除草剂残留量。

　　GB 23200.8　食品安全国家标准　水果和蔬菜中500种农药及相关化学品残留量的测定　气相色谱—质谱法

　　GB 23200.9　食品安全国家标准　粮谷中475种农药及相关化学品残留量的测定　气相色谱—质谱法

　　GB 23200.13　食品安全国家标准　茶叶中448种农药及相关化学品残留量的测定液相色谱—质谱法

GB 23200.14 食品安全国家标准 果蔬汁和果酒中 512 种农药及相关化学品残留量的测定 液相色谱—质谱法

GB 23200.15 食品安全国家标准 食用菌中 503 种农药及相关化学品残留量的测定 气相色谱—质谱法

GB 23200.16 食品安全国家标准 水果和蔬菜中乙烯利残留量的测定 气相色谱法

GB 23200.19 食品安全国家标准 水果和蔬菜中阿维菌素残留量的测定 液相色谱法

GB 23200.20 食品安全国家标准 食品中阿维菌素残留量的测定 液相色谱—质谱/质谱法

GB 23200.24 食品安全国家标准 粮谷和大豆中 11 种除草剂残留量的测定 气相色谱—质谱法

GB 23200.29 食品安全国家标准 水果和蔬菜中唑螨酯残留量的测定 液相色谱法

GB 23200.31 食品安全国家标准 食品中丙炔氟草胺残留量的测定 气相色谱—质谱法

GB 23200.32 食品安全国家标准 食品中丁酰肼残留量的测定 气相色谱—质谱法

GB 23200.34 食品安全国家标准 食品中涕灭砜威、吡唑醚菌酯、嘧菌酯等 65 种农药残留量的测定 液相色谱—质谱/质谱法

GB 23200.37 食品安全国家标准 食品中烯啶虫胺、呋虫胺等 20 种农药残留量的测定 液相色谱—质谱/质谱法

GB 23200.43 食品安全国家标准 粮谷及油籽中二氯喹啉酸残留量的测定 气相色谱法

GB 23200.46 食品安全国家标准 食品中嘧霉胺、嘧菌胺、腈菌唑、嘧菌酯残留量的测定 气相色谱—质谱法

GB 23200.47 食品安全国家标准 食品中四螨嗪残留量的测定 气相色谱—质谱法

GB 23200.49 食品安全国家标准 食品中苯醚甲环唑残留量的测定 气相色谱—质谱法

GB 23200.51 食品安全国家标准 食品中呋虫胺残留量的测定 液相色谱—质谱/质谱法

GB 23200.53 食品安全国家标准 食品中氟硅唑残留量的测定 气相色谱—质谱法

GB 23200.54 食品安全国家标准 食品中甲氧基丙烯酸酯类杀菌剂残留量的测定 气相色谱—质谱法

GB 23200.57 食品安全国家标准 食品中乙草胺残留量的检测方法

GB 23200.60 食品安全国家标准 食品中炔草酯残留量的检测方法

GB 23200.69 食品安全国家标准 食品中二硝基苯胺类农药残留量的测定 液相色谱—质谱/质谱法

GB 23200.70 食品安全国家标准 食品中三氟羧草醚残留量的测定 液相色谱—质谱/质谱法

GB 23200.74 食品安全国家标准 食品中井冈霉素残留量的测定 液相色谱—质谱/

质谱法

GB 23200.83 食品安全国家标准 食品中异稻瘟净残留量的检测方法

GB/T 5009.19 食品中有机氯农药多组分残留量的测定

GB/T 5009.20 食品中有机磷农药残留量的测定

GB/T 5009.21 粮、油、菜中甲萘威残留量的测定

GB/T 5009.36 粮食卫生标准的分析方法

GB/T 5009.102 植物性食品中辛硫磷农药残留量的测定

GB/T 5009.103 植物性食品中甲胺磷和乙酰甲胺磷农药残留量的测定

GB/T 5009.104 植物性食品中氨基甲酸酯类农药残留量的测定

GB/T 5009.105 黄瓜中百菌清残留量的测定

GB/T 5009.107 植物性食品中二嗪磷残留量的测定

GB/T 5009.110 植物性食品中氯氰菊酯、氰戊菊酯和溴氰菊酯残留量的测定

GB/T 5009.113 大米中杀虫环残留量的测定

GB/T 5009.114 大米中杀虫双残留量的测定

GB/T 5009.115 稻谷中三环唑残留量的测定

GB/T 5009.126 植物性食品中三唑酮残留量的测定

GB/T 5009.129 水果中乙氧基喹残留量的测定

GB/T 5009.130 大豆及谷物中氟磺胺草醚残留量的测定

GB/T 5009.131 植物性食品中亚胺硫磷残留量的测定

GB/T 5009.132 食品中莠去津残留量的测定

GB/T 5009.133 粮食中绿麦隆残留量的测定

GB/T 5009.134 大米中禾草敌残留量的测定

GB/T 5009.135 植物性食品中灭幼脲残留量的测定

GB/T 5009.136 植物性食品中五氯硝基苯残留量的测定

GB/T 5009.142 植物性食品中吡氟禾草灵、精吡氟禾草灵残留量的测定

GB/T 5009.143 蔬菜、水果、食用油中双甲脒残留量的测定

GB/T 5009.144 植物性食品中甲基异柳磷残留量的测定

GB/T 5009.145 植物性食品中有机磷和氨基甲酸酯类农药多种残留的测定

GB/T 5009.146 植物性食品中有机氯和拟除虫菊酯类农药多种残留量的测定

GB/T 5009.147 植物性食品中除虫脲残留量的测定

GB/T 5009.155 大米中稻瘟灵残留量的测定

GB/T 5009.160 水果中单甲脒残留量的测定

GB/T 5009.162 动物性食品中有机氯农药和拟除虫菊酯农药多组分残留量的测定

GB/T 5009.164 大米中丁草胺残留量的测定

GB/T 5009.165 粮食中2,4-滴丁酯残留量的测定

GB/T 5009.172 大豆、花生、豆油、花生油中的氟乐灵 残留量的测定

GB/T 5009.174 花生、大豆中异丙甲草胺残留量的测定

GB/T 5009.175 粮食和蔬菜中2,4-滴残留量的测定

GB/T 5009.176　茶叶、水果、食用植物油中三氯杀螨醇残留量的测定

GB/T 5009.177　大米中敌稗残留量的测定

GB/T 5009.180　稻谷、花生仁中噁草酮残留量的测定

GB/T 5009.184　粮食、蔬菜中噻嗪酮残留量的测定

GB/T 5009.200　小麦中野燕枯残留量的测定

GB/T 5009.201　梨中烯唑醇残留量的测定

GB/T 5009.218　水果和蔬菜中多种农药残留量的测定

GB/T 5009.219　粮谷中矮壮素残留量的测定

GB/T 5009.220　粮谷中敌菌灵残留量的测定

GB/T 5009.221　粮谷中敌草快残留量的测定

GB/T 14553　粮食、水果和蔬菜中有机磷农药测定的气相色谱法

GB/T 14929.2　花生仁、棉籽油、花生油中涕灭威残留量测定方法

GB/T 19611　烟草及烟草制品　抑芽丹残留量的测定　紫外分光光度法

GB/T 20769　水果和蔬菜中450种农药及相关化学品残留量的测定　液相色谱—串联质谱法

GB/T 20770　粮谷中486种农药及相关化学品残留量的测定　液相色谱—串联质谱法

GB/T 22243　大米、蔬菜、水果中氯氟吡氧乙酸残留量的测定

GB/T 22968　牛奶和奶粉中伊维菌素、阿维菌素、多拉菌素和乙酰氨基阿维菌素残留量的测定　液相色谱—串联质谱法

GB/T 23204　茶叶中519种农药及相关化学品残留量的测定　气相色谱—质谱法

GB/T 23210　牛奶和奶粉中511种农药及相关化学品残留量的测定　气相色谱—质谱法

GB/T 23376　茶叶中农药多残留测定　气相色谱—质谱法

GB/T 23379　水果、蔬菜及茶叶中吡虫啉残留的测定　高效液相色谱法

GB/T 23380　水果、蔬菜中多菌灵残留的测定　高效液相色谱法

GB/T 23584　水果、蔬菜中啶虫脒残留量的测定　液相色谱—串联质谱法

GB/T 23750　植物性产品中草甘膦残留量的测定　气相色谱—质谱法

GB/T 23816　大豆中三嗪类除草剂残留量的测定

GB/T 23818　大豆中咪唑啉酮类除草剂残留量的测定

GB/T 25222　粮油检验　粮食中磷化物残留量的测定　分光光度法

NY/T 761　蔬菜和水果中有机磷、有机氯、拟除虫菊酯和氨基甲酸酯类农药多残留的测定

NY/T 1096　食品中草甘膦残留量测定

NY/T 1275　蔬菜、水果中吡虫啉残留量的测定

NY/T 1277　蔬菜中异菌脲残留量的测定高效液相色谱法

NY/T 1379　蔬菜中334种农药多残留的测定气相色谱质谱法和液相色谱质谱法

NY/T 1434　蔬菜中2、4-D等13种除草剂多残留的测定液相色谱质谱法

NY/T 1453　蔬菜及水果中多菌灵等16种农药残留测定液相色谱—质谱—质谱联

用法

NY/T 1455 水果中腈菌唑残留量的测定 气相色谱法

NY/T 1456 水果中咪鲜胺残留量的测定 气相色谱法

NY/T 1616 土壤中9种磺酰脲类除草剂残留量的测定 液相色谱—质谱法

NY/T 1652 蔬菜、水果中克螨特残留最的测定 气相色谱法

NY/T 1679 植物性食品中氨基甲酸酯类农药残留的测定液相色谱—串联质谱法

NY/T1680 蔬菜水果中多菌灵等4种苯并咪唑类农药残留最的测定 高效液相色谱法

NY/T 1720 水果、蔬菜中杀铃脲等7种苯甲酰脲类农药残留量的测定 高效液相色谱法

NY/T 1722 蔬菜中敌菌灵残留量的测定 高效液相色谱法

NY/T 1725 蔬菜中灭蝇胺残留量的测定 高效液相色谱法

SN 0139 出口粮谷中二硫代氨基甲酸酯残留量检验方法

SN 0150 出口水果中三唑锡残留量检验方法

SN 0157 出口水果中二硫代氨基甲酸酯残留最检验方法

SN 0192 出口水果中溴螨酯残留量检验方法

SN 0209 出口粮谷中辛硫磷残留量检验方法

SN 0287 出口水果中乙氧喹残留量检验方法 液相色谱法

SN 0346 出口蔬菜中 α-萘乙酸残留量检验方法

SN 0522 出口粮谷中特丁磷残留量检验方法

SN 0585 出口粮谷及油籽中乙酰甲胺磷残留量检验方法

SN 0592 出口粮谷及油籽中苯丁锡残留量检验方法

SN 0654 出口水果中克菌丹残留量检验方法

SN 0685 出口粮谷中霜霉威残留量检验方法

SN 0687 出口粮谷及油籽中禾草灵残留量检验方法

SN 0695 出口粮谷中嗪氨灵残留量检验方法

SN 0701 出口粮谷中磷胺残留量检验方法

SN/T 0134 进出口食品中杀线威等12种氨基甲酸酯类农药残留量的检测方法 液相色谱—质谱/质谱法

SN/T 0162 出口水果中甲基硫菌灵、硫菌灵、多菌灵、苯菌灵、噻菌灵残留量的检测方法 高效液相色谱法

SN/T 0292 进出口粮谷中灭草松残留量检测方法 气相色谱法

SN/T 0351 进出口食品中丙线磷残留量检测方法

SN/T 0519 进出口食品中丙环唑残留量的检测方法

SN/T 0931 出口粮谷中调环酸钙残留量检测方法 液相色谱法

SN/T 1017.8 进出口粮谷中吡虫啉残留量检验方法：液相色谱法

SN/T 1114 进出口水果中烯唑醇残留量的检验方法

SN/T 1117 进出口食品中多种菊酯类农药残留测定方法 气相色谱法

SN/T 1477　出口食品中多效唑残留量检测方法

SN/T 1541　出口茶叶中二硫代氨基甲酸酯总残留量检验方法

SN/T 1605　进出口植物性产品中氰草津、氟草隆、莠去津、敌稗、利谷隆残留量检验方法　高效液相色谱法

SN/T 1606　进出口植物性产品中苯氧羧酸类除草剂残留最检验方法　气相色谱法

SN/T 1739　进出口粮谷和油籽中多种有机磷农药残留量的检测方法　气相色谱串联质谱法

SN/T 1741　进出口食品中甲草胺残留量的检测方法　气相色谱串联质谱法

SN/T 1923　进出口食品中草甘膦残留量的检测方法　液相色谱—质谱/质谱法

SN/T 1969　进出口食品中联苯菊酯残留量的检测方法　气相色谱—质谱法

SN/T 1976　进口口水果和蔬菜中嘧菌酯残留量检测方法　气相色谱法

SN/T 1982　进出口食品中氟虫腈残留量检测方法　气相色谱—质谱法

SN/T 1986　进出口食品中溴虫腈残留量检测方法

SN/T 1990　进出口食品三唑锡和三环锡残留量的检测方法　气相色谱—质谱法

SN/T 2095　进出口蔬菜中氟啶脲残留量检测方法　高效液相色谱法

SN/T 2147　进出口食品中硫线磷残留量的检测方法

SN/T 2149　进出口食品中解草嗪、莎稗磷、二丙烯草胺等110种农药残留量的检测方法　气相色谱—质谱法

SN/T 2151　进出口食品中生物苄呋菊酯、氟丙菊酯、联苯菊酯等28种农药残留最的检测方法　气相色谱—质谱法

SN/T 2152　进出口食品中氟铃脲残留量检测方法　高效液相色谱—质谱/质谱法

SN/T 2158　进出口食品中毒死蜱残留量检测方法

SN/T 2212　进出口粮谷中苄嘧磺隆残留量检测方法　液相色谱法

SN/T 2228　进出口食品中31种酸性除草剂残留量的检测方法　气相色谱—质谱法

SN/T 2229　进出口食品中稻瘟灵残留量检测方法

SN/T 2232　进出口食品中三唑醇残留量的检测方法　气相色谱—质谱法

SN/T 2233　进出口食品中甲氰菊酯残留量检测方法

SN/T 2234　进出口食品中丙溴磷残留量检测方法　气相色谱法和气相色谱—质谱法

SN/T 2320　进出口食品中百菌清、苯氟磺胺、甲抑菌灵、克菌灵、灭菌丹、敌菌丹和四溴菊酯残留量的检测方法　气相色谱质谱法

SN/T 2324　进出口食品中抑草磷、毒死蜱、甲基毒死蜱等33种有机磷农药残留量的检测方法

SN/T 2325　进出口食品中四唑略磺隆、甲基苯苏呋安、醚磺隆等45种农药残留量的检测方法　高效液相色谱—质谱/质谱法

SN/T 2397　进出口食品中尼古丁残留量的检测方法

SN/T 2432　进出口食品中哒螨灵残留量的检测方法

SN/T 2459　进出口食品中氯烯草酸残留量的测定　气相色谱—质谱法

SN/T 2560　进出口食品中氨基甲酸酯类农药残留量的测定　液相色谱—质谱/质谱法

YC/T 180　烟草及烟草制品　毒杀芬农药残留最的测定　气相色谱法

3　术语和定义

下列术语和定义适用于本文件。

3.1　残留物　residue definition

由于使用农药而在食品、农产品和动物饲料中出现的任何特定物质，包括被认为具有毒理学意义的农药衍生物，如农药转化物、代谢物、反应产物及杂质等。

3.2　最大残留限量　maximum residue limit（MRL）

在食品或农产品内部或表面法定允许的农药最大浓度，以每千克食品或农产品中农药残留的毫克数表示（mg/kg）。

3.3　再残留限量　extraneous maximum residue limit（EMRL）

一些持久性农药虽已禁用，但还长期存在环境中，从而再次在食品中形成残留，为控制这类农药残留物对食品的污染而制定其在食品中的残留限量，以每千克食品或农产品中农药残留的毫克数表示（mg/kg）。

3.4　每日允许摄入量　acceptable daily intake（ADI）

人类终生每日摄入某物质，而不产生可检测到的危害健康的估计量，以每千克体重可摄入的量表示（mg/kg bw）。

4　技术要求

......

4.205　硫丹（endosulfan）

4.205.1　主要用途：杀虫剂。

4.205.2　ADI：0.006 mg/kg bw。

4.205.3　残留物：α-硫丹和β-硫丹及硫丹硫酸酯之和。

4.205.4　最大残留限量：应符合表205的规定。

表 205

食品类别/名称	最大残留限量/（mg/kg）
油料和油脂	
棉籽	0.05
大豆	0.05
大豆毛油	0.05
蔬菜	
黄瓜	0.05
甘薯	0.05
芋	0.05
马铃薯	0.05
水果	

（续表）

食品类别/名称	最大残留限量/（mg/kg）
苹果	0.05
梨	0.05
荔枝	0.05
瓜果类水果	0.05
糖料	
甘蔗	0.05
饮料类	
茶叶	10
禽肉类（以脂肪计）	0.2
肝脏（牛、羊、猪）	0.1
肾脏（牛、羊、猪）	0.03
禽肉类（包括内脏）	0.03
蛋类	0.03
生乳	0.01

4.205.5 检测方法：油料和油脂、糖料、茶叶按照 GB/T 5009.19 规定的方法测定；蔬菜、水果按照 NY/T 761 规定的方法测定；动物源性食品按照 GB/T 5009.19、GB/T 5009.162 规定的方法测定。

……

4.408 艾氏剂（aldrin）

4.408.1 主要用途：杀虫剂。

4.408.2 ADI：0.0001 mg/kg bw。

4.408.3 残留物：艾氏剂。

4.408.4 再残留限量：应符合表 408 规定。

表 408

食品类别/名称	再残留限量/（mg/kg）
谷物	
稻谷	0.02
麦类	0.02
旱粮类	0.02
杂粮类	0.02
成品粮	0.02
油料和油脂	
大豆	0.05
蔬菜	
鳞茎类蔬菜	0.05

（续表）

食品类别/名称	再残留限量/（mg/kg）
芸薹属类蔬菜	0.05
叶菜类蔬菜	0.05
茄果类蔬菜	0.05
瓜类蔬菜	0.05
豆类蔬菜	0.05
茎类蔬菜	0.05
根茎类和薯芋类蔬菜	0.05
水生类蔬菜	0.05
芽菜类蔬菜	0.05
其他类蔬菜	0.05
水果	
柑橘类水果	0.05
仁果类水果	0.05
核果类水果	0.05
浆果和其他小型水果	0.05
热带和亚热带水果	0.05
瓜果类水果	0.05
哺乳动物肉类（海洋哺乳动物除外）	0.2（以脂肪计）
禽肉类	0.2（以脂肪计）
蛋类	0.1
生乳	0.006

4.408.5 检测方法：植物源性食品（蔬菜、水果除外）按照 GB/T 5009.19 规定的方法测定；蔬菜、水果按照 GB/T 5009.19、NY/T 761 规定的方法测定；动物源性食品按照 GB/T 5009.19、GB/T 5009.162 规定的方法测定。

4.409 滴滴涕 （DDT）

4.409.1 主要用途：杀虫剂。

4.409.2 ADI：0.01 mg/kg bw。

4.409.3 残留物：p,p′-滴滴涕、o,p′-滴滴涕、p,p′-滴滴伊和 p,p′-滴滴滴之和。

4.409.4 再残留限量：应符合表 409 的规定。

表 409

食品类别/名称	再残留限量/（mg/kg）
谷物	
稻谷	0.1

（续表）

食品类别/名称	再残留限量/（mg/kg）
麦类	0.1
旱粮类	0.1
杂粮类	0.05
成品粮	0.05
油料和油脂	
大豆	0.05
蔬菜	
鳞茎类蔬菜	0.05
芸薹属类蔬菜	0.05
叶菜类蔬菜	0.05
茄果类蔬菜	0.05
瓜类蔬菜	0.05
豆类蔬菜	0.05
茎类蔬菜	0.05
根茎类和薯芋类蔬菜（胡萝卜除外）	0.05
胡萝卜	0.2
水生类蔬菜	0.05
芽菜类蔬菜	0.05
其他类蔬菜	0.05
水果	
柑橘类水果	0.05
仁果类水果	0.05
核果类水果	0.05
浆果和其他小型水果	0.05
热带和亚热带水果	0.05
瓜果类水果	0.05
饮料类	
茶叶	0.2
哺乳动物肉类及其制品	
脂肪含量10%以下	0.02（以原样计）
脂肪含量10%及以上	2（以脂肪计）
水产品	0.5
蛋类	0.1
生乳	0.02

4.409.5 检测方法：植物源性食品（蔬菜、水果除外）按照 GB/T 5009.19 规定的方法测定；蔬菜、水果按照 GB/T 5009.19、NY/T 761 规定的方法测定；动物源性食品按照 GB/T 5009.19、GB/T 5009.162 规定的方法测定。

4.410 狄氏剂（dieldrin）

4.410.1 主要用途：杀虫剂。

4.410.2 ADI：0.0001 mg/kg bw。

4.410.3 残留物：狄氏剂。

4.410.4 再残留限量：应符合表 410 的规定。

表 410

食品类别/名称	再残留限量/（mg/kg）
谷物	
稻谷	0.02
麦类	0.02
旱粮类	0.02
杂粮类	0.02
成品粮	0.02
油料和油脂	
大豆	0.05
蔬菜	
鳞茎类蔬菜	0.05
芸薹属类蔬菜	0.05
叶菜类蔬菜	0.05
茄果类蔬菜	0.05
瓜类蔬菜	0.05
豆类蔬菜	0.05
茎类蔬菜	0.05
根茎类和薯芋类蔬菜	0.05
水生类蔬菜	0.05
芽菜类蔬菜	0.05
其他类蔬菜	0.05
水果	
柑橘类水果	0.02
仁果类水果	0.02
核果类水果	0.02
浆果和其他小型水果	0.02
热带和亚热带水果	0.02

（续表）

食品类别/名称	再残留限量/（mg/kg）
瓜果类水果	0.02
哺乳动物肉类（海洋哺乳动物除外） 禽肉类	0.2（以脂肪计） 0.2（以脂肪计）
蛋类（鲜）	0.1
生乳	0.006

4.410.5 检测方法：植物源性食品（蔬菜、水果除外）按照 GB/T 5009.19 规定的方法测定；蔬菜、水果按照 GB/T 5009.19、NY/T 761 规定的方法测定；动物源性食品按照 GB/T 5009.19、GB/T 5009.162 规定的方法测定。

……

4.412 林丹（lindane）

4.412.1 主要用途：杀虫剂。

4.412.2 ADI：0.005 mg/kg bw。

4.412.3 残留物：林丹

4.412.4 再残留限量：应符合表 412 的规定。

表 412

食品类别/名称	再残留限量/（mg/kg）
谷物	
小麦	0.05
大麦	0.01
燕麦	0.01
黑麦	0.01
玉米	0.01
鲜食玉米	0.01
高粱	0.01
哺乳动物肉类（海洋哺乳动物除外）	
脂肪含量10%以下	0.1（以原样计）
脂肪含量10%及以上	1（以脂肪计）
可食用内脏（哺乳动物）	0.01
禽肉类	
家禽肉（脂肪）	0.05
禽类内脏	
可食用家禽内脏	0.01
蛋类	0.1
生乳	0.01

4.412.5　检测方法：植物源性食品按照 GB/T 5009.19、GB/T 5009.146 规定的方法测定；动物源性食品按照 GB/T 5009.19、GB/T 5009.162 规定的方法测定。

4.413　六六六（HCH）

4.413.1　主要用途：杀虫剂。

4.413.2　ADI：0.005 mg/kg bw。

4.413.3　残留物：α-六六六、β-六六六、γ-六六六和 δ-六六六之和。

4.413.4　再残留限量：应符合表 413 的规定。

表 413

食品类别/名称	再残留限量/（mg/kg）
谷物	
稻谷	0.05
麦类	0.05
旱粮类	0.05
杂粮类	0.05
成品粮	0.05
油料和油脂	
大豆	0.05
蔬菜	
鳞茎类蔬菜	0.05
芸薹属类蔬菜	0.05
叶菜类蔬菜	0.05
茄果类蔬菜	0.05
瓜类蔬菜	0.05
豆类蔬菜	0.05
茎类蔬菜	0.05
根茎类和薯芋类蔬菜	0.05
水生类蔬菜	0.05
芽菜类蔬菜	0.05
其他类蔬菜	0.05
水果	
柑橘类水果	0.05
仁果类水果	0.05
核果类水果	0.05
浆果和其他小型水果	0.05
热带和亚热带水果	0.05
瓜果类水果	0.05

（续表）

食品类别/名称	再残留限量/（mg/kg）
饮料类	
茶叶	0.2
哺乳动物肉类及其制品（海洋哺乳动物除外）	
脂肪含量 10%以下	0.1（以原样计）
脂肪含量 10%及以上	1（以脂肪计）
水产品	0.1
蛋类	0.1
生乳	0.02

4.413.5　检测方法：植物源性食品（蔬菜、水果除外）按照 GB/T 5009.19 规定的方法测定；蔬菜、水果按照 GB/T 5009.19、NY/T 761 规定的方法测定；动物源性食品按照 GB/T 5009.19、GB/T 5009.162 规定的方法测定。

4.414　氯丹　（chlordane）

4.414.1　主要用途：杀虫剂。

4.414.2　ADI：0.0005 mg/kg bw。

4.414.3　残留物：植物源性食品为顺式氯丹、反式氯丹之和；动物源性食品为顺式氯丹、反式氯丹与氧氯丹之和。

4.414.4　再残留限量：应符合表 414 的规定。

表 414

食品类别/名称	再残留限量/（mg/kg）
谷物	0.02
油料和油脂	
大豆	0.02
植物毛油	0.05
植物油	0.02
蔬菜	
鳞茎类蔬菜	0.02
芸薹属类蔬菜	0.02
叶菜类蔬菜	0.02
茄果类蔬菜	0.02
瓜类蔬菜	0.02
豆类蔬菜	0.02
茎类蔬菜	0.02

（续表）

食品类别/名称	再残留限量/（mg/kg）
根茎类和薯芋类蔬菜	0.02
水生类蔬菜	0.02
芽菜类蔬菜	0.02
其他类蔬菜	0.02
水果	
柑橘类水果	0.02
仁果类水果	0.02
核果类水果	0.02
浆果和其他小型水果	0.02
热带和亚热带水果	0.02
瓜果类水果	0.02
坚果	0.02
哺乳动物肉类（海洋哺乳动物除外）	0.05（以脂肪计）
禽肉类	0.5（以脂肪计）
蛋类	0.02
生乳	0.002

4.414.5 检测方法：植物源性食品按照 GB/T 5009.19 规定的方法测定；动物源性食品按照 GB/T 5009.19、GB/T 5009.162 规定的方法测定。

······

4.416 七氯（heptachlor）

4.416.1 主要用途：杀虫剂。

4.416.2 ADI：0.0001 mg/kg bw。

4.416.3 残留物：七氯与环境七氯之和。

4.416.4 再残留限量：应符合表 416 的规定。

表 416

食品类别/名称	再残留限量/（mg/kg）
谷物	
稻谷	0.02
麦类	0.02
旱粮类	0.02
杂粮类	0.02
成品粮	0.02
油料和油脂	
棉籽	0.02

（续表）

食品类别/名称	再残留限量/（mg/kg）
大豆	0.02
大豆毛油	0.05
大豆油	0.02
蔬菜	
鳞茎类蔬菜	0.02
芸薹属类蔬菜	0.02
叶菜类蔬菜	0.02
茄果类蔬菜	0.02
瓜类蔬菜	0.02
豆类蔬菜	0.02
茎类蔬菜	0.02
根茎类和薯芋类蔬菜	0.02
水生类蔬菜	0.02
芽菜类蔬菜	0.02
其他类蔬菜	0.02
水果	
柑橘类水果	0.01
仁果类水果	0.01
核果类水果	0.01
浆果和其他小型水果	0.01
热带和亚热带水果	0.01
瓜果类水果	0.01
禽肉类	0.20
哺乳动物肉类（海洋哺乳动物除外）	0.20
蛋类	0.05
生乳	0.006

4.416.5　检测方法：植物源性食品（蔬菜、水果除外）按照 GB/T 5009.19 规定的方法测定；蔬菜、水果按照 GB/T 5009.19、NY/T 761 规定的方法测定；动物源性食品按照 GB/T 5009.19、GB/T 5009.162 规定的方法测定。

　　……

附　录　A
（规范性附录）
食品类别及测定部位

食品类别及测定部位见表 A.1。

表 A.1

食品类别	类别说明	测定部位
谷物	稻类 　稻谷等	整粒
	麦类 　小麦、大麦、燕麦、黑麦、小黑麦等	整粒
	旱粮类 　玉米、高粱、粟、稷、薏仁、荞麦等	整粒，鲜食玉米（包括玉米粒和轴）
	杂粮类 　绿豆、豌豆、赤豆、小扁豆、鹰嘴豆等	整粒
	成品粮 　大米粉、小麦粉、全麦粉、玉米糁、玉米粉、高粱米、大麦粉、荞麦粉、莜麦粉、甘薯粉、高粱粉、黑麦粉、黑麦全粉、大米、糙米、麦胚等	
油料和油脂	小型油籽类 　油菜籽、芝麻、亚麻籽、芥菜籽等	整粒
	中型油籽类 　棉籽	整粒
	大型油籽类 　大豆、花生仁、葵花籽、油茶籽等	整粒
	油脂 　植物毛油：大豆毛油、菜籽毛油、花生毛油、棉籽毛油、玉米毛油、葵花籽毛油 　植物油：大豆油、菜籽油、花生油、棉籽油、初榨橄榄油、精炼橄榄油、葵花籽油、玉米油	
蔬菜 （鳞茎类）	鳞茎葱类 　大蒜、洋葱、薤等	可食部分
	绿叶葱类 　韭菜、葱、青蒜、蒜薹、韭葱等	整株
	百合	鳞茎头

（续表）

食品类别	类别说明	测定部位
蔬菜 （芸薹属类）	结球芸薹属 　结球甘蓝、球茎甘蓝、抱子甘蓝、赤球甘蓝、羽衣甘蓝等	整棵
	头状花序芸薹属 　花椰菜、青花菜等	整棵，去除叶
	茎类芸薹属 　芥蓝、菜薹、茎芥菜等	整棵，去除根
蔬菜 （叶菜类）	绿叶类 　菠菜、普通白菜（小白菜、小油菜、青菜）、苋菜、蕹菜、茼蒿、大叶茼蒿、叶用莴苣、结球莴苣、莴笋、苦苣、野苣、落葵、油麦菜、叶芥菜、萝卜叶、芜菁叶、菊苣等	整棵，去除根
	叶柄类 　芹菜、小茴香、球茎茴香等	整棵，去除根
	大白菜	整棵，去除根
蔬菜 （茄果类）	番茄类 　番茄、樱桃番茄等	全果（去柄）
	其他茄果类 　茄子、辣椒、甜椒、黄秋葵、酸浆等	全果（去柄）
蔬菜 （瓜类）	黄瓜、腌制用小黄瓜	全瓜（去柄）
	小型瓜类 　西葫芦、节瓜、苦瓜、丝瓜、线瓜、瓠瓜等	全瓜（去柄）
	大型瓜类 　冬瓜、南瓜、笋瓜等	全瓜（去柄）
蔬菜 （豆类）	荚可食类 　豇豆、菜豆、食荚豌豆、四棱豆、扁豆、刀豆、利马豆等	全荚
	荚不可食类 　菜用大豆、蚕豆、豌豆、菜豆等	全豆（去荚）
蔬菜 （茎类）	芦笋、朝鲜蓟、大黄等	整棵
蔬菜 （根茎类和薯芋类）	根茎类 　萝卜、胡萝卜、根甜菜、根芹菜、根芥菜、姜、辣根、芜菁、桔梗等	整棵，去除顶部叶及叶柄
	马铃薯	全薯
	其他薯芋类 　甘薯、山药、牛蒡、木薯、芋、葛、魔芋等	全薯
蔬菜 （水生类）	茎叶类 　水芹、豆瓣菜、茭白、蒲菜等	整棵，茭白去除外皮
	果实类 　菱角、芡实等	全果（去壳）
	根类 　莲藕、荸荠、慈姑等	整棵

（续表）

食品类别	类别说明	测定部位
蔬菜 （芽菜类）	绿豆芽、黄豆芽、萝卜芽、苜蓿芽、花椒芽、香椿芽等	全部
蔬菜 （其他类）	黄花菜、竹笋、仙人掌、玉米笋等	全部
干制蔬菜	脱水蔬菜、干豇豆、萝卜干等	全部
水果 （柑橘类）	橙、橘、柠檬、柚、柑、佛手柑、金橘等	全果
水果 （仁果类）	苹果、梨、山楂、枇杷、榲桲等	全果（去柄），枇杷参照核果
水果 （核果类）	桃、油桃、杏、枣（鲜）、李子、樱桃、青梅等	全果（去柄和果核），残留量计算应计入果核的重量
水果 （浆果和其他小型水果）	藤蔓和灌木类 　枸杞、黑莓、蓝莓、覆盆子、越橘、加仑子、悬钩子、醋栗、桑葚、唐棣、露莓（包括波森莓和罗甘莓）等	全果（去柄）
	小型攀缘类 　皮可食：葡萄、树番茄、五味子等 　皮不可食：猕猴桃、西番莲等	全果
	草莓	全果（去柄）
水果 （热带和亚热带水果）	皮可食 　柿子、杨梅、橄榄、无花果、杨桃、莲雾等	全果（去柄），杨梅、橄榄检测果肉部分，残留量计算应计入果核的重量
	皮不可食 　小型果：荔枝、龙眼、红毛丹等 　中型果：芒果、石榴、鳄梨、番荔枝、番石榴、西榴莲、黄皮、山竹等 　大型果：香蕉、番木瓜、椰子等 　带刺果：菠萝、菠萝蜜、榴莲、火龙果等	果肉，残留量计算应计入果核的重量 　全果，鳄梨和芒果去除核，山竹测定果肉，残留量计算应计入果核的重量 　香蕉测定全蕉；番木瓜测定去除果核的所有部分，残留量计算应计入果核的重量；椰子测定椰汁和椰肉菠萝、火龙果去除叶冠部分；菠萝蜜、榴莲测定果肉，残留量计算应计入果核的重量
水果 （瓜果类）	西瓜	全瓜
	甜瓜类 　薄皮甜瓜、网纹甜瓜、哈密瓜、白兰瓜、香瓜等	全瓜
干制水果	柑橘脯、李子干、葡萄干、干制无花果、无花果蜜饯、枣（干）等	全果（测定果肉，残留量计算应计入果核的重量）

（续表）

食品类别	类别说明	测定部位
坚果	小粒坚果 　杏仁、榛子、腰果、松仁、开心果等	全果(去壳)
	大粒坚果 　核桃、板栗、山核桃、澳洲坚果等	全果(去壳)
糖料	甘蔗	整根甘蔗,去除顶部叶及叶柄
	甜菜	整根甜菜,去除顶部叶及叶柄
饮料类	茶叶	
	咖啡豆、可可豆	
	啤酒花	
	菊花、玫瑰花等	
	果汁 　蔬菜汁:番茄汁等 　水果汁:橙汁、苹果汁等	
食用菌	蘑菇类 　香菇、金针菇、平菇、茶树菇、竹荪、草菇、羊肚菌、牛肝菌、口蘑、松茸、双孢蘑菇、猴头菇、白灵菇、杏鲍菇等	整棵
	木耳类 　木耳、银耳、金耳、毛木耳、石耳等	整棵
调味料	叶类 　芫荽、薄荷、罗勒、艾蒿、紫苏等	整棵,去除根
	干辣椒	全果(去柄)
	果类调味料 　花椒、胡椒、豆蔻等	全果
	种子类调味料 　芥末、八角茴香等	果实整粒
	根茎类调味料 　桂皮、山葵等	整棵
药用植物	根茎类 　人参、三七、天麻、甘草、半夏、当归等	根、茎部分
	叶及茎杆类 　车前草、鱼腥草、艾、蒿等	茎、叶部分
	花及果实类 　金银花、银杏等	花、果实部分

（续表）

食品类别	类别说明	测定部位
动物源性食品	哺乳动物肉类(海洋哺乳动物除外) 猪、牛、羊、驴、马肉等	肉(去除骨)，包括脂肪含量小于 10% 的脂肪组织
	哺乳动物内脏(海洋哺乳动物除外) 　心、肝、肾、舌、胃等	肉(去除骨)，包括脂肪含量小于 10% 的脂肪组织
	禽肉类 　鸡、鸭、鹅肉等	肉，去除骨
	禽类内脏	整付
	蛋类(鲜蛋)	整枚(去壳)
	生乳 　奶及其脂肪	
	水产品	可食部分，去除骨和鳞

附 录 B

（规范性附录）

豁免制定食品中最大残留限量标准的农药名单

豁免制定食品中最大残留限量标准的农药名单见表 B.1。

表 B.1

序号	农药中文通用名称	农药英文通用名称
1	苏云金杆菌	*Bacillus thuringiensis*
2	荧光假单胞杆菌	*Pseudomonas fluorescens*
3	枯草芽孢杆菌	*Bacillus subtilis*
4	蜡质芽孢杆菌	*Bacillus cereus*
5	地衣芽孢杆菌	*Bacillus lincheniformis*
6	短稳杆菌	*Empedobacter brevis*
7	多粘类芽孢杆菌	*Paenibacillus polymyza*
8	放射土壤杆菌	*Agrobacterium radibacter*
9	木霉菌	*Trichoderma* spp.
10	白僵菌	*Beauveria* spp.
11	淡紫拟青霉	*Paecilomyces lilacinus*
12	厚孢轮枝菌（厚垣轮枝孢菌）	*Verticillium chlamydosporium*
13	耳霉菌	*Conidioblous thromboides*
14	绿僵菌	*Metarhizium* spp.
15	寡雄腐霉菌	*Pythium oligandrum*
16	菜青虫颗粒体病毒	*Pieris rapae* granulosis virus（PrGV）
17	茶尺蠖核型多角体病毒	*Ectropis oblique* nuclear polyhedrosis virus（EoNPV）
18	松毛虫质型多角体病毒	*Dendrolimus punctatus* cytoplasmic polyhedrosis virus（DpCPV）
19	甜菜夜蛾核型多角体病毒	*Spodoptera exigua* nuclear polyhedrosis virus（SeNPV）
20	粘虫颗粒体病毒	*Pseudaletia unipuncta* granulosis virus（PuGV）
21	小菜蛾颗粒体病毒	*Plutella xylostella* granulosis virus（PxGV）
22	斜纹夜蛾核型多角体病毒	*Spodoptera litura* nucleae polyhedrosis virus（SINPV）
23	棉铃虫核型多角体病毒	*Helicoverpa armigera* nuclear polyhedrosis virus（HaNPV）
24	苜蓿银纹夜蛾核型多角体病毒	*Autographa californica* nuclear polyhedrosis virus（AcNPV）
25	三十烷醇	triacontanol
26	诱蝇羧酸	trimedlure
27	聚半乳糖醛酸酶	Polygalacturonase

（续表）

序号	农药中文通用名称	农药英文通用名称
28	超敏蛋白	harpin protein
29	S-诱抗素	（+）-abscisic acid
30	香菇多糖	fungous proteoglycan
31	几丁聚糖	*Chitosan*
32	葡聚烯糖	Glucosan
33	氨基寡糖素	oligochitosac charins

索　引
农药中文通用名称索引

代森锌	zineb	⋯⋯⋯⋯⋯⋯	4.60
单甲脒和单甲脒盐酸盐	semiamitraz 和 semiamitraz chloride	⋯⋯⋯⋯⋯⋯	4.61
单嘧磺隆	monosulfuron	⋯⋯⋯⋯⋯⋯	4.62
单氰胺	cyanamide	⋯⋯⋯⋯⋯⋯	4.63
稻丰散	phenthoate	⋯⋯⋯⋯⋯⋯	4.64
稻瘟灵	isoprothiolane	⋯⋯⋯⋯⋯⋯	4.65
稻瘟酰胺	fenoxanil	⋯⋯⋯⋯⋯⋯	4.66
滴滴涕	DDT	⋯⋯⋯⋯⋯⋯	4.409
狄氏剂	dieldrin	⋯⋯⋯⋯⋯⋯	4.410
敌百虫	trichlorfon	⋯⋯⋯⋯⋯⋯	4.67
敌稗	propanil	⋯⋯⋯⋯⋯⋯	4.68
敌草快	diquat	⋯⋯⋯⋯⋯⋯	4.69
敌草隆	diuron	⋯⋯⋯⋯⋯⋯	4.70
敌敌畏	dichlorvos	⋯⋯⋯⋯⋯⋯	4.71
敌磺钠	fenaminosulf	⋯⋯⋯⋯⋯⋯	4.72
敌菌灵	anilazine	⋯⋯⋯⋯⋯⋯	4.73
敌螨普	dinocap	⋯⋯⋯⋯⋯⋯	4.74
敌瘟磷	edifenphos	⋯⋯⋯⋯⋯⋯	4.75
地虫硫磷	fonofos	⋯⋯⋯⋯⋯⋯	4.76
丁苯吗啉	fenpropimorph	⋯⋯⋯⋯⋯⋯	4.77
丁吡吗啉	pyrimorph	⋯⋯⋯⋯⋯⋯	4.78
丁草胺	butachlor	⋯⋯⋯⋯⋯⋯	4.79
丁虫腈	flufiprole	⋯⋯⋯⋯⋯⋯	4.80
丁硫克百威	carbosulfan	⋯⋯⋯⋯⋯⋯	4.81
丁醚脲	diafenthiuron	⋯⋯⋯⋯⋯⋯	4.82
丁酰肼	daminozide	⋯⋯⋯⋯⋯⋯	4.83
丁香菌酯	coumoxystrobin	⋯⋯⋯⋯⋯⋯	4.84
啶虫脒	acetamiprid	⋯⋯⋯⋯⋯⋯	4.85
啶菌噁唑	pyrisoxazole	⋯⋯⋯⋯⋯⋯	4.86
啶酰菌胺	boscalid	⋯⋯⋯⋯⋯⋯	4.87
啶氧菌酯	picoxystrobin	⋯⋯⋯⋯⋯⋯	4.88
毒草胺	propachlor	⋯⋯⋯⋯⋯⋯	4.89
毒杀芬	camphechlor	⋯⋯⋯⋯⋯⋯	4.411
毒死蜱	chlorpyrifos	⋯⋯⋯⋯⋯⋯	4.90
对硫磷	parathion	⋯⋯⋯⋯⋯⋯	4.91
多果定	dodine	⋯⋯⋯⋯⋯⋯	4.92

农药英文通用名称索引

ethiprole	乙虫腈	....	4. 367
ethirimol	乙嘧酚	....	4. 372
ethoprophos	灭线磷	....	4. 248
ethoxyquin	乙氧喹啉	....	4. 38
ethoxysulfuron	乙氧磺隆	....	4. 379
ethylicin	乙蒜素	....	4. 373
etofenprox	醚菊酯	....	4. 237
etoxazole	乙螨唑	....	4. 37
famoxadone	噁唑菌酮	....	4. 101
fenaminosulf	敌磺钠	....	4. 72
fenaminstrobin	烯肟菌胺	....	4. 34
fenamiphos	苯线磷	....	4. 27
fenarimol	氯苯嘧啶醇	....	4. 215
fenazaquin	喹螨醚	....	4. 194
fenbuconazole	腈苯唑	....	4. 18
fenbutation oxide	苯丁锡	....	4. 15
fenhexamid	环酰菌胺	....	4. 151
fenitrothion	杀螟硫磷	....	4. 304
fenobucarb	仲丁威	....	4. 399
fenothiocarb	苯硫威	....	4. 19
fenoxanil	稻瘟酰胺	....	4. 66
fenoxaprop-P-ethyl	精噁唑禾草灵	....	4. 182
fenpropathrin	甲氰菊酯	....	4. 175
fenpropidin	苯锈啶	....	4. 28
fenpropimorph	丁苯吗啉	....	4. 77
fenpyroximate	唑螨酯	....	4. 405
fenthion	倍硫磷	....	4. 14
fentin acetate	三苯基乙酸锡	....	4. 284
fentin hydroxide	三苯基氢氧化锡	....	4. 283
fenvalerate 和 esfenvalerate	氰戊菊酯和 S-氰戊菊酯	....	4. 264
fipronil	氟虫腈	....	4. 121
flonicamid	氟啶虫酰胺	....	4. 125
florasulam	双氟磺草胺	....	4. 310
fluazifop 和 fluazifop-P-butyl	吡氟禾草灵和精吡氟禾草灵	....	4. 32
fluazinam	氟啶胺	....	4. 123
flubendiamide	氟苯虫酰胺	....	4. 114

oxadiazon	噁草酮	....	4.97
oxadixyl	噁霜灵	....	4.1
oxamyl	杀线威	....	4.306
oxaziclomefone	噁嗪草酮	....	4.99
oxine-copper	喹啉铜	....	4.192
oxydemeton-methyl	亚砜磷	....	4.359
oxyfluorfen	乙氧氟草醚	....	4.378
paclobutrazol	多效唑	....	4.96
paraquat	百草枯	....	4.11
parathion	对硫磷	....	4.91
parathion-methyl	甲基对硫磷	....	4.164
penconazole	戊菌唑	....	4.332
pendimethalin	二甲戊灵	....	4.104
penoxsulam	五氟磺草胺	....	4.33
permethrin	氯菊酯	....	4.224
phenamacril	氰烯菌酯	....	4.265
phenmedipham	甜菜宁	....	4.325
phenthoate	稻丰散	....	4.64
phorate	甲拌磷	....	4.157
phosalone	伏杀硫磷	....	4.112
phosfolan	硫环磷	....	4.206
phosfolan-methyl	甲基硫环磷	....	4.167
phosmet	亚胺硫磷	....	4.357
phosphamidon	磷胺	....	4.201
phoxim	辛硫磷	....	4.348
phthalide	四氯苯酞	....	4.318
picloram	氨氯吡啶酸	....	4.8
picoxystrobin	啶氧菌酯	....	4.88
pinoxaden	唑啉草酯	....	4.404
piperonyl butoxide	增效醚	....	4.396
pirimicarb	抗蚜威	....	4.187
pirimiphos-methyl	甲基嘧啶磷	....	4.169
polyoxins	多抗霉素	....	4.94
pretilachlor	丙草胺	....	4.39
probenazole	烯丙苯噻唑	....	4.336
prochloraz 和 prochloraz－manganese chloride complex	咪鲜胺和咪鲜胺锰盐	....	4.232

【通知公告】

中华人民共和国农业部公告 第193号

中华人民共和国农业部公告

第 193 号

为保证动物源性食品安全,维护人民身体健康,根据《兽药管理条例》的规定,我部制定了《食品动物禁用的兽药及其他化合物清单》(以下简称《禁用清单》),现公告如下。

一、《禁用清单》序号1至18所列品种的原料药及其单方、复方制剂产品停止生产,已在兽药国家标准、农业部专业标准及兽药地方标准中收载的品种,废止其质量标准,撤销其产品批准文号;已在我国注册登记的进口兽药,废止其进口兽药质量标准,注销其《进口兽药登记许可证》。

二、截至2002年5月15日,《禁用清单》序号1至18所列品种的原料药及其单方、复方制剂产品停止经营和使用。

三、《禁用清单》序号19至21所列品种的原料药及其单方、复方制剂产品不准以抗应激、提高饲料报酬、促进动物生长为目的在食品动物饲养过程中使用。

食品动物禁用的兽药及其他化合物清单

序号	兽药及其他化合物名称	禁止用途	禁用动物
1	β-兴奋剂类:克仑特罗 Clenbuterol、沙丁胺醇 Salbutamol、西马特罗 Cimaterol 及其盐、酯及制剂	所有用途	所有食品动物
2	性激素类:己烯雌酚 Diethylstilbestrol 及其盐、酯及制剂	所有用途	所有食品动物
3	具有雌激素样作用的物质:玉米赤霉醇 Zeranol、去甲雄三烯醇酮 Trenbolone、醋酸甲孕酮 Mengestrol,Acetate 及制剂	所有用途	所有食品动物
4	氯霉素 Chloramphenicol、及其盐、酯(包括:琥珀氯霉素 Chloramphenicol Succinate)及制剂	所有用途	所有食品动物
5	氨苯砜 Dapsone 及制剂	所有用途	所有食品动物
6	硝基呋喃类:呋喃唑酮 Furazolidone、呋喃它酮 Furaltadone、呋喃苯烯酸钠 Nifurstyrenate sodium 及制剂	所有用途	所有食品动物
7	硝基化合物:硝基酚钠 Sodium nitrophenolate、硝呋烯腙 Nitrovin 及制剂	所有用途	所有食品动物
8	催眠、镇静类:安眠酮 Methaqualone 及制剂	所有用途	所有食品动物
9	林丹(丙体六六六)Lindane	杀虫剂	所有食品动物
10	毒杀芬(氯化烯)Camahechlor	杀虫剂、清塘剂	所有食品动物
11	呋喃丹(克百威)Carbofuran	杀虫剂	所有食品动物

（续表）

序号	兽药及其他化合物名称	禁止用途	禁用动物
12	杀虫脒(克死螨)Chlordimeform	杀虫剂	所有食品动物
13	双甲脒 Amitraz	杀虫剂	水生食品动物
14	酒石酸锑钾 Antimonypotassiumtartrate	杀虫剂	所有食品动物
15	锥虫胂胺 Tryparsamide	杀虫剂	所有食品动物
16	孔雀石绿 Malachitegreen	抗菌、杀虫剂	所有食品动物
17	五氯酚酸钠 Pentachlorophenolsodium	杀螺剂	所有食品动物
18	各种汞制剂包括:氯化亚汞(甘汞)Calomel,硝酸亚汞 Mercurous nitrate、醋酸汞 Mercurous acetate、吡啶基醋酸汞 Pyridyl mercurous acetate	杀虫剂	所有食品动物
19	性激素类:甲基睾丸酮 Methyltestosterone、丙酸睾酮 Testosterone Propionate、苯丙酸诺龙 Nandrolone Phenylpropionate、苯甲酸雌二醇 Estradiol Benzoate 及其盐、酯及制剂	促生长	所有食品动物
20	催眠、镇静类:氯丙嗪 Chlorpromazine、地西泮(安定) Diazepam 及其盐、酯及制剂	促生长	所有食品动物
21	硝基咪唑类:甲硝唑 Metronidazole、地美硝唑 Dimetronidazole 及其盐、酯及制剂	促生长	所有食品动物

注:食品动物是指各种供人食用或其产品供人食用的动物

二〇〇二年四月九日

中华人民共和国农业部公告　第235号

为加强兽药残留监控工作,保证动物性食品卫生安全,根据《兽药管理条例》规定,我部组织修订了《动物性食品中兽药最高残留限量》,现予发布,请各地遵照执行。自发布之日起,原发布的《动物性食品中兽药最高残留限量》(农牧发〔1999〕17号)同时废止。

二〇〇二年十二月二十四日

附录1 动物性食品允许使用,但不需要制定残留限量的药物

药物名称	动物种类	其他规定
Acetylsalicylic acid 乙酰水杨酸	牛、猪、鸡	产奶牛禁用产蛋鸡禁用
Aluminium hydroxide 氢氧化铝	所有食品动物	
Amitraz 双甲脒	牛、羊、猪	仅指肌肉中不需要限量
Amprolium 氨丙啉	家禽	仅作口服用
Apramycin 安普霉素	猪、兔、山羊、鸡	仅作口服用产奶羊禁用产蛋鸡禁用
Atropine 阿托品	所有食品动物	
Azamethiphos 甲基吡啶磷	鱼	
Betaine 甜菜碱	所有食品动物	
Bismuth subcarbonate 碱式碳酸铋	所有食品动物	仅作口服用
Bismuth subnitrate 碱式硝酸铋	所有食品动物	仅作口服用
Bismuth subnitrate 碱式硝酸铋	牛	仅乳房内注射用
Boric acid and borates 硼酸及其盐	所有食品动物	
Caffeine 咖啡因	所有食品动物	
Calcium borogluconate 硼葡萄糖酸钙	所有食品动物	
Calcium carbonate 碳酸钙	所有食品动物	
Calcium chloride 氯化钙	所有食品动物	
Calcium gluconate 葡萄糖酸钙	所有食品动物	
Calcium phosphate 磷酸钙	所有食品动物	
Calcium sulphate 硫酸钙	所有食品动物	
Calcium pantothenate 泛酸钙	有食品动物	
Camphor 樟脑	所有食品动物	仅作外用
Chlorhexidine 氯己定	所有食品动物	仅作外用
Choline 胆碱	所有食品动物	
Cloprostenol 氯前列醇	牛、猪、马	
Decoquinate 癸氧喹酯	牛、山羊	仅口服用,产奶动物禁用
Diclazuril 地克珠利	山羊	羔羊口服用
Epinephrine 肾上腺素	所有食品动物	
Ergometrine maleata 马来酸麦角新碱	所有哺乳类食品动物	仅用于临产动物
Ethanol 乙醇	所有食品动物	仅作赋型剂用
Ferrous sulphate 硫酸亚铁	所有食品动物	
Flumethrin 氟氯苯氰菊酯	蜜蜂	蜂蜜
Folic acid 叶酸	所有食品动物	

（续表）

药物名称	动物种类	其他规定
Follicle stimulating hormone（natural FSH from all species and their synthetic analogues）促卵泡激素（各种动物天然 FSH 及其化学合成类似物）	所有食品动物	
Formaldehyde 甲醛	所有食品动物	
Glutaraldehyde 戊二醛	所有食品动物	
Gonadotrophin releasing hormone 垂体促性腺激素释放激素	所有食品动物	
Human chorion gonadotrophin 绒促性素	所有食品动物	
Hydrochloric acid 盐酸	所有食品动物	仅作赋型剂用
Hydrocortisone 氢化可的松	所有食品动物	仅作外用
Hydrogen peroxide 过氧化氢	所有食品动物	
Iodine and iodine inorganic compounds including：碘和碘无机化合物包括：		
——Sodium and potassium-iodide 碘化钠和钾	所有食品动物	
——Sodium and potassium-iodate 碘酸钠和钾	所有食品动物	
Iodophors including：碘酣包括：		
——polyvinylpyrrolidone-iodine 聚乙烯吡咯烷酮碘	所有食品动物	
Iodine organic compounds：碘有机化合物：		
——Iodoform 碘仿	所有食品动物	
Iron dextran 右旋糖酐铁	所有食品动物	
Ketamine 氯胺酮	所有食品动物	
Lactic acid 乳酸	所有食品动物	
Lidocaine 利多卡因	马	仅作局部麻醉用
Luteinising hormone（natural LH from all species and their synthetic analogues）促黄体激素（各种动物天然 FSH 及其化学合成类似物）	所有食品动物	
Magnesium chloride 氯化镁	所有食品动物	
Mannitol 甘露醇	所有食品动物	
Menadione 甲萘醌	所有食品动物	
Neostigmine 新斯的明	所有食品动物	
Oxytocin 缩宫素	所有食品动物	
Paracetamol 对乙酰氨基酚	猪	仅作口服用
Pepsin 胃蛋白酶	所有食品动物	
Phenol 苯酚	所有食品动物	
Piperazine 哌嗪	鸡	除蛋外所有组织
Polyethylene glycols（molecular weight ranging from 200 to 10000）聚乙二醇（分子量范围从 200 到 10000）	所有食品动物	

（续表）

药物名称	动物种类	其他规定
Polysorbate 80 吐温-80	所有食品动物	
Praziquantel 吡喹酮	绵羊、马、山羊	仅用于非泌乳绵羊
Procaine 普鲁卡因	所有食品动物	
Pyrantel embonate 双羟萘酸噻嘧啶	马	
Salicylic acid 水杨酸	除鱼外所有食品动物	仅作外用
Sodium Bromide 溴化钠	所有哺乳类食品动物	仅作外用
Sodium chloride 氯化钠	所有食品动物	
Sodium pyrosulphite 焦亚硫酸钠	所有食品动物	
Sodium salicylate 水杨酸钠	除鱼外所有食品动物	仅作外用
Sodium selenite 亚硒酸钠	所有食品动物	
Sodium stearate 硬脂酸钠	所有食品动物	
Sodium thiosulphate 硫代硫酸钠	所有食品动物	
Sorbitan trioleate 脱水山梨醇三油酸酯（司盘 85）	所有食品动物	
Strychnine 士的宁	牛	仅作口服用剂量 最大 0.1 mg/kg 体重
Sulfogaiacol 愈创木酚磺酸钾	所有食品动物	
Sulphur 硫黄	牛、猪、山羊、绵羊、马	
Tetracaine 丁卡因	所有食品动物	仅作麻醉剂用
Thiomersal 硫柳汞	所有食品动物	多剂量疫苗中作防腐剂使用，浓度最大不得超过 0.02%
Thiopental sodium 硫喷妥钠	所有食品动物	仅作静脉注射用
Vitamin A 维生素 A	所有食品动物	
Vitamin B_1 维生素 B_1	所有食品动物	
Vitamin B_{12} 维生素 B_{12}	所有食品动物	
Vitamin B_2 维生素 B_2	所有食品动物	
Vitamin B_6 维生素 B_6	所有食品动物	
Vitamin D 维生素 D	所有食品动物	
Vitamin E 维生素 E	所有食品动物	
Xylazine hydrochloride 盐酸塞拉嗪	牛、马	产奶动物禁用
Zinc oxide 氧化锌	所有食品动物	
Zinc sulphate 硫酸锌	所有食品动物	

附录2 已批准的动物性食品中最高残留限量规定

药物名	标志残留物	动物种类	靶组织	残留限量
阿灭丁(阿维菌素) Abamectin ADI:0-2	Avermectin B$_{1a}$	牛(泌乳期禁用)	脂肪 肝 肾	100 100 50
		羊(泌乳期禁用)	肌肉 脂肪 肝 肾	25 50 25 20
乙酰异戊酰泰乐菌素 Acetylisovaleryltylosin ADI:0-1.02	总 Acetylisovaleryltylosin 和 3-O-乙酰泰乐菌素	猪	肌肉 皮+脂肪 肝 肾	50 50 50 50
阿苯达唑 Albendazole ADI: 0-50	Albendazole+ ABZSO$_2$+ABZSO+ ABZNH$_2$	牛/羊	肌肉 脂肪 肝 肾 奶	100 100 5 000 5 000 100
双甲脒 Amitraz ADI:0-3	Amitraz +2,4-DMA 的总量	牛	脂肪 肝 肾 奶	200 200 200 10
		羊	脂肪 肝 肾 奶	400 100 200 10
		猪	皮+脂 肝 肾	400 200 200
		禽	肌肉 脂肪 副产品	10 10 50
		蜜蜂	蜂蜜	200
阿莫西林 Amoxicillin	Amoxicillin	所有食品动物	肌肉 脂肪 肝 肾 奶	50 50 50 50 10

（续表）

药物名	标志残留物	动物种类	靶组织	残留限量
氨苄西林 Ampicillin	Ampicillin	所有食品动物	肌肉 脂肪 肝 肾 奶	50 50 50 50 10
氨丙啉 Amprolium ADI:0-100	Amprolium	牛	肌肉 脂肪 肝 肾	500 2 000 500 500
安普霉素 Apramycin ADI: 0-40	Apramycin	猪	肾	100
阿散酸/洛克沙胂 Arsanilic acid/Roxarsone	总砷计 Arsenic	猪 鸡/火鸡	肌肉 肝 肾 副产品 肌肉 副产品 蛋	500 2 000 2 000 500 500 500 500
氮哌酮 Azaperone ADI:0-0.8	Azaperone + Azaperol	猪	肌肉 皮+脂肪 肝 肾	60 60 100 100
杆菌肽 Bacitracin ADI:0-3.9	Bacitracin	牛/猪/禽 牛(乳房注射) 禽	可食组织 奶 蛋	500 500 500
苄星青霉素/7. 普鲁卡因 青霉素 Benzylpenicillin/Procaine benzylpenicillin ADI:0-30μg/人/天	Benzylpenicillin	所有食品动物	肌肉 脂肪 肝 肾 奶	50 50 50 50 4
倍他米松 Betamethasone ADI:0-0.015	Betamethasone	牛/猪 牛	肌肉 肝 肾 奶	0.75 2.0 0.75 0.3

（续表）

药物名	标志残留物	动物种类	靶组织	残留限量
头孢氨苄 Cefalexin ADI:0-54.4	Cefalexin	牛	肌肉 脂肪 肝 肾 奶	200 200 200 1 000 100
头孢喹肟 Cefquinome ADI:0-3.8	Cefquinome	牛	肌肉 脂肪 肝 肾 奶	50 50 100 200 20
		猪	肌肉 皮+脂 肝 肾	50 50 100 200
头孢噻呋 Ceftiofur ADI:0-50	Desfuroylceftiofur	牛/猪	肌肉 脂肪 肝 肾	1 000 2 000 2 000 6 000
		牛	奶	100
克拉维酸 Clavulanic acid ADI:0-16	Clavulanic acid	牛/羊	奶	200
		牛/羊/猪	肌肉 脂肪 肝 肾	100 100 200 400
氯羟吡啶 Clopidol	Clopidol	牛/羊	肌肉 肝 肾 奶	200 1 500 3 000 20
		猪	可食组织	200
		鸡/火鸡	肌肉 肝 肾	5 000 15 000 15 000
氯氰碘柳胺 Closantel ADI:0-30	Closantel	牛	肌肉 脂肪 肝 肾	1 000 3 000 1 000 3 000
		羊	肌肉 脂肪 肝 肾	1 500 2 000 1 500 5 000

（续表）

药物名	标志残留物	动物种类	靶组织	残留限量
氯唑西林 Cloxacillin	Cloxacillin	所有食品动物	肌肉 脂肪 肝 肾 奶	300 300 300 300 30
粘菌素 Colistin ADI:0-5	Colistin	牛/羊	奶	50
		牛/羊/猪/鸡/兔	肌肉 脂肪 肝 肾	150 150 150 200
		鸡	蛋	300
蝇毒磷 Coumaphos ADI: 0-0.25	Coumaphos 和氧化物	蜜蜂	蜂蜜	100
环丙氨嗪 Cyromazine ADI:0-20	Cyromazine	羊	肌肉 脂肪 肝 肾	300 300 300 300
		禽	肌肉 脂肪 副产品	50 50 50
达氟沙星 Danofloxacin ADI:0-20	Danofloxacin	牛/绵羊/山羊	肌肉 脂肪 肝 肾 奶	200 100 400 400 30
		家禽	肌肉 皮+脂 肝 肾	200 100 400 400
		其他动物	肌肉 脂肪 肝 肾	100 50 200 200
癸氧喹酯 Decoquinate ADI:0-75	Decoquinate	鸡	皮+肉 可食组织	1 000 2 000

（续表）

药物名	标志残留物	动物种类	靶组织	残留限量
溴氰菊酯 Deltamethrin ADI:0-10	Deltamethrin	牛/羊	肌肉 脂肪 肝 肾	30 500 50 50
		牛	奶	30
		鸡	肌肉 皮+脂 肝 肾 蛋	30 500 50 50 30
		鱼	肌肉	30
越霉素 A Destomycin A	Destomycin A	猪/鸡	可食组织	2 000
地塞米松 Dexamethasone ADI:0-0.015	Dexamethasone	牛/猪/马	肌肉 肝 肾	0.75 2 0.75
		牛	奶	0.3
二嗪农 Diazinon ADI:0-2	Diazinon	牛/羊	奶	20
		牛/猪/羊	肌肉 脂肪 肝 肾	20 700 20 20
敌敌畏 Dichlorvos ADI:0-4	Dichlorvos	牛/羊/马	肌肉 脂肪 副产品	20 20 20
		猪	肌肉 脂肪 副产品	100 100 200
		鸡	肌肉 脂肪 副产品	50 50 50
地克珠利 Diclazuril ADI:0-30	Diclazuril	绵羊/禽/兔	肌肉 脂肪 肝 肾	500 1 000 3 000 2 000

（续表）

药物名	标志残留物	动物种类	靶组织	残留限量
二氟沙星 Difloxacin ADI：0~10	Difloxacin	牛/羊	肌肉	400
			脂	100
			肝	1 400
			肾	800
		猪	肌肉	400
			皮+脂	100
			肝	800
			肾	800
		家禽	肌肉	300
			皮+脂	400
			肝	1 900
			肾	600
		其他	肌肉	300
			脂肪	100
			肝	800
			肾	600
三氮脒 Diminazine ADI：0~100	Diminazine	牛	肌肉	500
			肝	12 000
			肾	6 000
			奶	150
多拉菌素 Doramectin ADI：0~0.5	Doramectin	牛（泌乳牛禁用）	肌肉	10
			脂肪	150
			肝	100
			肾	30
		猪/羊/鹿	肌肉	20
			脂肪	100
			肝	50
			肾	30
多西环素 Doxycycline ADI：0~3	Doxycycline	牛（泌乳牛禁用）	肌肉	100
			肝	300
			肾	600
		猪	肌肉	100
			皮+脂	300
			肝	300
		禽（产蛋鸡禁用）	肾	600
			肌肉	100
			皮+脂	300
			肝	300
			肾	600

（续表）

药物名	标志残留物	动物种类	靶组织	残留限量
恩诺沙星 Enrofloxacin ADI:0-2	Enrofloxacin + Ciprofloxacin	牛/羊	肌肉 脂肪 肝 肾	100 100 300 200
		牛/羊	奶	100
		猪/兔	肌肉 脂肪 肝 肾	100 100 200 300
		禽(产蛋鸡禁用)	肌肉 皮+脂 肝 肾	100 100 200 300
		其他动物	肌肉 脂肪 肝 肾	100 100 200 200
红霉素 Erythromycin ADI:0-5	Erythromycin	所有食品动物	肌肉 脂肪 肝 肾 奶 蛋	200 200 200 200 40 150
乙氧酰胺苯甲酯 Ethopabate	Ethopabate	禽	肌肉 肝 肾	500 1 500 1 500
苯硫氨酯 Fenbantel 芬苯达唑 Fenbendazole 奥芬达唑 Oxfendazole ADI: 0-7	可提取的 Oxfendazole sulphone	牛/马/猪/羊	肌肉 脂肪 肝 肾	100 100 500 100
		牛/羊	奶	100
倍硫磷 Fenthion	Fenthion & metabolites	牛/猪/禽	肌肉 脂肪 副产品	100 100 100
氰戊菊酯 Fenvalerate ADI:0-20	Fenvalerate	牛/羊/猪	肌肉 脂肪 副产品	1 000 1 000 20
		牛	奶	100

（续表）

药物名	标志残留物	动物种类	靶组织	残留限量
氟苯尼考 Florfenicol ADI：0-3	Florfenicol-amine	牛/羊 （泌乳期禁用）	肌肉 肝 肾	200 3 000 300
		猪	肌肉 皮+脂 肝 肾	300 500 2 000 500
		家禽（产蛋禁用）	肌肉 皮+脂 肝 肾	100 200 2 500 750
		鱼	肌肉+皮	1 000
		其他动物	肌肉 脂肪 肝 肾	100 200 2 000 300
氟苯咪唑 Flubendazole ADI：0-12	Flubendazole +2-amino 1H- benzimidazol-5-yl-（4- fluorophenyl）methanone	猪	肌肉 肝	10 10
		禽	肌肉 肝 蛋	200 500 400
醋酸氟孕酮 Flugestone Acetate ADI：0-0.03	Flugestone Acetate	羊	奶	1
氟甲喹 Flumequine ADI：0-30	Flumequine	牛/羊/猪	肌肉 脂肪 肝 肾 奶	500 1 000 500 3 000 50
		鱼	肌肉+皮	500
		鸡	肌肉 皮+脂 肝 肾	500 1 000 500 3 000

（续表）

药物名	标志残留物	动物种类	靶组织	残留限量
氟氯苯氰菊酯 Flumethrin ADI：0-1.8	Flumethrin （sum of trans-Z-isomers）	牛	肌肉 脂肪 肝 肾 奶	10 150 20 10 30
		羊 （产奶期禁用）	肌肉 脂肪 肝 肾	10 150 20 10
氟胺氰菊酯 Fluvalinate	Fluvalinate	所有动物	肌肉 脂肪 副产品	10 10 10
		蜜蜂	蜂蜜	50
庆大霉素 Gentamycin ADI：0-20	Gentamycin	牛/猪	肌肉 脂肪 肝 肾	100 100 2 000 5 000
		牛	奶	200
		鸡/火鸡	可食组织	100
氢溴酸常山酮 Halofuginone hydrobromide ADI：0-0.3	Halofuginone	牛	肌肉 脂肪 肝 肾	10 25 30 30
		鸡/火鸡	肌肉 皮+脂 肝	100 200 130
氮氨菲啶 Isometamidium ADI：0-100	Isometamidium	牛	肌肉 脂肪 肝 肾 奶	100 100 500 1 000 100

（续表）

药物名	标志残留物	动物种类	靶组织	残留限量
伊维菌素 Ivermectin ADI：0-1	22,23-Dihydro- avermectin B1a	牛	肌肉 脂肪 肝 奶	10 40 100 10
		猪/羊	肌肉 脂肪 肝	20 20 15
吉他霉素 Kitasamycin	Kitasamycin	猪/禽	肌肉 肝 肾	200 200 200
拉沙洛菌素 Lasalocid	Lasalocid	牛	肝	700
		鸡	皮+脂 肝	1 200 400
		火鸡	皮+脂 肝	400 400
		羊	肝	1 000
		兔	肝	700
左旋咪唑 Levamisole ADI：0-6	Levamisole	牛/羊/猪/禽	肌肉 脂肪 肝 肾	10 10 100 10
林可霉素 Lincomycin ADI：0-30	Lincomycin	牛/羊/猪/禽	肌肉 脂肪 肝 肾	100 100 500 1 500
		牛/羊	奶	150
		鸡	蛋	50
马杜霉素 Maduramicin	Maduramicin	鸡	肌肉 脂肪 皮 肝	240 480 480 720

（续表）

药物名	标志残留物	动物种类	靶组织	残留限量
马拉硫磷 Malathion	Malathion	牛/羊/猪/禽/马	肌肉 脂肪 副产品	4 000 4 000 4 000
甲苯咪唑 Mebendazole ADI：0-12.5	Mebendazole 等效物	羊/马 （产奶期禁用）	肌肉 脂肪 肝 肾	60 60 400 60
安乃近 Metamizole ADI：0-10	4-氨甲基-安替比林	牛/猪/马	肌肉 脂肪 肝 肾	200 200 200 200
莫能菌素 Monensin	Monensin	牛/羊 鸡/火鸡	可食组织 肌肉 皮+脂 肝	50 1 500 3 000 4 500
甲基盐霉素 Narasin	Narasin	鸡	肌肉 皮+脂 肝	600 1 200 1 800
新霉素 Neomycin ADI：0-60	Neomycin B	牛/羊/猪/ 鸡/火鸡/ 鸭	肌肉 脂肪 肝 肾	500 500 500 10 000
		牛/羊	奶	500
		鸡	蛋	500
尼卡巴嗪 Nicarbazin ADI：0-400	N,N'-bis- （4-nitrophenyl）urea	鸡	肌肉 皮/脂 肝 肾	200 200 200 200
硝碘酚腈 Nitroxinil ADI：0-5	Nitroxinil	牛/羊	肌肉 脂肪 肝 肾	400 200 20 400
喹乙醇 Olaquindox	［3-甲基喹啉-2-羧酸 （MQCA）]	猪	肌肉 肝	4 50

（续表）

药物名	标志残留物	动物种类	靶组织	残留限量
苯唑西林 Oxacillin	Oxacillin	所有食品动物	肌肉 脂肪 肝 肾 奶	300 300 300 300 30
丙氧苯咪唑 Oxibendazole ADI：0-60	Oxibendazole	猪	肌肉 皮+脂 肝 肾	100 500 200 100
噁喹酸 Oxolinic acid ADI：0-2.5	Oxolinic acid	牛/猪/鸡	肌肉 脂肪 肝 肾	100 50 150 150
		鸡	蛋	50
		鱼	肌肉+皮	300
土霉素/金霉素/ 四环素 Oxytetracycline/Chlortetra- cycline/Tetracycline ADI：0-30	Parent drug，单个 或复合物	所有食品动物	肌肉 肝 肾	100 300 600
		牛/羊	奶	100
		禽	蛋	200
		鱼/虾	肉	100
辛硫磷 Phoxim ADI：0-4	Phoxim	牛/猪/羊	肌肉 脂肪 肝 肾	50 400 50 50
		牛	奶	10
哌嗪 Piperazine ADI：0-250	Piperazine	猪	肌肉 皮+脂 肝 肾	400 800 2 000 1 000
		鸡	蛋	2 000
巴胺磷 Propetamphos ADI：0-0.5	Propetamphos	羊	脂肪 肾	90 90

（续表）

药物名	标志残留物	动物种类	靶组织	残留限量
碘醚柳胺 Rafoxanide ADI：0~2	Rafoxanide	牛	肌肉 脂肪 肝 肾	30 30 10 40
		羊	肌肉 脂肪 肝 肾	100 250 150 150
氯苯胍 Robenidine	Robenidine	鸡	脂肪 皮 可食组织	200 200 100
盐霉素 Salinomycin	Salinomycin	鸡	肌肉 皮/脂 肝	600 1 200 1 800
沙拉沙星 Sarafloxacin ADI：0~0.3	Sarafloxacin	鸡/火鸡	肌肉 脂肪 肝 肾	10 20 80 80
		鱼	肌肉+皮	30
赛杜霉素 Semduramicin ADI：0~180	Semduramicin	鸡	肌肉 肝	130 400
大观霉素 Spectinomycin ADI：0~40	Spectinomycin	牛/羊/猪/鸡	肌肉 脂肪 肝 肾	500 2 000 2 000 5 000
		牛	奶	200
		鸡	蛋	2 000
链霉素/双氢链霉素 Streptomycin/ Dihydrostreptomycin ADI：0~50	Sum of Streptomycin + Dihydrostreptomycin	牛	奶	200
		牛/绵羊/猪/鸡	肌肉 脂肪 肝 肾	600 600 600 1 000
磺胺类 Sulfonamides	Parent drug（总量）	所有食品 动物	肌肉 脂肪 肝 肾	100 100 100 100
		牛/羊	奶	100

（续表）

药物名	标志残留物	动物种类	靶组织	残留限量
磺胺二甲嘧啶 Sulfadimidine ADI：0-50	Sulfadimidine	牛	奶	25
噻苯咪唑 Thiabendazole ADI：0-100	［噻苯咪唑和5-羟基 噻苯咪唑］	牛/猪/绵羊/山羊	肌肉 脂肪 肝 肾	100 100 100 100
		牛/山羊	奶	100
甲砜霉素 Thiamphenicol ADI：0-5	Thiamphenicol	牛/羊	肌肉 脂肪 肝 肾	50 50 50 50
		牛	奶	50
		猪	肌肉 脂肪 肝 肾	50 50 50 50
		鸡	肌肉 皮+脂 肝 肾	50 50 50 50
		鱼	肌肉+皮	50
泰妙菌素 Tiamulin ADI：0-30	Tiamulin+8-α- Hydroxymutilin 总量	猪/兔	肌肉 肝	100 500
		鸡	肌肉 皮+脂 肝 蛋	100 100 1 000 1 000
		火鸡	肌肉 皮+脂 肝	100 100 300

（续表）

药物名	标志残留物	动物种类	靶组织	残留限量
替米考星 Tilmicosin ADI：0-40	Tilmicosin	牛/绵羊	肌肉 脂肪 肝 肾	100 100 1 000 300
		绵羊	奶	50
		猪	肌肉 脂肪 肝 肾	100 100 1 500 1 000
		鸡	肌肉 皮+脂 肝 肾	75 75 1 000 250
甲基三嗪酮（托曲珠利） Toltrazuril ADI：0-2	Toltrazuril Sulfone	鸡/火鸡	肌肉 皮+脂 肝 肾	100 200 600 400
		猪	肌肉 皮+脂 肝 肾	100 150 500 250
敌百虫 Trichlorfon ADI：0-20	Trichlorfon	牛	肌肉 脂肪 肝 肾 奶	50 50 50 50 50
三氯苯唑 Triclabendazole ADI：0-3	Ketotriclabendazole	牛	肌肉 脂肪 肝 肾	200 100 300 300
		羊	肌肉 脂肪 肝 肾	100 100 100 100

（续表）

药物名	标志残留物	动物种类	靶组织	残留限量
甲氧苄啶 Trimethoprim ADI：0-4.2	Trimethoprim	牛	肌肉 脂肪 肝 肾 奶	50 50 50 50 50
		猪/禽	肌肉 皮+脂 肝 肾	50 50 50 50
		马	肌肉 脂肪 肝 肾	100 100 100 100
		鱼	肌肉+皮	50
泰乐菌素 Tylosin ADI：0-6	Tylosin A	鸡/火鸡/猪/牛	肌肉 脂肪 肝 肾	200 200 200 200
		牛	奶	50
		鸡	蛋	200
维吉尼霉素 Virginiamycin ADI：0-250	Virginiamycin	猪	肌肉 脂肪 肝 肾 皮	100 400 300 400 400
		禽	肌肉 脂肪 肝 肾 皮	100 200 300 500 200
二硝托胺 Zoalene	Zoalene +Metabolite 总量	鸡	肌肉 脂肪 肝 肾	3 000 2 000 6 000 6 000
		火鸡	肌肉 肝	3 000 3 000

附录3　允许作治疗用，但不得在动物性食品中检出的药物

药物名称	标志残留物	动物种类	靶组织
氯丙嗪 Chlorpromazine	Chlorpromazine	所有食品动物	所有可食组织
地西泮（安定） Diazepam	Diazepam	所有食品动物	所有可食组织
地美硝唑 Dimetridazole	Dimetridazole	所有食品动物	所有可食组织
苯甲酸雌二醇 Estradiol Benzoate	Estradiol	所有食品动物	所有可食组织
潮霉素 B Hygromycin B	Hygromycin B	猪/鸡 鸡	可食组织 蛋
甲硝唑 Metronidazole	Metronidazole	所有食品动物	所有可食组织
苯丙酸诺龙 Nadrolone Phenylpropionate	Nadrolone	所有食品动物	所有可食组织
丙酸睾酮 Testosterone propinate	Testosterone	所有食品动物	所有可食组织
塞拉嗪 Xylzaine	Xylazine	产奶动物	奶

附录4　禁止使用的药物，在动物性食品中不得检出

药物名称	禁用动物种类	靶组织
氯霉素 Chloramphenicol 及其盐、酯 （包括：琥珀氯霉素 Chloramphenico Succinate）	所有食品动物	所有可食组织
克伦特罗 Clenbuterol 及其盐、酯	所有食品动物	所有可食组织
沙丁胺醇 Salbutamol 及其盐、酯	所有食品动物	所有可食组织
西马特罗 Cimaterol 及其盐、酯	所有食品动物	所有可食组织
氨苯砜 Dapsone	所有食品动物	所有可食组织
己烯雌酚 Diethylstilbestrol 及其盐、酯	所有食品动物	所有可食组织
呋喃它酮 Furaltadone	所有食品动物	所有可食组织
呋喃唑酮 Furazolidone	所有食品动物	所有可食组织
林丹 Lindane	所有食品动物	所有可食组织
呋喃苯烯酸钠 Nifurstyrenate sodium	所有食品动物	所有可食组织
安眠酮 Methaqualone	所有食品动物	所有可食组织
洛硝达唑 Ronidazole	所有食品动物	所有可食组织
玉米赤霉醇 Zeranol	所有食品动物	所有可食组织
去甲雄三烯醇酮 Trenbolone	所有食品动物	所有可食组织
醋酸甲孕酮 Mengestrol Acetate	所有食品动物	所有可食组织
硝基酚钠 Sodium nitrophenolate	所有食品动物	所有可食组织
硝呋烯腙 Nitrovin	所有食品动物	所有可食组织
毒杀芬（氯化烯） Camahechlor	所有食品动物	所有可食组织

（续表）

药物名称	禁用动物种类	靶组织
呋喃丹（克百威） Carbofuran	所有食品动物	所有可食组织
杀虫脒（克死螨） Chlordimeform	所有食品动物	所有可食组织
双甲脒 Amitraz	水生食品动物	所有可食组织
酒石酸锑钾 Antimony potassium tartrate	所有食品动物	所有可食组织
锥虫砷胺 Tryparsamile	所有食品动物	所有可食组织
孔雀石绿 Malachite green	所有食品动物	所有可食组织
五氯酚酸钠 Pentachlorophenol sodium	所有食品动物	所有可食组织
氯化亚汞（甘汞） Calomel	所有食品动物	所有可食组织
硝酸亚汞 Mercurous nitrate	所有食品动物	所有可食组织
醋酸汞 Mercurous acetate	所有食品动物	所有可食组织
吡啶基醋酸汞 Pyridyl mercurous acetate	所有食品动物	所有可食组织
甲基睾丸酮 Methyltestosterone	所有食品动物	所有可食组织
群勃龙 Trenbolone	所有食品动物	所有可食组织

名词定义：

1. 兽药残留（Residues of Veterinary Drugs）：指食品动物用药后，动物产品的任何食用部分中与所有药物有关的物质的残留，包括原型药物或/和其代谢产物。

2. 总残留（Total Residue）：指对食品动物用药后，动物产品的任何食用部分中药物原型或/和其所有代谢产物的总和。

3. 日允许摄入量（ADI：Acceptable Daily Intake）：是指人一生中每日从食物或饮水中摄取某种物质而对健康没有明显危害的量，以人体重为基础计算，单位：μg/kg 体重/天。

4. 最高残留限量（MRL：Maximum Residue Limit）：对食品动物用药后产生的允许存在于食物表面或内部的该兽药残留的最高量/浓度（以鲜重计，表示为 μg/kg）。

5. 食品动物（Food-Producing Animal）：指各种供人食用或其产品供人食用的动物。

6. 鱼（Fish）：指众所周知的任一种水生冷血动物。包括鱼纲（Pisces），软骨鱼（Elasmobranchs）和圆口鱼（Cyclostomes），不包括水生哺乳动物，无脊椎动物和两栖动物。但应注意，此定义可适用于某些无脊椎动物，特别是头足动物（Cephalopods）。

7. 家禽（Poultry）：指包括鸡、火鸡、鸭、鹅、珍珠鸡和鸽在内的家养的禽。

8. 动物性食品（Animal Derived Food）：全部可食用的动物组织以及蛋和奶。

9. 可食组织（Edible Tissues）：全部可食用的动物组织，包括肌肉和脏器。

10. 皮+脂（Skin with fat）：是指带脂肪的可食皮肤。

11. 皮+肉（Muscle with skin）：一般是特指鱼的带皮肌肉组织。

12. 副产品（Byproducts）：除肌肉、脂肪以外的所有可食组织，包括肝、肾等。

13. 肌肉（Muscle）：仅指肌肉组织。

14. 蛋（Egg）：指家养母鸡的带壳蛋。

15. 奶（Milk）：指由正常乳房分泌而得，经一次或多次挤奶，既无加入也未经提取的奶。此术语也可用于处理过但未改变其组分的奶，或根据国家立法已将脂肪含量标准化处理过的奶。

食品中可能违法添加的非食用物质和
易滥用的食品添加剂名单（第1—5批汇总）

中华人民共和国卫生部

www. moh. gov. cn

为进一步打击在食品生产、流通、餐饮服务中违法添加非食用物质和滥用食品添加剂的行为，保障消费者健康，全国打击违法添加非食用物质和滥用食品添加剂专项整治领导小组自2008年以来陆续发布了五批《食品中可能违法添加的非食用物质和易滥用的食品添加剂名单》。为方便查询，现将五批名单汇总发布（见表1、表2）。

表1 食品中可能违法添加的非食用物质名单

序号	名称	可能添加的食品品种	检测方法
1	吊白块	腐竹、粉丝、面粉、竹笋	GB/T 21126—2007 小麦粉与大米粉及其制品中甲醛次硫酸氢钠含量的测定；卫生部《关于印发面粉、油脂中过氧化苯甲酰测定等检验方法的通知》（卫监发〔2001〕159号）附件2 食品中甲醛次硫酸氢钠的测定方法
2	苏丹红	辣椒粉、含辣椒类的食品（辣椒酱、辣味调味品）	GB/T 19681—2005 食品中苏丹红染料的检测方法高效液相色谱法
3	王金黄、块黄	腐皮	
4	蛋白精、三聚氰胺	乳及乳制品	GB/T 22388—2008 原料乳与乳制品中三聚氰胺检测方法 GB/T 22400—2008 原料乳中三聚氰胺快速检测液相色谱法
5	硼酸与硼砂	腐竹、肉丸、凉粉、凉皮、面条、饺子皮	无
6	硫氰酸钠	乳及乳制品	无
7	玫瑰红B	调味品	无
8	美术绿	茶叶	无
9	碱性嫩黄	豆制品	
10	工业用甲醛	海参、鱿鱼等干水产品、血豆腐	SC/T 3025—2006 水产品中甲醛的测定
11	工业用火碱	海参、鱿鱼等干水产品、生鲜乳	无

（续表）

序号	名称	可能添加的食品品种	检测方法
12	一氧化碳	金枪鱼、三文鱼	无
13	硫化钠	味精	无
14	工业硫黄	白砂糖、辣椒、蜜饯、银耳、龙眼、胡萝卜、姜等	无
15	工业染料	小米、玉米粉、熟肉制品等	无
16	罂粟壳	火锅底料及小吃类	参照上海市食品药品检验所自建方法
17	革皮水解物	乳与乳制品含乳饮料	乳与乳制品中动物水解蛋白鉴定-L（-）-羟脯氨酸含量测定（检测方法由中国检验检疫科学院食品安全所提供。该方法仅适应于生鲜乳、纯牛奶、奶粉。联系方式：Wkzhong@21cn.com）
18	溴酸钾	小麦粉	GB/T 20188—2006 小麦粉中溴酸盐的测定 离子色谱法
19	β-内酰胺酶（金玉兰酶制剂）	乳与乳制品	液相色谱法（检测方法由中国检验检疫科学院食品安全所提供。联系方式：Wkzhong@21cn.com）
20	富马酸二甲酯	糕点	气相色谱法（检测方法由中国疾病预防控制中心营养与食品安全所提供
21	废弃食用油脂	食用油脂	无
22	工业用矿物油	陈化大米	无
23	工业明胶	冰淇淋、肉皮冻等	无
24	工业酒精	勾兑假酒	无
25	敌敌畏	火腿、鱼干、咸鱼等制品	GB T 5009.20—2003 食品中有机磷农药残留的测定
26	毛发水	酱油等	无
27	工业用乙酸	勾兑食醋	GB/T 5009.41—2003 食醋卫生标准的分析方法

序号	名称	可能添加的食品品种	检测方法
28	肾上腺素受体激动剂类药物（盐酸克伦特罗，莱克多巴胺等）	猪肉、牛羊肉及肝脏等	GB/T 22286—2008 动物源性食品中多种β-受体激动剂残留量的测定，液相色谱串联质谱法
29	硝基呋喃类药物	猪肉、禽肉、动物性水产品	GB/T 21311—2007 动物源性食品中硝基呋喃类药物代谢物残留量检测方法，高效液相色谱—串联质谱法
30	玉米赤霉醇	牛羊肉及肝脏、牛奶	GB/T 21982—2008 动物源食品中玉米赤霉醇、β-玉米赤霉醇、α-玉米赤霉烯醇、β-玉米赤霉烯醇、玉米赤霉酮和赤霉烯酮残留量检测方法，液相色谱—质谱/质谱法
31	抗生素残渣	猪肉	无，需要研制动物性食品中测定万古霉素的液相色谱—串联质谱法
32	镇静剂	猪肉	参考 GB/T 20763—2006 猪肾和肌肉组织中乙酰丙嗪、氯丙嗪、氟哌啶醇、丙酰二甲氨基丙吩噻嗪、甲苯噻嗪、阿扎哌垄阿扎哌醇、咔唑心安残留量的测定，液相色谱—串联质谱法 无，需要研制动物性食品中测定安定的液相色谱—串联质谱法
33	荧光增白物质	双孢蘑菇、金针菇、白灵菇、面粉	蘑菇样品可通过照射进行定性检测 面粉样品无检测方法
34	工业氯化镁	木耳	无
35	磷化铝	木耳	无
36	馅料原料漂白剂	焙烤食品	无，需要研制馅料原料中二氧化硫脲的测定方法
37	酸性橙Ⅱ	黄鱼、鲍汁、腌卤肉制品、红壳瓜子、辣椒面和豆瓣酱	无，需要研制食品中酸性橙Ⅱ的测定方法。参照江苏省疾控创建的鲍汁中酸性橙Ⅱ的高效液相色谱—串联质谱法（说明：水洗方法可作为补充，如果脱色，可怀疑是违法添加了色素）
38	氯霉素	生食水产品、肉制品、猪肠衣、蜂蜜	GB/T 22338—2008 动物源性食品中氯霉素类药物残留量测定
39	喹诺酮类	麻辣烫类食品	无，需要研制麻辣烫类食品中喹诺酮类抗生素的测定方法
40	水玻璃	面制品	无

（续表）

序号	名称	可能添加的食品品种	检测方法
41	孔雀石绿	鱼类	GB 20361—2006 水产品中孔雀石绿和结晶紫残留量的测定，高效液相色谱荧光检测法（建议研制水产品中孔雀石绿和结晶紫残留量测定的液相色谱—串联质谱法）
42	乌洛托品	腐竹、米线等	无，需要研制食品中六亚甲基四胺的测定方法
43	五氯酚钠	河蟹	SC/T 3030—2006 水产品中五氯苯酚及其钠盐残留量的测定 气相色谱法
44	喹乙醇	水产养殖饲料	水产品中喹乙醇代谢物残留量的测定 高效液相色谱法（农业部 1077 号公告－5—2008）；水产品中喹乙醇残留量的测定 液相色谱法（SC/T 3019—2004）
45	碱性黄	大黄鱼	无
46	磺胺二甲嘧啶	叉烧肉类	GB 20759—2006 畜禽肉中十六种磺胺类药物残留量的测定 液相色谱—串联质谱法
47	敌百虫	腌制食品	GB/T 5009.20—2003 食品中有机磷农药残留量的测定

表 2　食品中可能滥用的食品添加剂品种名单

序号	食品品种	可能易滥用的添加剂品种	检测方法
1	渍菜（泡菜等）、葡萄酒	着色剂（胭脂红、柠檬黄、诱惑红、日落黄）等	GB/T 5009.35—2003 食品中合成着色剂的测定 GB/T 5009.141—2003 食品中诱惑红的测定
2	水果冻、蛋白冻类	着色剂、防腐剂、酸度调节剂（己二酸等）	
3	腌菜	着色剂、防腐剂、甜味剂（糖精钠、甜蜜素等）	
4	面点、月饼	乳化剂（蔗糖脂肪酸酯等、乙酰化单甘脂肪酸酯等）、防腐剂、着色剂、甜味剂	
5	面条、饺子皮	面粉处理剂	
6	糕点	膨松剂（硫酸铝钾、硫酸铝铵等）、水分保持剂磷酸盐类（磷酸钙、焦磷酸二氢二钠等）、增稠剂（黄原胶、黄蜀葵胶等）、甜味剂（糖精钠、甜蜜素等）	GB/T 5009.182—2003 面制食品中铝的测定

（续表）

序号	食品品种	可能易滥用的添加剂品种	检测方法
7	馒头	漂白剂（硫黄）	
8	油条	膨松剂（硫酸铝钾、硫酸铝铵）	
9	肉制品和卤制熟食、腌肉料和嫩肉粉类产品	护色剂（硝酸盐、亚硝酸盐）	GB/T 5009.33—2003 食品中亚硝酸盐、硝酸盐的测定
10	小麦粉	二氧化钛、硫酸铝钾	
11	小麦粉	滑石粉	GB 21913—2008 食品中滑石粉的测定
12	臭豆腐	硫酸亚铁	
13	乳制品（除干酪外）	山梨酸	GB/T 21703—2008《乳与乳制品中苯甲酸和山梨酸的测定方法》
14	乳制品（除干酪外）	纳他霉素	参照 GB/T 21915—2008《食品中纳他霉素的测定方法》
15	蔬菜干制品	硫酸铜	无
16	"酒类"（配制酒除外）	甜蜜素	
17	"酒类"	安塞蜜	
18	面制品和膨化食品	硫酸铝钾、硫酸铝铵	
19	鲜瘦肉	胭脂红	GB/T 5009.35—2003 食品中合成着色剂的测定
20	大黄鱼、小黄鱼	柠檬黄	GB/T 5009.35—2003 食品中合成着色剂的测定
21	陈粮、米粉等	焦亚硫酸钠	GB 5009.34—2003 食品中亚硫酸盐的测定
22	烤鱼片、冷冻虾、烤虾、鱼干、鱿鱼丝、蟹肉、鱼糜等	亚硫酸钠	GB/T 5009.34—2003 食品中亚硫酸盐的测定

注：滥用食品添加剂的行为包括超量使用或超范围使用食品添加剂的行为。

特此公告。

二〇一一年四月十九日

关于公布食品中可能违法添加的非食用物质和易滥用的食品添加剂名单（第六批）的公告（卫生部公告 2011 年第 16 号）

中华人民共和国卫生部

www. moh. gov. cn

为打击在食品及食品添加剂生产中违法添加非食用物质的行为，保障消费者身体健康，我部制定了《食品中可能违法添加的非食用物质和易滥用的食品添加剂名单（第六批)》，现公告如下：

食品中可能违法添加的非食用物质和易滥用的食品添加剂名单（第六批）

名　称	可能添加的食品品种	检验方法
邻苯二甲酸酯类物质，主要包括：邻苯二甲酸二（2-乙基）己酯（DEHP）、邻苯二甲酸二异壬酯（DINP）、邻苯二甲酸二苯酯、邻苯二甲酸二甲酯（DMP）、邻苯二甲酸二乙酯（DEP）、邻苯二甲酸二丁酯（DBP）、邻苯二甲酸二戊酯（DPP）、邻苯二甲酸二己酯（DHXP）、邻苯二甲酸二壬酯（DNP）、邻苯二甲酸二异丁酯（DIBP）、邻苯二甲酸二环己酯（DCHP）、邻苯二甲酸二正辛酯（DNOP）、邻苯二甲酸丁基苄基酯（BBP）、邻苯二甲酸二（2-甲氧基）乙酯（DMEP）、邻苯二甲酸二（2-乙氧基）乙酯（DEEP）、邻苯二甲酸二（2-丁氧基）乙酯（DBEP）、邻苯二甲酸二（4-甲基-2-戊基）酯（BMPP）等	乳化剂类食品添加剂、使用乳化剂的其他类食品添加剂或食品等	GB/T 21911 食品中邻苯二甲酸酯的测定

特此公告。

二〇一一年六月一日

卫生部等5部门关于三聚氰胺在食品中的限量值的公告（2011年 第10号）

中华人民共和国卫生部　中华人民共和国工业和信息化部
中华人民共和国农业部
国家工商行政管理总局　国家质量监督检验检疫总局

公 告
2011年　第10号

三聚氰胺不是食品原料，也不是食品添加剂，禁止人为添加到食品中。对在食品中人为添加三聚氰胺的，依法追究法律责任。三聚氰胺作为化工原料，可用于塑料、涂料、黏合剂、食品包装材料的生产。资料表明，三聚氰胺可能从环境、食品包装材料等途径进入到食品中，其含量很低。为确保人体健康和食品安全，根据《中华人民共和国食品安全法》及其实施条例规定，在总结乳与乳制品中三聚氰胺临时管理限量值公告（2008年第25号公告）实施情况基础上，考虑到国际食品法典委员会已提出食品中三聚氰胺限量标准，特制定我国三聚氰胺在食品中的限量值。现公告如下：

婴儿配方食品中三聚氰胺的限量值为 1 mg/kg，其他食品中三聚氰胺的限量值为 2.5 mg/kg，高于上述限量的食品一律不得销售。

上述规定自发布之日起施行。乳与乳制品中三聚氰胺临时管理限量值公告（2008年第25号公告）同时废止。

二〇一一年四月六日

【标签通则】
食品安全国家标准　预包装食品标签通则

标　准　号：GB 7718—2011
发布日期：2011-04-20　　　　　　　实施日期：2012-04-20
发布单位：中华人民共和国卫生部

前　言

本标准代替 GB 7718—2004《预包装食品标签通则》。

本标准与 GB 7718—2004 相比，主要变化如下：

——修改了适用范围；

——修改了预包装食品和生产日期的定义，增加了规格的定义，取消了保存期的定义；

——修改了食品添加剂的标示方式；

——增加了规格的标示方式；

——修改了生产者、经销者的名称、地址和联系方式的标示方式；

——修改了强制标示内容的文字、符号、数字的高度不小于 1.8 mm 时的包装物或包装容器的最大表面面积；

——增加了食品中可能含有致敏物质时的推荐标示要求；

——修改了附录 A 中最大表面面积的计算方法；

——增加了附录 B 和附录 C。

1　范围

本标准适用于直接提供给消费者的预包装食品标签和非直接提供给消费者的预包装食品标签。

本标准不适用于为预包装食品在储藏运输过程中提供保护的食品储运包装标签、散装食品和现制现售食品的标识。

2　术语和定义

2.1　预包装食品

预先定量包装或者制作在包装材料和容器中的食品，包括预先定量包装以及预先定量制作在包装材料和容器中并且在一定量限范围内具有统一的质量或体积标识的食品。

2.2　食品标签

食品包装上的文字、图形、符号及一切说明物。

2.3　配料

在制造或加工食品时使用的，并存在（包括以改性的形式存在）于产品中的任何物质，包括食品添加剂。

2.4 生产日期（制造日期）

食品成为最终产品的日期，也包括包装或灌装日期，即将食品装入（灌入）包装物或容器中，形成最终销售单元的日期。

2.5 保质期

预包装食品在标签指明的贮存条件下，保持品质的期限。在此期限内，产品完全适于销售，并保持标签中不必说明或已经说明的特有品质。

2.6 规格

同一预包装内含有多件预包装食品时，对净含量和内含件数关系的表述。

2.7 主要展示版面

预包装食品包装物或包装容器上容易被观察到的版面。

3 基本要求

3.1 应符合法律、法规的规定，并符合相应食品安全标准的规定。

3.2 应清晰、醒目、持久，应使消费者购买时易于辨认和识读。

3.3 应通俗易懂、有科学依据，不得标示封建迷信、色情、贬低其他食品或违背营养科学常识的内容。

3.4 应真实、准确，不得以虚假、夸大，使消费者误解或欺骗性的文字、图形等方式介绍食品，也不得利用字号大小或色差误导消费者。

3.5 不应直接或以暗示性的语言、图形、符号，误导消费者将购买的食品或食品的某一性质与另一产品混淆。

3.6 不应标注或者暗示具有预防、治疗疾病作用的内容，非保健食品不得明示或者暗示具有保健作用。

3.7 不应与食品或者其包装物（容器）分离。

3.8 应使用规范的汉字（商标除外）。具有装饰作用的各种艺术字，应书写正确，易于辨认。

3.8.1 可以同时使用拼音或少数民族文字，拼音不得大于相应汉字。

3.8.2 可以同时使用外文，但应与中文有对应关系（商标、进口食品的制造者和地址、国外经销者的名称和地址、网址除外）。所有外文不得大于相应的汉字（商标除外）。

3.9 预包装食品包装物或包装容器最大表面面积大于 35 cm^2 时（最大表面面积计算方法见附录 A），强制标示内容的文字、符号、数字的高度不得小于 1.8 mm。

3.10 一个销售单元的包装中含有不同品种、多个独立包装可单独销售的食品，每件独立包装的食品标识应当分别标注。

3.11 若外包装易于开启识别或透过外包装物能清晰地识别内包装物（容器）上的所有强制标示内容或部分强制标示内容，可不在外包装物上重复标示相应的内容；否则应在外包装物上按要求标示所有强制标示内容。

4 标示内容

4.1 直接向消费者提供的预包装食品标签标示内容

4.1.1 一般要求

直接向消费者提供的预包装食品标签标示应包括食品名称、配料表、净含量和规格、生产者和（或）经销者的名称、地址和联系方式、生产日期和保质期、贮存条件、食品生产许可证编号、产品标准代号及其他需要标示的内容。

4.1.2 食品名称

4.1.2.1 应在食品标签的醒目位置，清晰地标示反映食品真实属性的专用名称。

4.1.2.1.1 当国家标准、行业标准或地方标准中已规定了某食品的一个或几个名称时，应选用其中的一个，或等效的名称。

4.1.2.1.2 无国家标准、行业标准或地方标准规定的名称时，应使用不使消费者误解或混淆的常用名称或通俗名称。

4.1.2.2 标示"新创名称""奇特名称""音译名称""牌号名称""地区俚语名称"或"商标名称"时，应在所示名称的同一展示版面标示 4.1.2.1 规定的名称。

4.1.2.2.1 当"新创名称""奇特名称""音译名称""牌号名称""地区俚语名称"或"商标名称"含有易使人误解食品属性的文字或术语（词语）时，应在所示名称的同一展示版面邻近部位使用同一字号标示食品真实属性的专用名称。

4.1.2.2.2 当食品真实属性的专用名称因字号或字体颜色不同易使人误解食品属性时，也应使用同一字号及同一字体颜色标示食品真实属性的专用名称。

4.1.2.3 为不使消费者误解或混淆食品的真实属性、物理状态或制作方法，可以在食品名称前或食品名称后附加相应的词或短语。如干燥的、浓缩的、复原的、熏制的、油炸的、粉末的、粒状的等。

4.1.3 配料表

4.1.3.1 预包装食品的标签上应标示配料表，配料表中的各种配料应按 4.1.2 的要求标示具体名称，食品添加剂按照 4.1.3.1.4 的要求标示名称。

4.1.3.1.1 配料表应以"配料"或"配料表"为引导词。当加工过程中所用的原料已改变为其他成分（如酒、酱油、食醋等发酵产品）时，可用"原料"或"原料与辅料"代替"配料""配料表"，并按本标准相应条款的要求标示各种原料、辅料和食品添加剂。加工助剂不需要标示。

4.1.3.1.2 各种配料应按制造或加工食品时加入量的递减顺序一一排列；加入量不超过2%的配料可以不按递减顺序排列。

4.1.3.1.3 如果某种配料是由两种或两种以上的其他配料构成的复合配料（不包括复合食品添加剂），应在配料表中标示复合配料的名称，随后将复合配料的原始配料在括号内按加入量的递减顺序标示。当某种复合配料已有国家标准、行业标准或地方标准，且其加入量小于食品总量的 25% 时，不需要标示复合配料的原始配料。

4.1.3.1.4 食品添加剂应当标示其在 GB 2760 中的食品添加剂通用名称。食品添加剂通用名称可以标示为食品添加剂的具体名称，也可标示为食品添加剂的功能类别名称并同时标示食品添加剂的具体名称或国际编码（INS 号）（标示形式见附录 B）。在同一预包装食品的标签上，应选择附录 B 中的一种形式标示食品添加剂。当采用同时标示食品添加剂的功能类别名称和国际编码的形式时，若某种食品添加剂尚不存在相应的国际编码，或因致敏物质标示需要，可以标示其具体名称。食品添加剂的名称不包括其制法。加入量小于食品总量 25% 的复合配料中含有的食品添加剂，若符合 GB 2760 规定的带入原则且在最终产品中不起工艺作用的，不需要标示。

4.1.3.1.5　在食品制造或加工过程中，加入的水应在配料表中标示。在加工过程中已挥发的水或其他挥发性配料不需要标示。

4.1.3.1.6　可食用的包装物也应在配料表中标示原始配料，国家另有法律法规规定的除外。

4.1.3.2　下列食品配料，可以选择按表 1 的方式标示。

表 1　配料标示方式

配料类别	标示方式
各种植物油或精炼植物油，不包括橄榄油	"植物油"或"精炼植物油"；如经过氢化处理，应标示为"氢化"或"部分氢化"
各种淀粉，不包括化学改性淀粉	"淀粉"
加入量不超过 2% 的各种香辛料或香辛料浸出物（单一的或合计的）	"香辛料""香辛料类"或"复合香辛料"
胶基糖果的各种胶基物质制剂	"胶姆糖基础剂""胶基"
添加量不超过 10% 的各种果脯蜜饯水果	"蜜饯""果脯"
食用香精、香料	"食用香精""食用香料""食用香精香料"

4.1.4　配料的定量标示

4.1.4.1　如果在食品标签或食品说明书上特别强调添加了或含有一种或多种有价值、有特性的配料或成分，应标示所强调配料或成分的添加量或在成品中的含量。

4.1.4.2　如果在食品的标签上特别强调一种或多种配料或成分的含量较低或无时，应标示所强调配料或成分在成品中的含量。

4.1.4.3　食品名称中提及的某种配料或成分而未在标签上特别强调，不需要标示该种配料或成分的添加量或在成品中的含量。

4.1.5　净含量和规格

4.1.5.1　净含量的标示应由净含量、数字和法定计量单位组成（标示形式参见附录 C）。

4.1.5.2　应依据法定计量单位，按以下形式标示包装物（容器）中食品的净含量：

　　a）液态食品，用体积升（L）（l）、毫升（mL）（ml），或用质量克（g）、千克（kg）；

　　b）固态食品，用质量克（g）、千克（kg）；

　　c）半固态或黏性食品，用质量克（g）、千克（kg）或体积升（L）（l）、毫升（mL）（ml）。

4.1.5.3 净含量的计量单位应按表2标示。

表2　净含量计量单位的标示方式

计量方式	净含量（Q）的范围	计量单位
体积	$Q<1\,000$ mL $Q\geqslant1\,000$ mL	毫升（mL）（ml） 升（L）（l）
质量	$Q<1\,000$ g $Q\geqslant1\,000$ g	克（g） 千克（kg）

4.1.5.4 净含量字符的最小高度应符合表3的规定。

表3　净含量字符的最小高度

净含量（Q）的范围	字符的最小高度/ mm
$Q\leqslant50$ mL；$Q\leqslant50$ g	2
50 mL$<Q\leqslant200$ mL；50 g$<Q\leqslant200$ g	3
200 mL$<Q\leqslant1$ L；200 g$<Q\leqslant1$ kg	4
$Q>1$ kg；$Q>1$ L	6

4.1.5.5 净含量应与食品名称在包装物或容器的同一展示版面标示。

4.1.5.6 容器中含有固、液两相物质的食品，且固相物质为主要食品配料时，除标示净含量外，还应以质量或质量分数的形式标示沥干物（固形物）的含量（标示形式参见附录C）。

4.1.5.7 同一预包装内含有多个单件预包装食品时，大包装在标示净含量的同时还应标示规格。

4.1.5.8 规格的标示应由单件预包装食品净含量和件数组成，或只标示件数，可不标示"规格"二字。单件预包装食品的规格即指净含量（标示形式参见附录C）。

4.1.6　生产者、经销者的名称、地址和联系方式

4.1.6.1 应当标注生产者的名称、地址和联系方式。生产者名称和地址应当是依法登记注册、能够承担产品安全质量责任的生产者的名称、地址。有下列情形之一的，应按下列要求予以标示。

4.1.6.1.1 依法独立承担法律责任的集团公司、集团公司的子公司，应标示各自的名称和地址。

4.1.6.1.2 不能依法独立承担法律责任的集团公司的分公司或集团公司的生产基地，应标示集团公司和分公司（生产基地）的名称、地址；或仅标示集团公司的名称、地址及产地，产地应当按照行政区划标注到地市级地域。

4.1.6.1.3 受其他单位委托加工预包装食品的，应标示委托单位和受委托单位的名称和地址；或仅标示委托单位的名称和地址及产地，产地应当按照行政区划标注到地市级地域。

4.1.6.2 依法承担法律责任的生产者或经销者的联系方式应标示以下至少一项内容：电话、传真、网络联系方式等，或与地址一并标示的邮政地址。

4.1.6.3 进口预包装食品应标示原产国国名或地区区名（如香港、澳门、台湾），以及在中国依法登记注册的代理商、进口商或经销者的名称、地址和联系方式，可不标示生产者的名称、地址和联系方式。

4.1.7 日期标示

4.1.7.1 应清晰标示预包装食品的生产日期和保质期。如日期标示采用"见包装物某部位"的形式，应标示所在包装物的具体部位。日期标示不得另外加贴、补印或篡改（标示形式参见附录C）。

4.1.7.2 当同一预包装内含有多个标示了生产日期及保质期的单件预包装食品时，外包装上标示的保质期应按最早到期的单件食品的保质期计算。外包装上标示的生产日期应为最早生产的单件食品的生产日期，或外包装形成销售单元的日期；也可在外包装上分别标示各单件装食品的生产日期和保质期。

4.1.7.3 应按年、月、日的顺序标示日期，如果不按此顺序标示，应注明日期标示顺序（标示形式参见附录C）。

4.1.8 贮存条件

预包装食品标签应标示贮存条件（标示形式参见附录C）。

4.1.9 食品生产许可证编号

预包装食品标签应标示食品生产许可证编号的，标示形式按照相关规定执行。

4.1.10 产品标准代号

在国内生产并在国内销售的预包装食品（不包括进口预包装食品）应标示产品所执行的标准代号和顺序号。

4.1.11 其他标示内容

4.1.11.1 辐照食品

4.1.11.1.1 经电离辐射线或电离能量处理过的食品，应在食品名称附近标示"辐照食品"。

4.1.11.1.2 经电离辐射线或电离能量处理过的任何配料，应在配料表中标明。

4.1.11.2 转基因食品

转基因食品的标示应符合相关法律、法规的规定。

4.1.11.3 营养标签

4.1.11.3.1 特殊膳食类食品和专供婴幼儿的主辅类食品，应当标示主要营养成分及其含量，标示方式按照 GB 13432 执行。

4.1.11.3.2 其他预包装食品如需标示营养标签，标示方式参照相关法规标准执行。

4.1.11.4 质量（品质）等级

食品所执行的相应产品标准已明确规定质量（品质）等级的，应标示质量（品质）等级。

4.2 非直接提供给消费者的预包装食品标签标示内容

非直接提供给消费者的预包装食品标签应按照 4.1 项下的相应要求标示食品名称、规格、净含量、生产日期、保质期和贮存条件，其他内容如未在标签上标注，则应在说明书或合同中注明。

4.3 标示内容的豁免

4.3.1 下列预包装食品可以免除标示保质期：酒精度大于等于 10% 的饮料酒；食醋；食用盐；固态食糖类；味精。

4.3.2 当预包装食品包装物或包装容器的最大表面面积小于 10 cm² 时（最大表面面积计算方法见附录 A），可以只标示产品名称、净含量、生产者（或经销商）的名称和地址。

4.4 推荐标示内容

4.4.1 批号

根据产品需要，可以标示产品的批号。

4.4.2 食用方法

根据产品需要，可以标示容器的开启方法、食用方法、烹调方法、复水再制方法等对消费者有帮助的说明。

4.4.3 致敏物质

4.4.3.1 以下食品及其制品可能导致过敏反应，如果用作配料，宜在配料表中使用易辨识的名称，或在配料表邻近位置加以提示：

　　a）含有麸质的谷物及其制品（如小麦、黑麦、大麦、燕麦、斯佩耳特小麦或它们的杂交品系）；

　　b）甲壳纲类动物及其制品（如虾、龙虾、蟹等）；

　　c）鱼类及其制品；

　　d）蛋类及其制品；

　　e）花生及其制品；

　　f）大豆及其制品；

　　g）乳及乳制品（包括乳糖）；

　　h）坚果及其果仁类制品。

4.4.3.2 如加工过程中可能带入上述食品或其制品，宜在配料表临近位置加以提示。

5 其他

按国家相关规定需要特殊审批的食品，其标签标识按照相关规定执行。

附　录　A
包装物或包装容器最大表面面积计算方法

A.1　长方体形包装物或长方体形包装容器计算方法

长方体形包装物或长方体形包装容器的最大一个侧面的高度（cm）乘以宽度（cm）。

A.2　圆柱形包装物、圆柱形包装容器或近似圆柱形包装物、近似圆柱形包装容器计算方法

包装物或包装容器的高度（cm）乘以圆周长（cm）的40%。

A.3　其他形状的包装物或包装容器计算方法

包装物或包装容器的总表面积的40%。

如果包装物或包装容器有明显的主要展示版面，应以主要展示版面的面积为最大表面面积。

包装袋等计算表面面积时应除去封边所占尺寸。瓶形或罐形包装计算表面面积时不包括肩部、颈部、顶部和底部的凸缘。

附　录　B
食品添加剂在配料表中的标示形式

B.1　按照加入量的递减顺序全部标示食品添加剂的具体名称

　　配料：水，全脂奶粉，稀奶油，植物油，巧克力（可可液块，白砂糖，可可脂，磷脂，聚甘油蓖麻醇酯，食用香精，柠檬黄），葡萄糖浆，丙二醇脂肪酸酯，卡拉胶，瓜尔胶，胭脂树橙，麦芽糊精，食用香料。

B.2　按照加入量的递减顺序全部标示食品添加剂的功能类别名称及国际编码

　　配料：水，全脂奶粉，稀奶油，植物油，巧克力［可可液块，白砂糖，可可脂，乳化剂（322，476），食用香精，着色剂（102）］，葡萄糖浆，乳化剂（477），增稠剂（407，412），着色剂（160b），麦芽糊精，食用香料。

B.3　按照加入量的递减顺序全部标示食品添加剂的功能类别名称及具体名称

　　配料：水，全脂奶粉，稀奶油，植物油，巧克力［可可液块，白砂糖，可可脂，乳化剂（磷脂，聚甘油蓖麻醇酯），食用香精，着色剂（柠檬黄）］，葡萄糖浆，乳化剂（丙二醇脂肪酸酯），增稠剂（卡拉胶，瓜尔胶），着色剂（胭脂树橙），麦芽糊精，食用香料。

B.4　建立食品添加剂项一并标示的形式

B.4.1　一般原则

　　直接使用的食品添加剂应在食品添加剂项中标注。营养强化剂、食用香精香料、胶基糖果中基础剂物质可在配料表的食品添加剂项外标注。非直接使用的食品添加剂不在食品添加剂项中标注。食品添加剂项在配料表中的标注顺序由需纳入该项的各种食品添加剂的总重量决定。

B.4.2　全部标示食品添加剂的具体名称

　　配料：水，全脂奶粉，稀奶油，植物油，巧克力（可可液块，白砂糖，可可脂，磷脂，聚甘油蓖麻醇酯，食用香精，柠檬黄），葡萄糖浆，食品添加剂（丙二醇脂肪酸酯，卡拉胶，瓜尔胶，胭脂树橙），麦芽糊精，食用香料。

B.4.3　全部标示食品添加剂的功能类别名称及国际编码

　　配料：水，全脂奶粉，稀奶油，植物油，巧克力［可可液块，自砂糖，可可脂，乳化剂（322，476），食用香精，着色剂（102）］，葡萄糖浆，食品添加剂［乳化剂（477），增稠剂（407，412），着色剂（160b）］，麦芽糊精，食用香料。

B.4.4　全部标示食品添加剂的功能类别名称及具体名称

　　配料：水，全脂奶粉，稀奶油，植物油，巧克力［可可液块，白砂糖，可可脂，乳化剂（磷脂，聚甘油蓖麻醇酯），食用香精，着色剂（柠檬黄）］，葡萄糖浆，食品添加剂［乳化剂（丙二醇脂肪酸酯），增稠剂（卡拉胶，瓜尔胶），着色剂（胭脂树橙）］，麦芽糊精，食用香料。

附　录　C
部分标签项目的推荐标示形式

C.1　概述

　　本附录以示例形式提供了预包装食品部分标签项目的推荐标示形式，标示相应项目时可选用但不限于这些形式。如需要根据食品特性或包装特点等对推荐形式调整使用的，应与推荐形式基本含义保持一致。

C.2　净含量和规格的标示

　　为方便表述，净含量的示例统一使用质量为计量方式，使用冒号为分隔符。标签上应使用实际产品适用的计量单位，并可根据实际情况选择空格或其他符号作为分隔符，便于识读。

C.2.1　单件预包装食品的净含量（规格）可以有如下标示形式：

　　净含量（或净含量/规格）：450 g；

　　净含量（或净含量/规格）：225 克（200 克+送 25 克）；

　　净含量（或净含量/规格）：200 克+赠 25 克；

　　净含量（或净含量/规格）：（200+25）克。

C.2.2　净含量和沥干物（固形物）可以有如下标示形式（以"糖水梨罐头"为例）：

　　净含量（或净含量/规格）：425 克沥干物（或固形物或梨块）：不低于 255 克（或不低于 60%）。

C.2.3　同一预包装内含有多件同种类的预包装食品时，净含量和规格均可以有如下标示形式：

　　净含量（或净含量/规格）：40 克×5；

　　净含量（或净含量/规格）：5×40 克；

　　净含量（或净含量/规格）：200 克（5×40 克）；

　　净含量（或净含量/规格）：200 克（40 克×5）；

　　净含量（或净含量/规格）：200 克（5 件）；

　　净含量：200 克　规格：5×40 克；

　　净含量：200 克　规格：40 克×5；

　　净含量：200 克　规格：5 件；

　　净含量（或净含量/规格）：200 克（100 克+50 克×2）；

　　净含量（或净含量/规格）：200 克（80 克×2+40 克）；

　　净含量：200 克　规格：100 克+50 克×2；

　　净含量：200 克　规格：80 克×2+40 克。

C.2.4　同一预包装内含有多件不同种类的预包装食品时，净含量和规格可以有如下标示形式：

净含量（或净含量/规格）：200 克（A 产品 40 克×3，B 产品 40 克×2）；

净含量（或净含量/规格）：200 克（40 克×3，40 克×2）；

净含量（或净含量/规格）：100 克 A 产品，50 克×2B 产品，50 克 C 产品；

净含量（或净含量/规格）：A 产品：100 克，B 产品：50 克×2，C 产品：50 克；

净含量/规格：100 克（A 产品），50 克×2（B 产品），30 克（C 产品）；

净含量/规格：A 产品 100 克，B 产品 50 克×2，C 产品 50 克。

C.3 日期的标示

日期中年、月、日可用空格、斜线、连字符、句点等符号分隔，或不用分隔符。年代号一般应标示 4 位数字，小包装食品也可以标示 2 位数字。月、日应标示 2 位数字。

日期的标示可以有如下形式：

2010 年 3 月 20 日；

2010 03 20；2010/03/20；20100320；

20 日 3 月 2010 年；3 月 20 日 2010 年；

（月/日/年）：03 20 2010；03/20/2010；03202010。

C.4 保质期的标示

保质期可以有如下标示形式：

最好在……之前食（饮）用；……之前食（饮）用最佳；……之前最佳；

此日期前最佳……；此日期前食（饮）用最佳……；

保质期（至）……；保质期××个月（或××日，或××天，或××周，或×年）。

C.5 贮存条件的标示

贮存条件可以标示"贮存条件""贮藏条件""贮藏方法"等标题，或不标示标题。

贮存条件可以有如下标示形式：

常温（或冷冻，或冷藏，或避光，或阴凉干燥处）保存；

××—××℃保存；

请置于阴凉干燥处；

常温保存，开封后需冷藏；

温度：≤××℃，湿度：≤××%。

食品安全国家标准　预包装食品营养标签通则

标　准　号：GB 28050—2011

发布日期：2011-10-12　　　　　　　　　实施日期：2013-01-01

发布单位：中华人民共和国卫生部

1　范围

本标准适用于预包装食品营养标签上营养信息的描述和说明。

本标准不适用于保健食品及预包装特殊膳食用食品的营养标签标示。

2　术语和定义

2.1　营养标签

预包装食品标签上向消费者提供食品营养信息和特性的说明，包括营养成分表、营养声称和营养成分功能声称。营养标签是预包装食品标签的一部分。

2.2　营养素

食物中具有特定生理作用，能维持机体生长、发育、活动、繁殖以及正常代谢所需的物质，包括蛋白质、脂肪、碳水化合物、矿物质及维生素等。

2.3　营养成分

食品中的营养素和除营养素以外的具有营养和（或）生理功能的其他食物成分。各营养成分的定义可参照 GB/Z 21922《食品营养成分基本术语》。

2.4　核心营养素

营养标签中的核心营养素包括蛋白质、脂肪、碳水化合物和钠。

2.5　营养成分表

标有食品营养成分名称、含量和占营养素参考值（NRV）百分比的规范性表格。

2.6　营养素参考值（NRV）

专用于食品营养标签，用于比较食品营养成分含量的参考值。

2.7　营养声称

对食品营养特性的描述和声明，如能量水平、蛋白质含量水平。营养声称包括含量声称和比较声称。

2.7.1　含量声称

描述食品中能量或营养成分含量水平的声称。声称用语包括"含有""高""低"或"无"等。

2.7.2　比较声称

与消费者熟知的同类食品的营养成分含量或能量值进行比较以后的声称。声称用语包括"增加"或"减少"等。

2.8　营养成分功能声称

某营养成分可以维持人体正常生长、发育和正常生理功能等作用的声称。

2.9 修约间隔

修约值的最小数值单位。

2.10 食部

预包装食品净含量去除其中不可食用的部分后的剩余部分。

3 基本要求

3.1 预包装食品营养标签标示的任何营养信息，应真实、客观，不得标示虚假信息，不得夸大产品的营养作用或其他作用。

3.2 预包装食品营养标签应使用中文。如同时使用外文标示的，其内容应当与中文相对应，外文字号不得大于中文字号。

3.3 营养成分表应以一个"方框表"的形式表示（特殊情况除外），方框可为任意尺寸，并与包装的基线垂直，表题为"营养成分表"。

3.4 食品营养成分含量应以具体数值标示，数值可通过原料计算或产品检测获得。各营养成分的营养素参考值（NRV）见附录 A。

3.5 营养标签的格式见附录 B，食品企业可根据食品的营养特性、包装面积的大小和形状等因素选择使用其中的一种格式。

3.6 营养标签应标在向消费者提供的最小销售单元的包装上。

4 强制标示内容

4.1 所有预包装食品营养标签强制标示的内容包括能量、核心营养素的含量值及其占营养素参考值（NRV）的百分比。当标示其他成分时，应采取适当形式使能量和核心营养素的标示更加醒目。

4.2 对除能量和核心营养素外的其他营养成分进行营养声称或营养成分功能声称时，在营养成分表中还应标示出该营养成分的含量及其占营养素参考值（NRV）的百分比。

4.3 使用了营养强化剂的预包装食品，除 4.1 的要求外，在营养成分表中还应标示强化后食品中该营养成分的含量值及其占营养素参考值（NRV）的百分比。

4.4 食品配料含有或生产过程中使用了氢化和（或）部分氢化油脂时，在营养成分表中还应标示出反式脂肪（酸）的含量。

4.5 上述未规定营养素参考值（NRV）的营养成分仅需标示含量。

5 可选择标示内容

5.1 除上述强制标示内容外，营养成分表中还可选择标示表 1 中的其他成分。

5.2 当某营养成分含量标示值符合表 C.1 的含量要求和限制性条件时，可对该成分进行含量声称，声称方式见表 C.1。当某营养成分含量满足表 C.3 的要求和条件时，可对该成分进行比较声称，声称方式见表 C.3。当某营养成分同时符合含量声称和比较声称的要求时，可以同时使用两种声称方式，或仅使用含量声称。含量声称和比较声称的同义语见表 C.2 和表 C.4。

5.3 当某营养成分的含量标示值符合含量声称或比较声称的要求和条件时，可使用附录

D 中相应的一条或多条营养成分功能声称标准用语。不应对功能声称用语进行任何形式的删改、添加和合并。

6 营养成分的表达方式

6.1 预包装食品中能量和营养成分的含量应以每 100 克（g）和（或）每 100 毫升（mL）和（或）每份食品可食部中的具体数值来标示。当用份标示时，应标明每份食品的量。份的大小可根据食品的特点或推荐量规定。

6.2 营养成分表中强制标示和可选择性标示的营养成分的名称和顺序、标示单位、修约间隔、"0"界限值应符合表 1 的规定。当不标示某一营养成分时，依序上移。

6.3 当标示 GB 14880 和卫生部公告中允许强化的除表 1 外的其他营养成分时，其排列顺序应位于表 1 所列营养素之后。

表 1 能量和营养成分名称、顺序、表达单位、修约间隔和"0"界限值

能量和营养成分的名称和顺序	表达单位[a]	修约间隔	"0"界限值（每 100 g 或 100 mL）[b]
能量	千焦（kJ）	1	≤17kJ
蛋白质	克（g）	0.1	≤0.5 g
脂肪	克（g）	0.1	≤0.5 g
饱和脂肪（酸）	克（g）	0.1	≤0.1 g
反式脂肪（酸）	克（g）	0.1	≤0.3 g
单不饱和脂肪（酸）	克（g）	0.1	≤0.1 g
多不饱和脂肪（酸）	克（g）	0.1	≤0.1 g
胆固醇	毫克（mg）	1	≤5 mg
碳水化合物	克（g）	0.1	≤0.5 g
糖（乳糖[c]）	克（g）	0.1	≤0.5 g
膳食纤维（或单体成分，或可溶性、不可溶性膳食纤维）	克（g）	0.1	≤0.5 g
钠	毫克（mg）	1	≤5 mg
维生素 A	微克视黄醇当量（μg RE）	1	≤8 μg RE
维生素 D	微克（μg）	0.1	≤0.1 μg
维生素 E	毫克 α-生育酚当量（mg α-TE）	0.01	≤0.28 mg α-TE
维生素 K	微克（μg）	0.1	≤1.6 μg
维生素 B_1（硫胺素）	毫克（mg）	0.01	≤0.03 mg
维生素 B_2（核黄素）	毫克（mg）	0.01	≤0.03 mg
维生素 B_6	毫克（mg）	0.01	≤0.03 mg
维生素 B_{12}	微克（μg）	0.01	≤0.05 μg
维生素 C（抗坏血酸）	毫克（mg）	0.1	≤2.0 mg
烟酸（烟酰胺）	毫克（mg）	0.01	≤0.28 mg

（续表）

能量和营养成分的名称和顺序	表达单位[a]	修约间隔	"0"界限值（每100 g或100 mL）[b]
叶酸	微克（μg）或微克叶酸当量（μg DFE）	1	≤8 μg
泛酸	毫克（mg）	0.01	≤0.10 mg
生物素	微克（μg）	0.1	≤0.6 μg
胆碱	毫克（mg）	0.1	≤9.0 mg
磷	毫克（mg）	1	≤14 mg
钾	毫克（mg）	1	≤20 mg
镁	毫克（mg）	1	≤6 mg
钙	毫克（mg）	1	≤8 mg
铁	毫克（mg）	0.1	≤0.3 mg
锌	毫克（mg）	0.01	≤0.30 mg
碘	微克（μg）	0.1	≤3.0 μg
硒	微克（μg）	0.1	≤1.0 μg
铜	毫克（mg）	0.01	≤0.03 mg
氟	毫克（mg）	0.01	≤0.02 mg
锰	毫克（mg）	0.01	≤0.06 mg

　　[a] 营养成分的表达单位可选择表格中的中文或英文，也可以两者都使用。

　　[b] 当某营养成分含量数值≤"0"界限值时，其含量应标示为"0"；使用"份"的计量单位时，也要同时符合每100 g或100 mL的"0"界限值的规定。

　　[c] 在乳及乳制品的营养标签中可直接标示乳糖。

6.4　在产品保质期内，能量和营养成分含量的允许误差范围应符合表2的规定。

表2　能量和营养成分含量的允许误差范围

能量和营养成分	允许误差范围
食品的蛋白质，多不饱和及单不饱和脂肪（酸），碳水化合物、糖（仅限乳糖），总的、可溶性或不溶性膳食纤维及其单体，维生素（不包括维生素 D、维生素 A），矿物质（不包括钠），强化的其他营养成分	≥80%标示值
食品中的能量以及脂肪、饱和脂肪（酸）、反式脂肪（酸），胆固醇，钠，糖（除外乳糖）	≤120%标示值
食品中的维生素 A 和维生素 D	80%~180%标示值

7　豁免强制标示营养标签的预包装食品

　　下列预包装食品豁免强制标示营养标签：

　　——生鲜食品，如包装的生肉、生鱼、生蔬菜和水果、禽蛋等；

——乙醇含量≥0.5%的饮料酒类；

——包装总表面积≤100 cm² 或最大表面面积≤20 cm² 的食品；

——现制现售的食品；

——包装的饮用水；

——每日食用量≤10 g 或 10 mL 的预包装食品；

——其他法律法规标准规定可以不标示营养标签的预包装食品。

豁免强制标示营养标签的预包装食品，如果在其包装上出现任何营养信息时，应按照本标准执行。

附 录 A
食品标签营养素参考值（NRV）及其使用方法

A.1 食品标签营养素参考值（NRV）

规定的能量和 32 种营养成分参考数值如表 A.1 所示。

表 A.1 营养素参考值（NRV）

营养成分	NRV	营养成分	NRV
能量[a]	8 400kJ	叶酸	400 μgDFE
蛋白质	60 g	泛酸	5 mg
脂肪	≤60 g	生物素	30 μg
饱和脂肪酸	≤20 g	胆碱	450 mg
胆固醇	≤300 mg	钙	800 mg
碳水化合物	300 g	磷	700 mg
膳食纤维	25 g	钾	2 000 mg
维生素 A	800 μgRE	钠	2 000 mg
维生素 D	5 μg	镁	300 mg
维生素 E	14 mg α-TE	铁	15 mg
维生素 K	80 μg	锌	15 mg
维生素 B_1	1.4 mg	碘	150 μg
维生素 B_2	1.4 mg	硒	50 μg
维生素 B_6	1.4 mg	铜	1.5 mg
维生素 B_{12}	2.4 μg	氟	1 mg
维生素 C	100 mg	锰	3 mg
烟酸	14 mg		

注：[a] 能量相当于 2 000kcal；蛋白质、脂肪、碳水化合物供能分别占总能量的 13%、27% 与 60%。

A.2 使用目的和方式

用于比较和描述能量或营养成分含量的多少，使用营养声称和零数值的标示时，用作标准参考值。

使用方式为营养成分含量占营养素参考值（NRV）的百分数；指定 NRV% 的修约间隔为 1，如 1%、5%、16% 等。

A.3 计算

营养成分含量占营养素参考值（NRV）的百分数计算公式见式（A.1）：

$$NRV（\%）=\frac{X}{NRV}\times100$$ ·················（A.1）

式中：

X——食品中某营养素的含量；

NRV——该营养素的营养素参考值。

附 录 B
营养标签格式

B.1 本附录规定了预包装食品营养标签的格式。

B.2 应选择以下6种格式中的一种进行营养标签的标示。

B.2.1 仅标示能量和核心营养素的格式

仅标示能量和核心营养素的营养标签见示例1。

示例1：

营养成分表

项目	每100克（g）或100毫升（mL）或每份	营养素参考值%或 NRV%
能量	千焦（kJ）	%
蛋白质	克（g）	%
脂肪	克（g）	%
碳水化合物	克（g）	%
钠	毫克（mg）	%

B.2.2 标注更多营养成分

标注更多营养成分的营养标签见示例2。

示例2：

营养成分表

项目	每100克（g）或100毫升（mL）或每份	营养素参考值%或 NRV%
能量	千焦（kJ）	%
蛋白质	克（g）	%
脂肪	克（g）	%
——饱和脂肪	克（g）	%
胆固醇	毫克（mg）	%
碳水化合物	克（g）	%
——糖	克（g）	
膳食纤维	克（g）	%
钠	毫克（mg）	%
维生素 A	微克视黄醇当量（μg RE）	%
钙	毫克（mg）	%

注：核心营养素应采取适当形式使其醒目。

B.2.3　附有外文的格式

附有外文的营养标签见示例3。

示例3：

营养成分表 nutrition information

项目/Items	每100克（g）或100毫升（mL）或每份 per 100 g/100 mL or per serving	营养素参考值%/NRV%
能量/energy	千焦（kJ）	%
蛋白质/protein	克（g）	%
脂肪/fat	克（g）	%
碳水化合物/carbohydrate	克（g）	%
钠/sodium	毫克（mg）	%

B.2.4　横排格式

横排格式的营养标签见示例4。

示例4：

营养成分表

项目	每100克（g）/毫升（mL）或每份	营养素参考值%或NRV%	项目	每100克（g）/毫升（mL）或每份	营养素参考值%或NRV%
能量	千焦（kJ）	%	蛋白质	克（g）	%
碳水化合物	克（g）	%	脂肪	克（g）	%
钠	毫克（g）	%	—	—	%

注：根据包装特点，可将营养成分从左到右横向排开，分为两列或两列以上进行标示。

B.2.5　文字格式

包装的总面积小于100 cm² 的食品，如进行营养成分标示，允许用非表格的形式，并可省略营养素参考值（NRV）的标示。根据包装特点，营养成分从左到右横向排开，或者自上而下排开，如示例5。

示例5：

营养成分/100 g：能量××kJ，蛋白质××g，脂肪××g，碳水化合物××g，钠××mg。

B.2.6　附有营养声称和（或）营养成分功能声称的格式

附有营养声称和（或）营养成分功能声称的营养标签见示例6。

示例6：

营养成分表

项目	每 100 克（g）或 100 毫升（mL）或每份	营养素参考值%或 NRV%
能量	千焦（kJ）	%
蛋白质	克（g）	%
脂肪	克（g）	%
碳水化合物	克（g）	%
钠	毫克（mg）	%

营养声称如：低脂肪××。

营养成分功能声称如：每日膳食中脂肪提供的能量比例不宜超过总能量的30%。

营养声称、营养成分功能声称可以在标签的任意位置。但其字号不得大于食品名称和商标。

附 录 C
能量和营养成分含量声称和比较声称的要求、条件和同义语

C.1 表 C.1 规定了预包装食品能量和营养成分含量声称的要求和条件。
C.2 表 C.2 规定了预包装食品能量和营养成分含量声称的同义语。
C.3 表 C.3 规定了预包装食品能量和营养成分比较声称的要求和条件。
C.4 表 C.4 规定了预包装食品能量和营养成分比较声称的同义语。

表 C.1 能量和营养成分含量声称的要求和条件

项目	含量声称方式	含量要求[a]	限制性条件
能量	无能量	≤17 kJ/100 g（固体）或 100 mL（液体）	
	低能量	≤170 kJ/100 g 固体 ≤80 kJ/100 mL 液体	其中脂肪提供的能量≤总能量的50%。
蛋白质	低蛋白质	来自蛋白质的能量≤总能量的5%	总能量指每 100 g/mL 或每份
	蛋白质来源，或含有蛋白质	每 100 g 的含量≥10%NRV 每 100 mL 的含量≥5% NRV 或者 每 420kJ的含量≥5%NRV	
	高，或富含蛋白质	每 100 g 的含量≥20%NRV 每 100 mL 的含量≥10% NRV 或者 每 420kJ的含量≥10%NRV	
脂肪	无或不含脂肪	≤0.5 g/100 g(固体)或 100 mL(液体)	
	低脂肪	≤3 g/100 g 固体；≤1.5 g/100 mL 液体	
	瘦	脂肪含量≤10%	仅指畜肉类和禽肉类
	脱脂	液态奶和酸奶：脂肪含量≤0.5% 乳粉：脂肪含量≤1.5%	仅指乳品类
	无或不含饱和脂肪	≤0.1 g/100 g（固体）或 100 mL（液体）	指饱和脂肪及反式脂肪的总和
	低饱和脂肪	≤1.5 g/100 g 固体 ≤0.75 g/100 mL 液体	1. 指饱和脂肪及反式脂肪的总和 2. 其提供的能量占食品总能量的10%以下
	无或不含反式脂肪酸	≤0.3 g/100 g（固体）或 100 mL（液体）	
胆固醇	无或不含胆固醇	≤5mg/100 g（固体）或 100 mL（液体）	应同时符合低饱和脂肪的声称含量要求和限制性条件
	低胆固醇	≤20 mg/100 g 固体 ≤10 mg/100 mL 液体	

（续表）

项目	含量声称方式	含量要求[a]	限制性条件
碳水化合物（糖）	无或不含糖	≤0.5 g/100 g（固体）或 100 mL（液体）	仅指乳品类
	低糖	≤5 g/100 g（固体）或 100 mL（液体）	
	低乳糖	乳糖含量≤2 g/100 g（mL）	
	无乳糖	乳糖含量≤0.5 g/100 g（mL）	
膳食纤维	膳食纤维来源或含有膳食纤维	≥3 g/100 g（固体） ≥1.5 g/100 mL（液体）或 ≥1.5 g/420 kJ	膳食纤维总量符合其含量要求；或者可溶性膳食纤维、不溶性膳食纤维或单体成分任一项符合含量要求
	高或富含膳食纤维或良好来源	≥6 g/100 g（固体） ≥3 g/100 mL（液体）或 ≥3 g/420kJ	
钠	无或不含钠	≤5mg/100 g 或 100 mL	符合"钠"声称的声称时，也可用"盐"字代替"钠"字，如"低盐""减少盐"等
	极低钠	≤40 mg/100 g 或 100 mL	
	低钠	≤120 mg/100 g 或 100 mL	
维生素	维生素×来源或含有维生素×	每 100 g 中≥15%NRV 每 100 mL 中≥7.5%NRV 或 每 420kJ 中≥5%NRV	含有"多种维生素"指 3 种和（或）3 种以上维生素含量符合"含有"的声称要求
	高或富含维生素×	每 100 g 中≥30%NRV 每 100 mL 中≥15%NRV 或 每 420kJ 中≥10%NRV	富含"多种维生素"指 3 种和（或）3 种以上维生素含量符合"富含"的声称要求
矿物质（不包括钠）	×来源，或含有×	每 100 g 中≥15%NRV 每 100 mL 中≥7.5%NRV 或 每 420kJ 中≥5%NRV	含有"多种矿物质"指 3 种和（或）3 种以上矿物质含量符合"含有"的声称要求
	高，或富含×	每 100 g 中≥30%NRV 每 100 mL 中≥15%NRV 或 每 420kJ 中≥10%NRV	富含"多种矿物质"指 3 种和（或）3 种以上矿物质含量符合"富含"的声称要求

[a] 用"份"作为食品计量单位时，也应符合 100 g（mL）的含量要求才可以进行声称。

表 C.2　含量声称的同义语

标准语	同义语	标准语	同义语
不含，无	零（0），没有，100%不含，无，0%	含有，来源	提供，含，有
极低	极少	富含，高	良好来源，含丰富××、丰富（的）××，提供高（含量）××
低	少、少油[a]		

[a] "少油"仅用于低脂肪的声称。

表 C.3　能量和营养成分比较声称的要求和条件

比较声称方式	要求	条件
减少能量	与参考食品比较，能量值减少 25% 以上	
增加或减少蛋白质	与参考食品比较，蛋白质含量增加或减少 25% 以上	
减少脂肪	与参考食品比较，脂肪含量减少 25% 以上	
减少胆固醇	与参考食品比较，胆固醇含量减少 25% 以上	
增加或减少碳水化合物	与参考食品比较，碳水化合物含量增加或减少 25% 以上	参考食品（基准食品）应为消费者熟知、容易理解的同类或同一属类食品
减少糖	与参考食品比较，糖含量减少 25% 以上	
增加或减少膳食纤维	与参考食品比较，膳食纤维含量增加或减少 25% 以上	
减少钠	与参考食品比较，钠含量减少 25% 以上	
增加或减少矿物质（不包括钠）	与参考食品比较，矿物质含量增加或减少 25% 以上	
增加或减少维生素	与参考食品比较，维生素含量增加或减少 25% 以上	

表 C.4　比较声称的同义语

标准语	同义语	标准语	同义语
增加	增加×%（×倍） 增、增×%（×倍） 加、加×%（×倍） 增高、增高（了）×%（×倍） 添加（了）×%（×倍） 多×%，提高×倍等	减少	减少×%（×倍） 减、减×%（×倍） 少、少×%（×倍） 减低、减低×%（×倍） 降×%（×倍） 降低×%（×倍）等

附 录 D
能量和营养成分功能声称标准用语

D.1 本附录规定了能量和营养成分功能声称标准用语。

D.2 能量

人体需要能量来维持生命活动。

机体的生长发育和一切活动都需要能量。

适当的能量可以保持良好的健康状况。

能量摄入过高、缺少运动与超重和肥胖有关。

D.3 蛋白质

蛋白质是人体的主要构成物质并提供多种氨基酸。

蛋白质是人体生命活动中必需的重要物质，有助于组织的形成和生长。

蛋白质有助于构成或修复人体组织。

蛋白质有助于组织的形成和生长。

蛋白质是组织形成和生长的主要营养素。

D.4 脂肪

脂肪提供高能量。

每日膳食中脂肪提供的能量比例不宜超过总能量的30%。

脂肪是人体的重要组成成分。

脂肪可辅助脂溶性维生素的吸收。

脂肪提供人体必需脂肪酸。

D.4.1 饱和脂肪

饱和脂肪可促进食品中胆固醇的吸收。

饱和脂肪摄入过多有害健康。

过多摄入饱和脂肪可使胆固醇增高，摄入量应少于每日总能量的10%。

D.4.2 反式脂肪酸

每天摄入反式脂肪酸不应超过2.2 g，过多摄入有害健康。

反式脂肪酸摄入量应少于每日总能量的1%，过多摄入有害健康。

过多摄入反式脂肪酸可使血液胆固醇增高，从而增加心血管疾病发生的风险。

D.5 胆固醇

成人一日膳食中胆固醇摄入总量不宜超过300 mg。

D.6 碳水化合物

碳水化合物是人类生存的基本物质和能量主要来源。
碳水化合物是人类能量的主要来源。
碳水化合物是血糖生成的主要来源。
膳食中碳水化合物应占能量的 60% 左右。

D.7 膳食纤维

膳食纤维有助于维持正常的肠道功能。
膳食纤维是低能量物质。

D.8 钠

钠能调节机体水分，维持酸碱平衡。
成人每日食盐的摄入量不超过 6 g。
钠摄入过高有害健康。

D.9 维生素 A

维生素 A 有助于维持暗视力。
维生素 A 有助于维持皮肤和黏膜健康。

D.10 维生素 D

维生素 D 可促进钙的吸收。
维生素 D 有助于骨髓和牙齿的健康。
维生素 D 有助于骨髓形成。

D.11 维生素 E

维生素 E 有抗氧化作用。

D.12 维生素 B_1

维生素 B_1 是能量代谢中不可缺少的成分。
维生素 B_1 有助于维持神经系统的正常生理功能。

D.13 维生素 B_2

维生素 B_2 有助于维持皮肤和黏膜健康。
维生素 B_2 是能量代谢中不可缺少的成分。

D.14 维生素 B_6

维生素 B_6 有助于蛋白质的代谢和利用。

D.15 维生素 B₁₂

维生素 B₁₂有助于红细胞形成。

D.16 维生素 C

维生素 C 有助于维持皮肤和黏膜健康。
维生素 C 有助于维持骨骼、牙龈的健康。
维生素 C 可以促进铁的吸收。
维生素 C 有抗氧化作用。

D.17 烟酸

烟酸有助于维持皮肤和黏膜健康。
烟酸是能量代谢中不可缺少的成分。
烟酸有助于维持神经系统的健康。

D.18 叶酸

叶酸有助于胎儿大脑和神经系统的正常发育。
叶酸有助于红细胞形成。
叶酸有助于胎儿正常发育。

D.19 泛酸

泛酸是能量代谢和组织形成的重要成分。

D.20 钙

钙是人体骨骼和牙齿的主要组成成分，许多生理功能也需要钙的参与。
钙是骨骼和牙齿的主要成分，并维持骨密度。
钙有助于骨骼和牙齿的发育。
钙有助于骨骼和牙齿更坚固。

D.21 镁

镁是能量代谢、组织形成和骨骼发育的重要成分。

D.22 铁

铁是血红细胞形成的重要成分。
铁是血红细胞形成的必需元素。
铁对血红蛋白的产生是必需的。

D. 23 锌

锌是儿童生长发育的必需元素。

锌有助于改善食欲。

锌有助于皮肤健康。

D. 24 碘

碘是甲状腺发挥正常功能的元素。